山东省重点行业土壤污染状况调查成果实践与应用

张 强　萧大伟　赵庆会　刘 凯　李 曼　主编

中国环境出版集团·北京

图书在版编目（CIP）数据

山东省重点行业土壤污染状况调查成果实践与应用/张强等主编. —北京：中国环境出版集团，2023.10
ISBN 978-7-5111-5621-1

Ⅰ. ①山… Ⅱ. ①张… Ⅲ. ①工业企业—土壤污染—调查研究—山东 Ⅳ. ①X53

中国国家版本馆 CIP 数据核字（2023）第 181623 号

出 版 人 武德凯
责任编辑 赵 艳
封面设计 岳 帅

出版发行 中国环境出版集团
（100062 北京市东城区广渠门内大街 16 号）
网 址：http://www.cesp.com.cn
电子邮箱：bjgl@cesp.com.cn
联系电话：010-67112765（编辑管理部）
发行热线：010-67125803，010-67113405（传真）
印 刷 北京中科印刷有限公司
经 销 各地新华书店
版 次 2023 年 10 月第 1 版
印 次 2023 年 10 月第 1 次印刷
开 本 787×1092 1/16
印 张 13.5
字 数 300 千字
定 价 88.00 元

#《山东省重点行业土壤污染状况调查成果实践与应用》

编写单位：

山东省土壤污染防治中心

山东省物化探勘查院

山东省环境保护科学研究设计院有限公司

山东正元冶达环境科技有限公司

技术顾问：

生态环境部土壤与农业农村生态环境监管技术中心：

郭观林　谢云峰　丁文娟　史沛丽　张笑然　何瑞成　崔冠男

生态环境部南京环境科学研究所：

龙　涛　徐　建　王　磊

《山东省重点行业土壤污染状况调查成果实践与应用》

主　编：张　强　萧大伟　赵庆会　刘　凯　李　曼

副主编：滕永波　梁　恒　申中华　吕瑞学　赵　闯　王　榕
徐民民　张秀文　代杰瑞　杨新明　何东林　王艳龙

编　委：（按姓氏拼音排序）
毕建玲　陈　路　崔照豪　董时礼　高玉花　胡雪荻
黄　镇　李成刚　李方晓　李恺凇　李泉彬　李圣玉
刘　婷　刘文娟　刘迎晓　吕　超　潘淑颖　师桂龙
时唯伟　史会剑　宋毅倩　孙鹏飞　王靖茹　王晓菲
王雪瑶　王　震　于佳浩　袁　霞　赵　超　赵文杰
赵永超　周长行　周文洁

前　言

万物土中生，有土斯有粮。土壤是经济社会可持续发展的物质基础，事关老百姓“米袋子”“菜篮子”“水缸子”，关系美丽中国建设。深入打好净土保卫战，持续提升土壤生态环境质量，要避免在产企业新增土壤污染，指导企业落实隐患排查、自行监测等法定义务，加强土壤污染源头防控，严格落实建设用地安全利用准入管理制度。

为贯彻落实《中华人民共和国土壤污染防治法》《土壤污染防治行动计划》，“十三五”以来，山东省深入贯彻习近平生态文明思想，认真落实党中央、国务院决策部署，推进土壤、地下水生态环境保护取得积极成效，深入打好净土保卫战取得积极进展，山东省土壤污染加重趋势得到初步遏制，土壤环境风险得到基本管控。

习近平总书记在党的二十大报告中指出，要持续深入打好净土保卫战，“加强土壤污染源头防控”，这为今后土壤污染防治工作提供了行动指南与根本遵循。在产企业尤其是土壤污染重点监管单位的土壤污染隐患排查、关闭搬迁腾退地块的建设用地调查是当前一定时期土壤环境管理的重点。为进一步提高建设用地土壤污染状况调查质量，指导企业落实土壤污染隐患排查与整改，确保建设用地土壤污染风险防控和安全准入，山东省土壤污染防治中心会同山东省物化探勘查院、山东省环境保护科学研究设计院有限公司、山东正元冶达环境科技有限公司等单位，在系统梳理山东省前期重点行业企业用地土壤污染状况调查、建设用地土壤污染状况调查、典型行业企业用地及周边土壤污染状况调查、重点监管单位土壤污染隐患排查等技术成果和经验的基础上，结合青岛市全国土壤污染防治先行区建设过程中，在土壤污染源头预防、建设用地准入管理、土壤污染状况质量监督检查的先行先试经验，筛选了省内数量较多、污染特征明显或典型行业中有代表性的皮革鞣制加工、原油加工及石油制品制造、炼焦等10个重点行业，分别围绕土壤污染隐患排查、建设用地土壤污染状况调查这两方面进行系统总结，分行业形成“三清单、两要点”，即主要原辅材料及产品清单、有毒有害物质及关注污染物清单、重点场所或者重点设施设备清单和隐患排查技术要点、第二阶段土壤污染状况调查初步采样技术要点，意在为当前土壤环境管理工作提供技术支撑。其中，土壤污染状况调查技术要点综合考虑国家及各地相关导则以及各阶段土壤污染状况调查工作的行业差异、专业要求、工作难度等，围绕第二阶段土壤污染状况调查初步采样的要点（简称初步采样调查技术要点）进行梳理。

本书共分11章，第1章简要介绍山东省土壤污染防治工作面临的形势任务，以及本书编制的技术路线及工作过程；第2至11章分别针对10个重点行业，在系统介绍行业典型工艺、污染识别的基础上，提出隐患排查技术要点及初步采样调查技术要点，并配有典型工艺流程图、要点清单供读者借鉴。本书分行业总结的要点清单在国家现行导则基础上进行了细化，对指导从业单位规范、科学、因地制宜地实施土壤污染状况调查和隐患排查，帮助生态环境管理部门加强相关工作技术监管，具有较强的实操性和针对性。

生态环境部土壤与农业农村生态环境监管技术中心和生态环境部南京环境科学研究所全程指导了本书编写。需要指出的是，土壤污染状况调查和隐患排查工作，还需要考虑企业实际生产现状、历史用途、水文地质条件、未来规划等多重因素，对照要点清单时应结合地块实际情况灵活调整。本书收录及总结的内容仅代表当时的技术条件和管理要求，仍需在实践中不断优化提升。

由于时间和水平所限，疏漏之处在所难免，敬请读者批评指正。

编写组

2023年4月12日

目 录

1

绪论

1.1 山东省土壤污染防治工作形势任务

2019 年 1 月 1 日起，《中华人民共和国土壤污染防治法》施行。山东省高度重视土壤污染防治工作，在全国率先出台地方性土壤污染防治法规——《山东省土壤污染防治条例》，并围绕建设用地安全利用、土壤污染源头防控等重点工作印发《山东省土壤污染防治工作方案》《山东省深入打好净土保卫战行动计划（2021—2025 年）》等文件。以让老百姓“吃得放心、住得安心”为工作目标，山东省持续提升土壤生态环境管理水平。

“十三五”以来，山东省先后圆满完成全省农用地土壤污染状况详查、重点行业企业用地土壤污染状况调查；在生态环境部统一部署下山东省积极开展“十四五”典型行业企业用地及周边土壤污染状况试点调查；严格落实建设用地准入，督促土地使用权人开展土壤污染状况调查，确保用地安全；依法建立土壤污染重点监管单位名录，推动企业隐患排查、自行监测、地下储罐备案等法定义务的落实；鼓励企业开展提标改造和绿色化改造；严格耕地土壤污染源头防控，深入推进农用地土壤中镉等重金属污染源头防治行动；逐年有序推进土壤污染重点监管单位周边监督性监测工作，多措并举切实落实土壤污染源头防控工作。

下一步，山东省将持续落实国家土壤污染防治战略部署，对重点行业企业地块分类施策，强化监管。一是针对在产企业，尤其是土壤污染重点监管单位，督促全面落实法定责任义务，持续开展土壤污染隐患排查整改、自行监测等源头防控工作；分行业总结前期成果经验，识别有毒有害物质、土壤污染隐患重点场所或者重点设施设备，梳理隐患排查要点，明确整改要求等，提高隐患排查工作成效，科学指导土壤污染隐患排查。二是针对关闭搬迁企业地块，建立优先监管清单，加强土壤污染管控；以用途变更为住宅、公共管理与公共服务用地（简称一住两公）的地块为重点，依法开展土壤污染状况调查，严格准入管理，保障用地安全；分行业识别关注污染物，梳理土壤污染状况调查要点，助力山东省建设用地土壤污染状况调查工作质量的提高。为此，亟须全面系统地总结历史土壤污染状况调查、隐患排查等工作经验和技术成果，研究行业地块污染规律，逐步建立起适应山东省的土壤污染状况调查、隐患排查技术方法体系。

1.2 本书编制路线与过程

1.2.1 技术路线

本书针对山东省省内数量较多、污染特征明显或典型行业中有代表性的 10 个行业，在系统分析各行业典型工艺流程、污染识别的基础上，对隐患排查和初步采样调查中的重点和难点进行梳理，分行业形成“三个清单、两项要点”，即主要原辅材料及产品清单、有毒有害物质及关注污染物清单、重点场所或者重点设施设备清单和隐患排查技术要点、初步采样调查技术要点。

工作中既有理论梳理又有实例验证，两种方式并行且互相补充，为本书成果的可靠性奠定了坚实基础。其中，理论梳理指按照国家相关技术指南的要求，对相关技术规范、标准、报告和文献资料中列出的典型工艺进行理论分析，梳理出主要原辅材料及产品清单，识别可能的有毒有害物质及关注污染物清单、重点场所或者重点设施设备清单的过程；实例验证指通过总结山东省已开展的相关历史调查成果，综合考虑关注污染物毒性大小、超标率高低、迁移性强弱等因素，将理论识别的有毒有害物质、关注污染物、重点场所或者重点设施设备等划分出重点关注的部分，并补充理论梳理中遗漏部分的过程。

需说明的是，隐患排查技术要点严格按照《重点监管单位土壤污染隐患排查指南（试行）》（生态环境部公告 2021 年　第 1 号）附录 A 要求，对不同类型的重点场所或者重点设施设备进行排查，重点明确对应重点场所或重点设施设备的排查要点、整改要点等。初步采样调查技术要点梳理综合考虑国家及各地相关导则、各阶段土壤污染状况调查工作的行业差异、专业要求、工作难度等，围绕第二阶段土壤污染状况调查初步采样阶段的要点，提出重点关注布点位置、涉及的关注污染物等。

本书技术路线主要分为三步：

（1）“三个清单”形成

①资料搜集与分析。

收集与分析行业排污许可证申请与核发技术规范、污染防治可行技术指南、污染物排放标准、清洁生产审核指南等技术规范或标准，筛选省内典型企业的环境影响评价报告、清洁生产审核报告、调查成果、文献资料等，初步整理出编制本书所需的相关文件。

②行业典型工艺厘定。

通过对收集资料的梳理和分析，选择主流工艺或者污染较重的工艺作为典型，初步梳理出山东省各行业典型生产工艺，在专家咨询的基础上进行完善。

③主要原辅材料及产品清单形成。

根据各行业典型工艺过程及产品类型，分析不同工艺环节涉及的主要原辅材料，形成行业主要原辅材料及产品清单。

④产排污节点梳理。

根据各行业典型工艺，分析不同工艺环节的产排污节点及“三废”产排情况，重点关注具有隐蔽性的设施设备可能涉及的污染排放。

⑤有毒有害物质及关注污染物清单形成。

按照《重点监管单位土壤污染隐患排查指南（试行）》技术要求，对行业典型工艺的原辅材料、产品及“三废”进行排查，梳理出行业典型工艺的有毒有害物质；在对原辅材料、产品及“三废”相关物料成分分析的基础上，结合用量、形态、山东省历年调查资料中关注污染物的识别频次等信息，识别关注污染物：形成有毒有害物质及关注污染物清单。

⑥重点场所或者重点设施设备清单形成。

分析有毒有害物质与生产工艺、重点场所或者重点设施设备的关联性，梳理涉及有毒有害物质的重点场所或者重点设施设备，形成清单。

（2）实例验证

①有毒有害物质及关注污染物。

根据历史调查数据，补充完善有毒有害物质及关注污染物清单，综合考虑关注污染物的毒性、迁移性、挥发性、占标率和超标率，将其中超标率和占标率相对较高且毒性大、迁移性强、挥发性强的划分为重点关注的关注污染物，其他识别出的关注污染物划分为一般关注，并结合物料成分倒推，将有毒有害物质划分为重点关注和一般关注。

②重点场所或者重点设施设备。

根据历史调查数据，补充完善重点场所或者重点设施设备清单。根据相关场所或者设施设备土壤污染隐患是否容易识别、是否属于易超标的重污染区等，将重点场所或者重点设施设备分为重点关注和一般关注。隐蔽性重点设施设备，以及历史调查结果表明超标率较高的非隐蔽性重点场所或者重点设施设备，应纳入重点关注；其他重点场所或者重点设施设备为一般关注。

（3）“两项要点”梳理

①隐患排查技术要点。

在“三个清单”的基础上，结合《重点监管单位土壤污染隐患排查指南（试行）》等，针对性细化，提出重点场所或者重点设施设备常见的隐患点及排查要点，结合行业安全环保设计要求，提出整改要点，并汇总形成行业隐患排查及整改要点一览表。

②初步采样调查技术要点。

在《建设用地土壤污染状况调查技术导则》（HJ 25.1—2019）等相关导则基础上，对应主要生产单元，针对性地提出重点关注布点位置和涉及的关注污染物，形成重点关注布点位置及涉及关注污染物一览表。

本书技术路线见图 1-1。

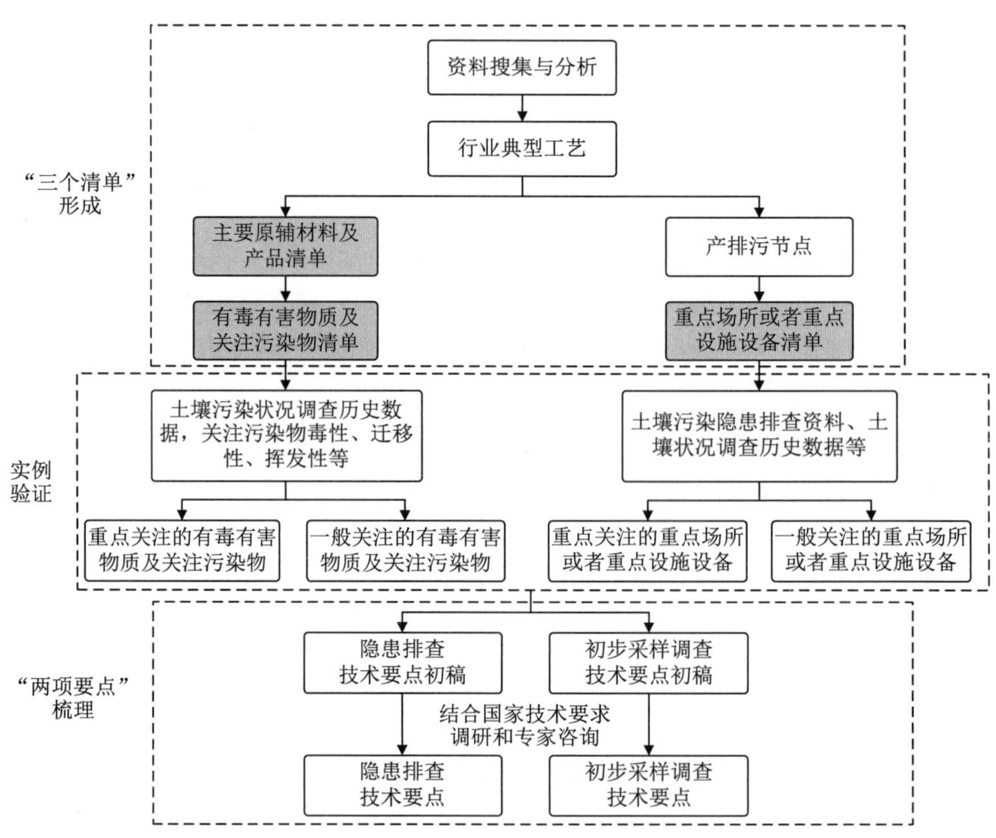

图 1-1 技术路线图

1.2.2 工作过程

本书自 2022 年 6 月开始编制，通过整理行业相关技术规范和标准、环境影响评价报告、清洁生产审核报告等，历时 2 个月初步完成行业典型工艺厘定，形成主要原辅材料及产品清单、有毒有害物质及关注污染物清单。

2022 年 8 月，共整理搜集 10 个重点行业历史调查结果和文献资料约 147 份，历时 1 个月，对前期成果进行了补充完善。

2022 年 9—10 月，筛选了 30 家典型企业，开展现场调研，并发放人员访谈及调研问题表格，对前期梳理的成果进行进一步的验证。现场调研阶段重点关注具有隐蔽性的设施设备及可能涉及的污染排放情况，结合理论资料的分析，提出了重点场所或者重点设施设备清单。

2022 年 11—12 月，在资料收集与分析、现场调研、专家咨询的基础上，提出了隐患排查要点及初步采样调查要点，并汇总形成书稿初稿。

2023 年 1—2 月，进一步邀请国家和省内知名行业专家、环保专家充分细致指导，进一步对书稿进行了完善。

整个工作过程，累计开展专家论证和指导 17 次。

1.2.3 工作成果

本书选择的 10 个重点行业为：皮革鞣制加工、原油加工及石油制品制造、炼焦、化学农药制造、金冶炼、电镀、烟煤和无烟煤开采洗选、铝压延加工、汽车零部件及配件制造、金属结构制造。

针对每个行业分别形成“三个清单”——主要原辅材料及产品清单、有毒有害物质及关注污染物清单、重点场所或者重点设施设备清单和“两项要点”——隐患排查技术要点、初步采样调查技术要点，并汇总形成“两个表”——隐患排查及整改技术要点一览表、重点关注布点位置及涉及关注污染物一览表。

本书分别针对建设用地土壤污染状况调查和土壤重点监管单位污染隐患排查形成工作成果，可为生态环境主管部门加强相关工作的监管提供技术支撑，为从业单位开展相关工作提供技术指导，有利于山东省土壤污染防治能力的提升和技术水平的提高。

2

皮革鞣制加工行业隐患排查和初步采样调查技术要点

山东是我国重要的皮革生产基地之一。根据《山东统计年鉴 2022》，2021 年山东省规模以上皮革、毛皮、羽毛及其制品和制鞋业的企业单位数量为 236 家，规模以上工业轻革产量为 3 654.0 万 m^2。根据《国民经济行业分类》(GB/T 4754—2017)，皮革、毛皮、羽毛及其制品和制鞋业（19）细分为皮革鞣制加工（191）、皮革制品制造（192）、毛皮鞣制及制品加工（193）等 5 个中类，皮革鞣制加工（1910）、皮革服装制造（1921）、毛皮鞣制加工（1931）等 15 个小类。综合考虑各细分小类行业的污染程度和现有调查成果的丰富程度等，本章选取山东省数量多、污染重、前期调查成果相对丰富的皮革鞣制加工行业（1910）作为代表，开展隐患排查和初步采样调查技术要点的梳理。根据山东省生态环境厅网站公布的《山东省 2022 年土壤污染重点监管单位名录》，全省 1 924 家土壤污染重点监管单位中有 21 家属于皮革鞣制加工行业。

皮革鞣制加工行业由于原料皮的种类及防腐方法、企业的生产条件、产品品质要求的不同，工艺复杂且类型多样，一般有 30～50 道工序，工艺流程主要包括准备工段、鞣制工段和整饰工段。鞣制工段根据鞣剂的不同，分为铬鞣、醛鞣、植鞣、非醛有机鞣等方式。本章选择山东省历史调查工作中发现的超标数量多、污染程度相对严重的铬鞣工艺作为皮革鞣制加工行业典型工艺进行介绍，并梳理了皮革鞣制加工行业的“三个清单”与“两项要点”。

2.1 典型工艺

2.1.1 主要工艺流程

皮革鞣制加工行业典型工艺流程主要包括准备工段、鞣制工段和整饰工段 3 个工段。

准备工段是将原料皮加工为适合鞣制状态的裸皮的生产过程。准备工段将去除原料皮中的制革无用物（如毛、表皮、脂肪、纤维间质、皮下组织等），松散胶原纤维，为鞣制做准备；包括组批、浸水、去肉、脱毛、浸灰、片皮、脱灰、软化等工序和相应的水洗工序。

鞣制工段是使生皮变为革的质变过程，是整个皮革鞣制加工过程的关键。鞣制工段利用鞣剂分子在皮胶原分子链之间形成交联，提高胶原结构稳定性，将酸裸皮变成革，鞣制后的革可获得一系列的鞣制效应；包括浸酸、鞣制和相应的水洗工序。

整饰工段分为湿整饰工段和干整饰工段。湿整饰工段向皮革中加入油脂、鞣剂、染料等皮化材料，并加以机械作用，包括组批、片皮、削匀、复鞣、中和、填充、染色、加脂工序和相应的水洗工艺。干整饰工段对湿态的皮革进行干燥、机械做软、表面处理，包括干燥、摔软、磨革、修边、涂饰等工序。

皮革鞣制加工行业的典型生产工艺流程见图 2-1。工艺中水洗工序较多，全部依附于前一工序，与前一工序在同一设备中完成，水质也与前一工序的水质类似，图中不再单独列出水洗工序。

2.1.2 主要原辅材料和产品

皮革鞣制加工工艺涉及的主要原材料为动物生皮，辅料主要包括用于准备工段的浸水助剂、脱脂剂、脱毛剂、浸灰剂、脱灰剂，用于鞣制工段的浸酸剂、鞣制剂，用于涂饰工段的复鞣剂、填充剂、加脂剂、染料、成膜剂、交联剂、着色剂和光亮剂等。

主要原辅材料及产品清单见表 2-1。

除表 2-1 中的主要原辅材料外，还涉及合成油、甲酸钠、染料、颜料、成膜剂、交联剂、着色剂、光亮剂、提碱剂、氧化镁、乳化剂、甲酸、磷脂、亚硫酸化磷脂等，具体根据企业实际情况进行识别。

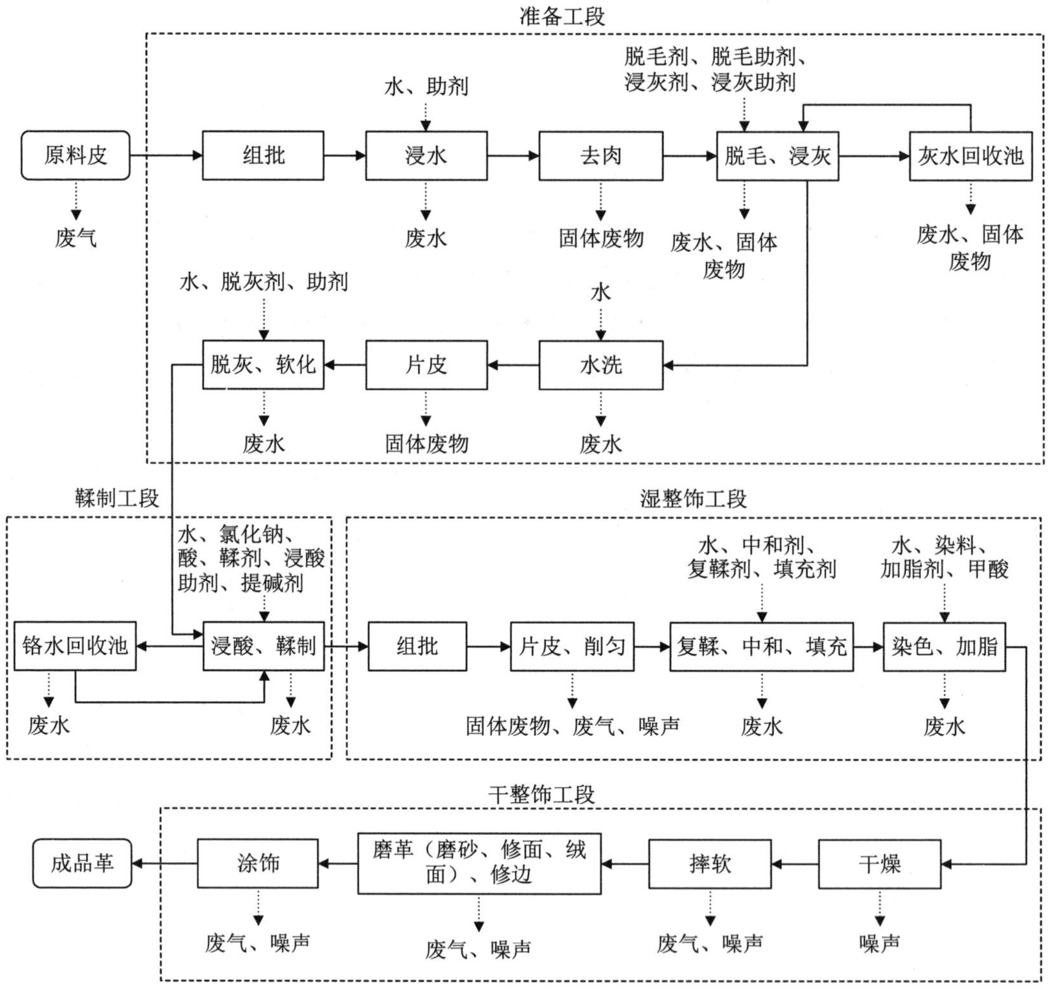

图 2-1 皮革鞣制加工行业典型工艺流程

表 2-1 皮革鞣制加工行业主要原辅材料及产品清单

序号	物料类别	物料名称		主要组成
1	产品	成品革		1．按原料皮种类可分为牛皮革、羊皮革、猪皮革等，山东省主要生产牛皮革 2．根据鞣制方法的不同，可将皮革分为铬鞣革、植鞣革、油鞣革、醛鞣革、有机鞣革、铝鞣革、结合鞣革等 3．按照计量方式可分为重革和轻革
2		蓝湿革[a]		裸皮经过铬鞣剂鞣制后外观呈湖蓝色至蓝色的湿革
3	原辅材料	生皮		来自猪、牛、羊等动物且未经或仅经过防腐处理的皮
4		浸水助剂	杀菌剂	戊二醛、三氯苯酚、五氯苯酚、氟化物
			表面活性剂	苯酚

序号	物料类别	物料名称		主要组成
5	原辅材料	脱脂剂	有机卤化物	—
			非卤化溶剂	线性烷基聚乙二醇醚、羧酸、烷基醚硫酸、烷基硫酸盐
6		脱毛剂		硫化钠、硫氢化钠、熟石灰、二甲胺
7		脱毛助剂		乙醇胺
8		浸灰剂		石灰
9		浸灰助剂		1,2-乙二胺、二甲胺、乙醇胺
10		膨胀剂		—
11		脱灰剂		氯化铵、硫酸铵、胰酶
12		浸酸剂		萘磺酸、苯磺酸
13		浸酸助剂		氯化钠、甲酸、硫酸、碳酸氢钠等
14		鞣制剂	铬鞣剂	铬粉（碱式硫酸铬）
			植鞣剂	栲胶
			非铬金属鞣剂	铝鞣剂、锆鞣剂或锆铝多金属鞣剂
			醛鞣剂	乙醛、戊二醛、丙烯醛、2-丁烯醛、有机膦盐（四羟甲基磷硫酸盐）、三聚氰胺树脂鞣剂、脲醛树脂鞣剂、脲环树脂鞣剂、各种噁唑烷鞣剂
			非醛有机鞣剂	—
15		防霉剂		五氯苯酚
16		复鞣剂	含铬复鞣剂	铬鞣剂、小苏打
17			醛鞣复鞣剂	戊二醛
18		中和剂		甲酸钠、小苏打
19		填充剂		蛋白填料、丙烯酸树脂、氨基树脂、芳香族化合物、脂肪族化合物等（树脂内可能含甲醛）
20		加脂剂		甲酸

注：[a] 蓝湿革既可以作为产品，也可以作为原料。

不同企业原辅材料会有变化，应结合企业实际情况具体分析。

2.2 污染识别

2.2.1 有毒有害物质及关注污染物

根据国家有关规定，对皮革鞣制加工行业典型工艺原辅材料、产品及“三废”进行排查，结合历史调查数据及污染物的毒性大小、超标率，梳理出该行业主要有毒有害物质及关注污染物清单，详见表 2-2。其中重点关注的有毒有害物质及关注污染物使用*进行标注。操作中应结合企业实际情况具体分析。

表 2-2 皮革鞣制加工行业主要有毒有害物质及关注污染物清单

序号	物料类别	物料名称	有毒有害物质	关注污染物
1	原辅材料	生皮	—	—
2		浸水剂	—	—
3		表面活性剂（浸水助剂）	苯酚*	苯酚*
4		杀菌剂（浸水助剂）	戊二醛、三氯苯酚、五氯苯酚*、氟化物	戊二醛、三氯苯酚、五氯苯酚*、氟化物
5		浸灰剂	—	—
6		浸灰助剂	1,2-乙二胺、二甲胺、乙醇胺*	1,2-乙二胺、二甲胺、乙醇胺*
7		脱毛剂	二甲胺	二甲胺
8		脱毛助剂	乙醇胺*	乙醇胺*
9		脱灰剂	—	—
10		浸酸剂	萘磺酸、苯磺酸	萘磺酸、苯磺酸
11		浸酸助剂	—	—
12		含铬鞣剂	三价铬*、六价铬*	三价铬*、六价铬*
13		醛鞣剂	乙醛、戊二醛、丙烯醛*、2-丁烯醛	乙醛、戊二醛、丙烯醛*、2-丁烯醛
14		防霉剂	五氯苯酚*	五氯苯酚*
15		含铬复鞣剂	三价铬*、六价铬*、三聚氰胺、双氰胺	三价铬*、六价铬*、三聚氰胺、双氰胺
16		醛鞣复鞣剂	戊二醛、三聚氰胺、双氰胺	戊二醛、三聚氰胺、双氰胺
17	产品	成品革	—	—
		蓝湿革	—	—
18	废水	浸水废水	戊二醛、苯酚*、氟化物、三氯苯酚、五氯苯酚*、氨氮*	戊二醛、苯酚*、氟化物、三氯苯酚、五氯苯酚*、氨氮*
19		脱脂废水	—	—
20		浸灰废水	1,2-乙二胺、二甲胺、乙醇胺*、三聚氰胺、双氰胺、氨氮*	1,2-乙二胺、二甲胺、乙醇胺*、三聚氰胺、双氰胺、氨氮*
21		脱毛废水	二甲胺、乙醇胺*、氨氮*	二甲胺、乙醇胺*、氨氮*
22		脱灰废水	氨氮*	氨氮*
23		浸酸废水	苯磺酸、萘磺酸	苯磺酸、萘磺酸
24		铬鞣废水	三价铬*、六价铬*	三价铬*、六价铬*
25		醛鞣废水	丙烯醛*、乙醛、戊二醛、2-丁烯醛	丙烯醛*、乙醛、戊二醛、2-丁烯醛
26		复鞣废水（铬鞣）	六价铬*	六价铬*
27		复鞣废水（醛鞣）	戊二醛	戊二醛
28	固废	含铬废料	三价铬*、六价铬*	三价铬*、六价铬*
29		含铬粉饼	三价铬*、六价铬*	三价铬*、六价铬*
30		含铬污泥	三价铬*、六价铬*	三价铬*、六价铬*
31		废机油	石油烃（C_{10}～C_{40}）	石油烃（C_{10}～C_{40}）

注：*为重点关注的有毒有害物质及关注污染物。

2.2.1.1 有毒有害物质

根据《重点监管单位土壤污染隐患排查指南（试行）》（生态环境部公告 2021 年第 1 号）排查要求，皮革鞣制加工行业涉及的有毒有害物质主要有重金属（三价铬、六价铬）、酚类（苯酚、五氯苯酚）、丙烯醛、乙醇胺、氟化物、石油烃（C_{10}～C_{40}）、三氯苯酚、醛类（乙醛、戊二醛、2-丁烯醛）、胺类（1,2-乙二胺、二甲胺、三聚氰胺、双氰胺）、磺酸类（苯磺酸、萘磺酸）、氨氮等。结合历史调查数据结果分析，其中重点关注的有毒有害物质为重金属（三价铬、六价铬）、酚类（苯酚、五氯苯酚）、丙烯醛、乙醇胺、氨氮等。

2.2.1.2 关注污染物

经梳理分析原辅材料、产品、生产工艺等，皮革鞣制加工行业涉及的关注污染物主要有：三价铬、六价铬、苯酚、五氯苯酚、丙烯醛、乙醇胺、氟化物、石油烃（C_{10}～C_{40}）、三氯苯酚、乙醛、戊二醛、2-丁烯醛、1,2-乙二胺、二甲胺、三聚氰胺、双氰胺、苯磺酸、萘磺酸、氨氮等。结合历史调查数据结果分析，重点关注的关注污染物为：三价铬、六价铬、苯酚、五氯苯酚、丙烯醛、乙醇胺、氨氮等。

2.2.2 重点场所或重点设施设备

根据国家隐患排查及调查相关技术规定，结合历史调查数据，对皮革鞣制加工行业重点场所或者重点设施设备进行排查，梳理出主要重点场所或者重点设施设备清单，详见表 2-3。

表 2-3 皮革鞣制加工行业主要重点场所或者重点设施设备清单

主要单元		重点场所或者重点设施设备名称	涉及有毒有害物质的物料	有毒有害物质	重点场所或者重点设施设备类型[a]	重点场所或者重点设施设备关注级别
准备工段	浸水	浸水池	浸水剂、杀菌剂、表面活性剂、浸水废水	五氯苯酚、戊二醛、三氯苯酚、氟化物、氨氮	生产区	一般关注
	去肉	去肉机	废料	—		
	浸灰	转鼓	浸灰剂、浸灰助剂、浸灰废水	乙醇胺、1,2-乙二胺、二甲胺、氨氮		
	脱毛	脱毛机	脱毛剂、脱毛助剂、脱毛废水	乙醇胺、二甲胺、氨氮		
	片皮	片皮机	废料	—		

主要单元		重点场所或者重点设施设备名称	涉及有毒有害物质的物料	有毒有害物质	重点场所或者重点设施设备类型[a]	重点场所或者重点设施设备关注级别
鞣制工段	脱灰	转鼓	脱灰剂、脱灰废水	氨氮	生产区	一般关注
	浸酸	转鼓	浸酸助剂、浸酸废水	苯磺酸、萘磺酸		一般关注
	初鞣	转鼓	含铬鞣剂、铬鞣废水	三价铬、六价铬、苯酚		重点关注
			醛鞣剂、醛鞣废水	丙烯醛、乙醛、戊二醛、2-丁烯醛		
	削匀	削匀机	含铬废料	三价铬、六价铬		一般关注
	复鞣	转鼓	含铬复鞣剂、复鞣废水	三价铬、六价铬、苯酚、三聚氰胺、双氰胺		重点关注
			醛鞣剂、醛鞣废水	戊二醛、三聚氰胺、双氰胺		
废水处理区	含铬废水收集池	含铬废水收集池	含铬废水	三价铬、六价铬	池体储存	重点关注
	废水处理站	还原池	含铬废水	三价铬、六价铬、苯酚、氟化物、氨氮		重点关注
		沉淀池	含铬废水	三价铬、六价铬、苯酚、氟化物、氨氮		
		厌氧池	含铬废水	三价铬、六价铬、苯酚、氟化物、氨氮		
		调节池	含铬废水	三价铬、六价铬、苯酚、氟化物、氨氮		
其他单元	初期雨水池	初期雨水池	初期雨水等	三价铬、六价铬、苯酚、氟化物、氨氮		一般关注
	废水管线	废水管线	含铬废水等	三价铬、六价铬、苯酚、氟化物、氨氮	其他活动区	一般关注
	危废库	危废暂存间	含铬污泥、废活性炭、废原料桶、蓝皮屑（含铬）	三价铬、六价铬、苯酚、石油烃（C_{10}～C_{40}）、苯、甲苯、二甲苯		重点关注
	固废暂存区	固废堆存区	皮革边角料	苯酚		一般关注
	原料储存库	原料储存库	各工序所需试剂	三价铬、六价铬	货物的储存和运输	一般关注

注：[a] 重点场所或者重点设施设备类型参考《重点监管单位土壤污染隐患排查指南（试行）》附录A土壤污染隐患排查与整改技术要点确定。

重点场所或者重点设施设备包括准备和鞣制工段的浸水池、去肉机、转鼓、脱毛机、片皮机、削匀机，废水处理区的含铬废水收集池、还原池、沉淀池、厌氧池、调节池，以及其他单元的初期雨水池、废水管线、危废暂存间、原料储存库、固废堆存区等。其中，需要重点关注的有初鞣单元转鼓、复鞣单元转鼓、含铬废水收集池、废水处理站（还原池、沉淀池、厌氧池、调节池)、危险废物库(危险废物暂存间)等。

其中,含铬废水收集池、废水管线以及废水处理站多为地下构筑物,具有隐蔽性,若发生泄漏,易造成土壤污染,在隐患排查以及初步采样调查时应特别注意。

2.3 隐患排查技术要点

根据《重点监管单位土壤污染隐患排查指南(试行)》附录 A 所提出的场所或设施设备类型,对皮革鞣制加工行业涉及有毒有害物质的重点场所或者重点设施设备进行全面排查,提出本行业排查要点和整改要点。操作中需根据各企业实际情况进行分析。

皮革鞣制加工行业的主要单元包括准备工段、鞣制工段、废水处理区和其他单元。其中,准备工段的重点场所或者重点设施设备包括浸水池、去肉机、转鼓(浸灰)、脱毛机、片皮机,鞣制工段的重点场所或者重点设施设备包括转鼓(脱灰)、转鼓(浸酸)、转鼓(初鞣)、削匀机、转鼓(复鞣),上述 2 个工段的重点场所或者重点设施设备类型属于生产区,其中初鞣与复鞣单元的重点场所或者重点设施设备为重点关注。废水处理区的重点场所或者重点设施设备包括含铬废水收集池、废水处理站,其类型属于液体类储存设施,且均为重点关注。其他单元的重点场所或者重点设施设备包括初期雨水池、废水管线、危废暂存间、固废堆存区、原料储存库,其中原料储存库属于货物的储存和运输类型,废水管线、危废暂存间、固废堆存区属于其他活动区,初期雨水池属于液体储存类型,且危废暂存间为重点关注。

针对上述不同类型的重点场所或者重点设施设备提出隐患排查与整改要点。皮革鞣制加工行业隐患排查技术要点详见表 2-4。

表 2-4 皮革鞣制加工行业隐患排查技术要点一览表

<table>
<tr><th colspan="2" rowspan="2">主要单元</th><th colspan="2">重点场所或者重点设施设备</th><th rowspan="2">排查要点</th><th rowspan="2">整改要点</th></tr>
<tr><th>名称</th><th>类型</th></tr>
<tr><td rowspan="2">准备工段</td><td>浸水</td><td>浸水池</td><td rowspan="2">生产区</td><td>多为地上池体,若发生泄漏,易造成土壤污染。可能情形:①非防渗池体;②池体老化、破损、裂缝造成泄漏、渗漏;③池体满溢;④日常维护(如及时清理泄漏的污染物,定期检查防渗效果)、日常目视检查(如按操作规程或者交班时,对是否存在泄漏、渗漏等情况进行快速检查)不到位</td><td>①定期目视检查,重点对池体是否存在泄漏、渗漏、满溢进行检查;②对于不适合目视检查、泄漏检查的情况,建议增加设置地下水监测井或者土壤气监测井;③做好防渗,根据《石油化工工程防渗技术规范》(GB/T 50934—2013)中相关防渗技术标准、设计使用年限等开展隐患排查</td></tr>
<tr><td>去肉</td><td>去肉机</td><td>设备零件的磨损、变形、开裂、蚀损等,易发生物料泄漏</td><td>定期目视检查</td></tr>
</table>

主要单元		重点场所或者重点设施设备		排查要点	整改要点
		名称	类型		
准备工段	浸灰	转鼓	生产区	①材料硬化、壁厚减薄、焊缝有缺陷和加料操作失当造成过大的边缘应力，引起转鼓断裂，易发生物料泄漏；②运行过程中可能存在跑冒滴漏现象	①日常目视检查；②设施设备容易发生泄漏、渗漏的地方设置防滴漏设施；③定期清空防滴漏设施；④定期开展防渗效果检查
	脱毛	脱毛机		①物料进出设备时易发生泄漏；②周边粉尘较多，易发生污染物富集；③无普通阻隔设施或防渗阻隔系统；④普通阻隔设施或防渗阻隔系统破损、裂缝造成泄漏、渗漏；⑤日常维护、日常目视检查不到位	①按照有关规定要求，进行定期检验；②定期开展日常巡检，对地面积累的粉尘进行及时处理；③定期巡检区域内是否存在未硬化地面、裂隙等；④排查区域内防渗阻隔情况，定期开展防渗效果检查
	片皮	片皮机		设备零件的磨损、变形、开裂、蚀损等，易发生物料泄漏	定期目视检查
鞣制工段	脱灰	转鼓		①材料硬化、壁厚减薄、焊缝有缺陷和加料操作失当造成过大的边缘应力，引起转鼓断裂，易发生物料泄漏；②运行过程中可能存在跑冒滴漏现象	①日常目视检查；②设施设备容易发生泄漏、渗漏的地方设置防滴漏设施；③定期清空防滴漏设施；④定期开展防渗效果检查
	浸酸	转鼓			
	初鞣（重点关注）	转鼓			
	削匀	削匀机		设备零件的磨损、变形、开裂、蚀损等，易发生物料泄漏	定期目视检查
	复鞣（重点关注）	转鼓		①材料硬化、壁厚减薄、焊缝有缺陷和加料操作失当造成过大的边缘应力，引起转鼓断裂，易发生物料泄漏；②运行过程中可能存在跑冒滴漏现象	①日常目视检查；②设施设备容易发生泄漏、渗漏的地方设置防滴漏设施；③定期清空防滴漏设施；④定期开展防渗效果检查
废水处理区	含铬废水收集池（重点关注）	含铬废水收集池	液体储存	多为地下池体，具有隐蔽性，若发生泄漏，易造成土壤污染。可能情形：①非防渗池体；②池体老化、破损、裂缝造成泄漏、渗漏；③池体满溢；④日常维护（如及时清理泄漏的污染物，定期检查防渗效果）、日常目视检查（如按操作规程或者交班时，对是否存在泄漏、渗漏等情况进行快速检查）不到位	①定期目视检查，重点对池体是否存在泄漏、渗漏、满溢进行检查；②对于不适合目视检查、泄漏检测的情况，建议增加设置地下水监测井或者土壤气监测井；③做好防渗，根据 GB/T 50934 中相关防渗技术标准、设计使用年限等开展隐患排查；④检查是否具备泄漏检测设施，如地下水污染监控井等
	废水处理站（重点关注）	还原池			
		沉淀池			
		厌氧池			
		调节池			
其他单元	初期雨水池	初期雨水池			①定期目视巡检设施设备情况，若有破损、裂缝、老化等情况要及时补救或者更换新的设备；②针对地下或者半地下储存池需定期检查泄漏检测设施，确保正常运行；③池体设计建设是否满足 GB/T 50934 等防渗设计要求；④检查防渗工程是否超出设计使用年限

<table>
<tr><th colspan="2" rowspan="2">主要单元</th><th colspan="2">重点场所或者重点设施设备</th><th rowspan="2">排查要点</th><th rowspan="2">整改要点</th></tr>
<tr><th>名称</th><th>类型</th></tr>
<tr><td rowspan="4">其他单元</td><td>废水管线</td><td>废水管线</td><td rowspan="3">其他活动区</td><td>具有隐蔽性，若发生泄漏，易造成土壤污染。可能情形：管道及接口破损，导致物料泄漏</td><td>建议进行架空，减少地下管线的布设</td></tr>
<tr><td>危废库（重点关注）</td><td>危废暂存间</td><td rowspan="3">若区域内防渗、防风、防雨、防晒措施未达到废物贮存要求，易造成土壤污染</td><td rowspan="2">①定期巡检区域内是否存在未硬化地面、裂隙，排查区域内防渗阻隔情况；②一般固体废物和危险废物的堆放是否符合《一般工业固体废物贮存和填埋污染控制标准》（GB 18599—2020）和《危险废物贮存污染控制标准》（GB 18597—2023）的相关要求，包括防渗、防风、防雨等；③开展日常维护，及时解决泄漏问题并清理泄漏的污染物；④定期开展人员培训</td></tr>
<tr><td>固废暂存区</td><td>固废堆存区</td></tr>
<tr><td>原料储存库</td><td>原料储存库</td><td>货物的储存和运输</td><td>①仓库地面设计建设满足GB/T 50934等防渗设计要求；②开展日常维护，及时解决泄漏问题并清理泄漏的污染物；③定期巡检区域内是否存在未硬化地面、裂隙，排查区域内防渗阻隔情况</td></tr>
</table>

2.4 初步采样调查技术要点

结合皮革鞣制加工行业识别的重点关注的重点场所或者重点设施设备、重点关注的关注污染物以及所在主要单元，提出该行业初步采样调查的重点关注布点位置与涉及的关注污染物，详见表 2-5。识别出的重点场所或者重点设施设备应作为优先布点区域，其他区域应根据国家相关导则规定进行全面梳理，根据地块实际酌情考虑。

2.4.1 点位布设

本章 2.2 节识别的重点场所或者重点设施设备中需要重点关注的，包括鞣制工段的初鞣和复鞣单元、废水处理区的含铬废水收集池和废水处理站以及危废暂存间等，应优先考虑布点，其他建议的重点关注布点位置与涉及关注污染物见表 2-5。现场布点应结合实际情况，布设在重点场所或者重点设施设备最有可能污染的位置，同时结合现场颜色/气味异常、污染痕迹、硬化地面裂缝、污染物的迁移途径等因素综合考虑布点。如当前或历史上有裸露地面（如绿化带）的区域、历史上为工业企业的生产区域、污染泄漏区、历史监测超标区、颜色/气味异常（如黄绿色）区域、周边地块关注污染物可能影响的本地块内区域等也应纳入布点考虑。

表 2-5 皮革鞣制加工行业重点关注布点位置及涉及关注污染物一览表

主要单元		重点关注布点位置	涉及物料	涉及关注污染物
准备工段	浸水	浸水池	浸水剂、杀菌剂、表面活性剂、浸水废水	五氯苯酚、戊二醛、三氯苯酚、氟化物、氨氮、苯酚
	脱毛	脱毛机	脱毛剂、脱毛助剂、脱毛废水	乙醇胺、二甲胺、氨氮
鞣制工段	初鞣（重点关注）	转鼓	含铬鞣剂、铬鞣废水	三价铬、六价铬
			醛鞣剂、醛鞣废水	丙烯醛、乙醛、戊二醛、2-丁烯醛
	削匀	削匀机	含铬废料	三价铬、六价铬
	复鞣（重点关注）	转鼓	含铬复鞣剂、复鞣废水	三价铬、六价铬、苯酚、三聚氰胺、双氰胺
			醛鞣剂、醛鞣废水	戊二醛、三聚氰胺、双氰胺
废水处理区	含铬废水收集池（重点关注）	含铬废水收集池	含铬废水	三价铬、六价铬、氨氮
	废水处理站（重点关注）	还原池	含铬废水	三价铬、六价铬、苯酚、氟化物、氨氮
		沉淀池	含铬废水	三价铬、六价铬、苯酚、氟化物、氨氮
		厌氧池	含铬废水	三价铬、六价铬、苯酚、氟化物、氨氮
		调节池	含铬废水	三价铬、六价铬、苯酚、氟化物、氨氮
其他单元	初期雨水池	初期雨水池	初期雨水	三价铬、六价铬、苯酚、氟化物、氨氮
	废水管线	废水管线	含铬废水等	三价铬、六价铬、苯酚、氟化物、氨氮
	危废库（重点关注）	危废暂存间	含铬污泥、废活性炭、废原料桶、蓝皮屑（含铬）	三价铬、六价铬、苯酚、石油烃（C_{10}~C_{40}）、苯、甲苯、二甲苯
	固废暂存区	固废堆存区	皮革边角料	苯酚
	原料储存库	原料储存库	各工序所需试剂	三价铬、六价铬

2.4.2 检测指标

皮革鞣制加工行业的检测指标建议包含《土壤环境质量 建设用地土壤污染风险管控标准（试行）》（GB 36600—2018）中表 1 基本 45 项及污染识别阶段识别出的关注污染物，以及地块可能存在的其他污染物。原则上应当本着保守原则，将地块内可能存在的污染物及其在环境中的转化或降解产物均纳入检测指标。土壤和地下水的检测指标具体建议如下。

2.4.2.1 土壤

土壤样品检测指标包括但不限于：

（1）《土壤环境质量 建设用地土壤污染风险管控标准（试行）》（GB 36600—2018）表 1 基本 45 项和 pH。

（2）地块关注污染物：重点关注的关注污染物主要为三价铬、六价铬、苯酚、五氯苯酚、丙烯醛、乙醇胺、氨氮；其他关注污染物主要为氟化物、石油烃（C_{10}～C_{40}）、三氯苯酚、乙醛、戊二醛、2-丁烯醛、1,2-乙二胺、二甲胺、三聚氰胺、双氰胺、苯磺酸、萘磺酸等。

（3）经资料分析确定的地块使用历史可能存在的或周边企业排放的可能影响本地块的其他污染物。

（4）现场快速检测结果异常的其他污染物。

（5）考虑到对周边敏感目标的影响，必要时建议增加臭气浓度的检测。

2.4.2.2 地下水

地下水样品检测指标包括但不限于：

（1）《地下水质量标准》（GB/T 14848—2017）常规指标中的“感官性状及一般化学指标”和“毒理学指标”。

（2）地块关注污染物：重点关注的关注污染物主要为三价铬、六价铬、苯酚、五氯苯酚、丙烯醛、乙醇胺、氨氮；其他关注污染物主要为氟化物、石油烃（C_{10}～C_{40}）、三氯苯酚、乙醛、戊二醛、2-丁烯醛、1,2-乙二胺、二甲胺、三聚氰胺、双氰胺、苯磺酸、萘磺酸等。

（3）考虑地块所在地区地下水功能用途及周边工业企业的影响，酌情增加选测项目。

（4）经资料收集与分析确定的地块使用历史上可能存在的其他相关污染物。

2.4.3 采样要求

除满足国家调查相关技术规定的各项要求外，考虑到皮革鞣制加工行业的关注污染物六价铬具有易迁移的特性，建议：

（1）根据地块实际水文地质条件，综合分析六价铬的迁移范围及深度，判断六价铬在地块深层地下水或厂界外污染的可能性。

（2）有条件的情况下，对明显迁移到厂界外的区域进行布点采样，确定污染范围；或通过开展地下水污染模拟预测评估，分析其扩散趋势。

参考文献

[1] 张国卿，王罗春，徐高田，等．Fenton 试剂在处理难降解有机废水中的应用[J]．工业安全与环保，2004，30（3）：17-19，30.

[2] 赵微微，王毅琳．表面活性剂用于废水处理研究的新进展[J]．化学学报，2019，77（8）：717-728.

[3] 马建中，胡静．表面活性剂在皮革工业的应用现状与发展趋势[J]．中国皮革，2007（3）：35-38.

[4] 于永昌．从山东皮革工业发展看建立皮革化工基地的市场需求[J]．西部皮革，2011，33（18）：23-24.

[5] 吴楠，王坤余，徐晓颖，等．复鞣剂和抗氧化剂对皮革中六价铬形成的影响[J]．中国皮革，2012，41（17）：20-22，26.

[6] 王杰兴．工业废弃羊毛制备皮革填充剂的研究[D]．烟台：烟台大学，2014.

[7] 刘杨，罗海航，游涛，等．功能型材料在皮革涂饰中的应用[J]．皮革与化工，2019，36（2）：32-36.

[8] 于华卫，刘素清．关注山东皮革业　关注绿色皮革经济[J]．中国皮革，2002（24）：23-25.

[9] 吕新刚．混凝法处理毛皮浸酸废水的试验研究[D]．济南：山东大学，2013.

[10] 朱丽．聚焦山东皮革工业市场[J]．西部皮革，2006（12）：57-58.

[11] 王学川，郝东艳，魏超，等．两性表面活性剂在皮革加脂中的应用研究进展[J]．中国皮革，2020，49（6）：20-26.

[12] 王学川，郝东艳，魏超，等．两性表面活性剂在皮革加脂中的应用研究进展（续）[J]．中国皮革，2020，49（7）：24-30，35.

[13] 沈鹏义．明矾对植鞣革生产中皮革化学性质影响[J]．皮革制作与环保科技，2020，1（3）：25-26，30.

[14] 段镇基．皮革工业生产中存在的问题及其对策[J]．中国皮革，2001，30（23）：22-25.

[15] 吕斌，王泓棣，马建中，等．皮革工业用新型表面活性剂的应用进展[J]．日用化学工业，2014，44（6）：343-347，355.

[16] 吕斌，王泓棣，贾潞．皮革加脂剂的研究进展[J]．日用化学品科学，2015，38（5）：20-26.

[17] 魏登科．皮革加脂剂生产废水的处理研究[D]．长沙：湖南农业大学，2014.

[18] 汤小燕，李少清，缪飞，等．皮革浸灰剂的研究现状[J]．广东化工，2011，38（5）：26-27.

[19] 马安博．皮革染色技术及其应用前景[J]．西部皮革，2018，40（1）：67-68，71.

[20] 王伟，马建中，杨宗邃，等．皮革鞣剂及鞣制机理综述[J]．中国皮革，1997，26（8）：27-32.

[21] 朱尧德．皮革鞣制加工废水中水回用改造处理探讨[J]．环境与发展，2014，26（7）：39-42，91.

[22] J KANAGARAJ，T SENTHILVELAN，R C PANDA，等．皮革鞣制染色工序可持续发展的生态友好废物处理方法[J]．西部皮革，2015，37（14）：46-51.

[23] 楼建新，王鸿儒．皮革杀菌剂的研究现状[J]．皮革化工，2004，21（4）：11-14.

[24] 史亚丰．皮革涂饰车间有机废气处理技术应用与实践[J]．北京皮革，2021，46（11）：22-27.

[25] 丁志文．清洁化脱毛浸灰的理论与工艺应用[D]．成都：四川大学，2001.

[26] 陈兴幸．少盐浸酸铬鞣助剂的合成与应用性能[D]．西安：陕西科技大学，2017.

[27] 王学川，王晓芹，强涛涛．双子表面活性剂在皮革工业中的应用[J]．皮革科学与工程，2015，25（3）：32-37.

[28] 于义．羊皮生态服装革的开发及工艺技术[J]．中国皮革，2003，32（5）：20-24.

[29] 王再学，宋小群，王兆威，等．一种无氨脱灰剂应用研究[J]．皮革科学与工程，2021，31（4）：50-54.

[30] 于熹喆．植鞣革服饰品设计方法研究——以日晒变色实践为例[J]．北京皮革，2020，45（9）：80-83.

[31] 余梅，马兴元，牛艳芳，等．制革清洁脱毛工艺与助剂研究的新进展[J]．中国皮革，2011，40（9）：51-55.

[32] 侯雪艳．制革用含酶助剂的制备及性能研究[D]．西安：陕西科技大学，2015.

[33] 潘飞，肖远航，张龙，等．制革中复鞣剂的应用与研究进展[J]．中国皮革，2022，51（1）：52-61.

3 原油加工及石油制品制造行业隐患排查和初步采样调查技术要点

山东是化工大省，也是重要的石油化工生产聚集地。根据《山东统计年鉴 2022》，2021 年山东省规模以上石油、煤炭及其他燃料加工业的企业单位数量为 279 家。根据《国民经济行业分类》（GB/T 4754—2017），石油、煤炭及其他燃料加工业（25）进一步细分为精炼石油产品制造（251）、煤炭加工（252）等 4 个中类，原油加工及石油制品制造（2511）、其他原油制造（2519）、炼焦（2521）、煤制合成气生产（2522）等 10 个小类。综合考虑行业污染程度和现有调查成果丰富程度等，本章选取山东省数量多、污染重、前期调查成果相对丰富的原油加工及石油制品制造行业（2511）作为代表，开展隐患排查和初步采样调查技术要点的梳理。根据山东省生态环境厅网站公布的《山东省 2022 年土壤污染重点监管单位名录》，全省 1 924 家土壤污染重点监管单位中有 80 家属于原油加工及石油制品制造行业。

原油加工及石油制品制造行业又分为原油加工和石油制品制造，其中原油加工的工艺包括蒸馏工艺、延迟焦化、催化裂化、加氢裂化以及加氢精制等。本章选择原油加工及石油制品制造行业中的原油加工作为典型工艺介绍，并梳理了“三个清单”与“两项要点”。

3.1 典型工艺

3.1.1 主要工艺流程

原油加工及石油制品制造行业中原油加工业主要分为14个工艺单元——常减压蒸馏单元、沥青单元、延迟焦化单元、催化裂化单元、气体分馏单元、烷基化单元、催化汽油吸附脱硫单元、制氢单元、加氢精制单元、加氢裂化单元、催化重整单元、含硫废水汽提单元、硫黄回收单元、污水处理单元——以及其他单元（如储罐单元、危废储存单元、雨水单元、管线单元等）。

常减压蒸馏单元是其他工艺的基础，经过常减压蒸馏单元的电脱盐系统、蒸馏系统后，根据产出油品的不同将油品分类，分别进入延迟焦化单元（焦化系统、吸收稳定系统、脱硫脱硫醇系统）、加氢精制单元（反应系统、分馏系统）、催化裂化单元（反应再生系统、回炼油系统、分馏系统、吸收稳定系统、能量回收系统、脱硫脱硫醇系统）、加氢裂化单元（反应系统、分馏系统、脱硫系统、临氢降凝系统）、气体分馏单元（气体分馏系统）、烷基化单元（烷基化系统）、催化汽油吸附脱硫单元（进料与脱硫反应系统、吸附剂再生循环系统）、催化重整单元（预处理系统、重整系统、催化剂再生系统）和沥青单元（氧化沥青系统、尾气处理系统）进行进一步的加工，以达到最后产品油的标准。加工过程中产生的含硫废水全部进入含硫废水汽提单元进行分解处理，各单元产生的含油废水和含盐废水进入污水处理单元进行处理，产生的酸性气进入硫黄回收单元进行处理。

在提纯精制过程中，一些单元之间也存在联系：延迟焦化单元与催化裂化单元产生的粗柴油进入加氢精制单元进行精制，催化裂化单元的液化气进入气体分馏单元再经烷基化单元最后产出，催化裂化单元的汽油进入催化汽油吸附脱硫单元进行脱硫再生后产出，加氢精制单元中产生的粗蜡油进入催化裂化单元进行精制，加氢裂化单元中的粗石脑油进入催化重整单元进行精制。

原油加工及石油制品制造行业原油加工业典型工艺流程见图3-1。

3.1.2 主要原辅材料和产品

原油加工及石油制品制造行业原油加工业主要原料为原油，其他原辅材料均由原油加工过程中不同单元所添加，如破乳剂、氨水、消泡剂、阻焦剂、胺液、碱液、加氢催化剂、脱氯剂、脱硫剂、中变催化剂、低变催化剂、甲烷化催化剂、变压吸附分离催化剂、催化裂化催化剂、烷基化催化剂、吸附剂、保护剂、干燥剂、瓷球、预加氢催化剂、重整催化剂、制硫催化剂等。主要产品有产品油、沥青、石油焦、油浆、烧焦等。

主要原辅材料及产品清单见表3-1。

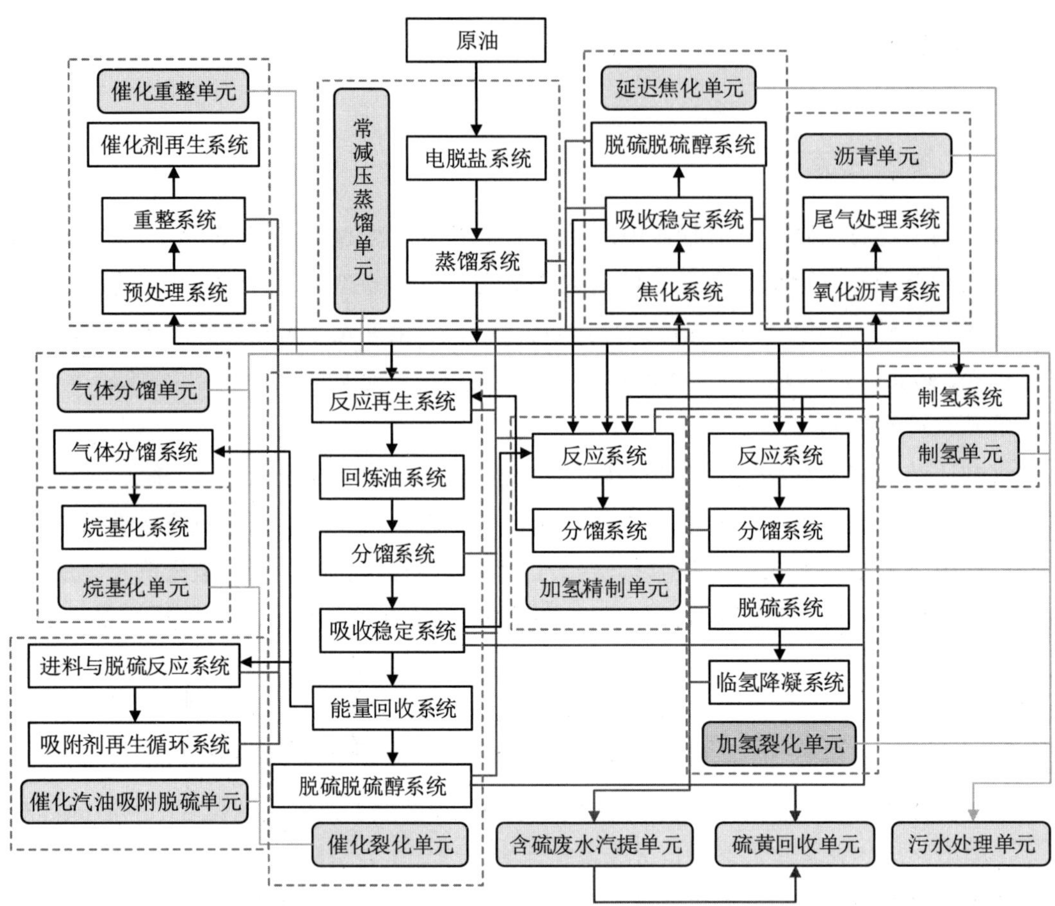

图 3-1 原油加工及石油制品制造行业原油加工业典型工艺流程

表 3-1 原油加工及石油制品制造行业原油加工业主要原辅材料及产品清单

序号	物料类别	物料名称	主要组成
1	原辅材料	原油	石油类［石油烃（C_6～C_9）、石油烃（C_{10}～C_{40}）］、苯系物（苯、甲苯、乙苯、二甲苯、苯乙烯、异丙基苯、正丙苯、1,3,5-三甲基苯、1,2,4-三甲基苯、三甲苯、乙基苯）、多环芳烃（苯并[*a*]芘、二苯并[*a,h*]蒽、苯并[*a*]蒽、苯并[*b*]荧蒽、萘、苯并[*k*]荧蒽、茚并[1,2,3-*cd*]芘、苊烯、苊、芴、菲、蒽、芘、䓛、苯并[*g,h,i*]苝、荧蒽）、杂环芳烃（二苯并呋喃、苯乙酮）、卤代烃类（氯仿、1,2-二氯丙烷、1,1,2-三氯乙烷、1,2,3-三氯丙烷、1,1,2,2-四氯丙烷）、氯苯类（1,2,3-三氯代苯、1,2,4,5-四氯代苯、五氯苯、氯苯、1,2-二氯苯、1,3-二氯苯、1,4-二氯苯、1,2,4-三氯代苯）、苯胺类（2-甲基苯胺、4-甲基苯胺、2,4-二甲基苯胺、苯胺）、联苯胺类（联苯胺）、酚类（苯酚、甲酚、邻甲酚、间甲酚）、氟化物、氰化物、胺类（1,2-乙二胺、三乙胺、环己胺）、酮类（2-庚酮）、重金属（镍、钒、砷、汞、镉、钴、钼）

序号	物料类别	物料名称	主要组成
2	原辅材料	破乳剂	苯系物（苯、甲苯、乙苯、二甲苯、苯乙烯、异丙基苯、正丙苯、1,3,5-三甲基苯、叔丁基苯、1,2,4-三甲基苯、三甲苯、乙基苯）
3		氨水	—
4		消泡剂	—
5		阻焦剂	—
6		胺液	胺类（乙撑亚胺、*N*-亚硝基二甲胺、1,2-乙二胺、三乙胺、环己胺）
7		碱液	氢氧化钠、氢氧化钾等
8		加氢催化剂	重金属（镍、钒、铜、铅、锰、砷、汞、镉、钴、钨、钼、锌）
9		脱硫剂	
10		脱氯剂	
11		中变催化剂	—
12		低变催化剂	重金属（镍、钒、铜、铅、锰、砷、汞、镉、钴、钨、钼、锌）
13		甲烷化催化剂	
14		变压吸附分离催化剂	
15		催化裂化催化剂	
16		烷基化催化剂	硫酸、氢氟酸等
17		吸附剂	重金属（镍、钒、铜、铅、锰、砷、汞、镉、钴、钨、钼、锌）
18		保护剂	
19		干燥剂	—
20		瓷球	—
21		预加氢催化剂	重金属（镍、钒、铜、铅、锰、砷、汞、镉、钴、钨、钼、锌）
22		重整催化剂	—
23		制硫催化剂	重金属（镍、钒、铜、铅、锰、砷、汞、镉、钴、钨、钼、锌）
24	产品	产品油	氟化物、氰化物、苯系物（苯、甲苯、乙苯、二甲苯、苯乙烯、异丙基苯、正丙苯、1,3,5-三甲基苯、叔丁基苯、1,2,4-三甲基苯、三甲苯、乙基苯）、多环芳烃（苯并[*a*]芘、二苯并[*a,h*]蒽、苯并[*a*]蒽、苯并[*b*]荧蒽、萘、苯并[*k*]荧蒽、茚并[1,2,3-*cd*]芘、苊烯、苊、芴、菲、蒽、芘、䓛、苯并[*g,h,i*]苝、荧蒽）、杂环芳烃（二苯并呋喃、苯乙酮、5-硝基邻甲苯胺、咔唑）、卤代烃（氯仿、1,2-二氯丙烷、1,1,2-三氯乙烷、1,2,3-三氯丙烷、1,1,2,2-四氯丙烷）、氯苯类（1,2,3-三氯代苯、1,2,4,5-四氯代苯、五氯苯、氯苯、1,2-二氯苯、1,3-二氯苯、1,4-二氯苯、1,2,4-三氯代苯）、苯胺类（2-甲基苯胺、4-甲基苯胺、2,4-二甲基苯胺、3-硝基苯胺、4-硝基苯胺、4-氯苯胺、2-萘胺、苯胺、*N*-亚硝基二苯胺）、联苯胺类（联苯胺、3,3'-二氯联苯胺）、酚类（苯酚、甲酚、邻甲酚、间甲酚）、胺类（乙撑亚胺、*N*-亚硝基二甲胺、1,2-乙二胺、三乙胺、环己胺）、酮类（2-庚酮）、石油类［石油烃（C_6～C_9）、石油烃（C_{10}～C_{40}）］

<table>
<tr><th>序号</th><th>物料类别</th><th>物料名称</th><th>主要组成</th></tr>
<tr><td>25</td><td rowspan="4">产品</td><td>沥青</td><td rowspan="4">重金属（镍、钒、铜、铅、锰、砷、汞、镉、钴、钨、钼、锌）、氟化物、氰化物、苯系物（苯、甲苯、乙苯、二甲苯、苯乙烯、异丙基苯、正丙苯、1,3,5-三甲基苯、叔丁基苯、1,2,4-三甲基苯、三甲苯、乙基苯）、多环芳烃（苯并[a]芘、二苯并[a,h]蒽、苯并[a]蒽、苯并[b]荧蒽、萘、苯并[k]荧蒽、茚并[1,2,3-cd]芘、苊烯、苊、芴、菲、蒽、芘、䓛、苯并[g,h,i]苝、荧蒽）、杂环芳烃（二苯并呋喃、苯乙酮、5-硝基邻甲苯胺、咔唑）、卤代烃（氯仿、1,2-二氯丙烷、1,1,2-三氯乙烷、1,2,3-三氯丙烷、1,1,2,2-四氯丙烷）、氯苯类（1,2,3-三氯代苯、1,2,4,5-四氯代苯、五氯苯、氯苯、1,2-二氯苯、1,3-二氯苯、1,4-二氯苯、1,2,4-三氯代苯）、苯胺类（2-甲基苯胺、4-甲基苯胺、2,4-二甲基苯胺、3-硝基苯胺、4-硝基苯胺、4-氯苯胺、2-萘胺、苯胺、N-亚硝基二苯胺）、联苯胺类（联苯胺、3,3'-二氯联苯胺）、酚类（苯酚、甲酚、邻甲酚、间甲酚）、胺类（乙撑亚胺、N-亚硝基二甲胺、1,2-乙二胺、三乙胺、环己胺）、酮类（2-庚酮）、石油类［石油烃（C_6～C_9）、石油烃（C_{10}～C_{40}）］</td></tr>
<tr><td>26</td><td>石油焦</td></tr>
<tr><td>27</td><td>油浆</td></tr>
<tr><td>28</td><td>烧焦</td></tr>
</table>

注：不同企业原辅材料会有变化，应结合企业实际情况具体分析。

3.2 污染识别

3.2.1 有毒有害物质及关注污染物

根据国家有关规定，对原油加工及石油制品制造行业原油加工业典型工艺原辅材料、产品及“三废”进行排查，结合历史调查数据及污染物的毒性大小、超标率，梳理出该行业主要有毒有害物质及关注污染物清单，详见表 3-2。其中重点关注的有毒有害物质及关注污染物使用*进行标注。操作中应结合企业实际情况具体分析。

3.2.1.1 有毒有害物质

根据《重点监管单位土壤污染隐患排查指南（试行）》（生态环境部公告 2021 年第 1 号）排查要求，原油加工及石油制品制造行业原油加工业涉及的有毒有害物质主要有石油类［石油烃（C_6～C_9）、石油烃（C_{10}～C_{40}）］；苯系物（苯、甲苯、乙苯、二甲苯、苯乙烯、异丙基苯、正丙苯、1,3,5-三甲基苯、1,2,4-三甲基苯、三甲苯、乙基苯等）；多环芳烃（苯并[*a*]芘、二苯并[*a,h*]蒽、苯并[*a*]蒽、苯并[*b*]荧蒽、萘、苯并[*k*]荧蒽、茚并[1,2,3-*cd*]芘、苊烯、苊、芴、菲、蒽、芘、䓛、苯并[*g,h,i*]苝、荧蒽等）；杂环芳烃（二苯并呋喃、苯乙酮等）；卤代烃（氯仿、1,2-二氯丙烷、1,1,2-三氯乙烷、1,2,3-三氯丙烷、1,1,2,2-四氯丙烷等）；氯苯类（1,2,3-三氯代苯、1,2,4,5-四氯代苯、五氯苯、氯苯、1,2-二氯苯、1,3-

二氯苯、1,4-二氯苯、1,2,4-三氯代苯等）；苯胺类（2-甲基苯胺、4-甲基苯胺、2,4-二甲基苯胺、苯胺等）；联苯胺类（联苯胺等）；酚类（苯酚、甲酚、邻甲酚、间甲酚等）；胺类（1,2-乙二胺、三乙胺、环己胺等）；酮类（2-庚酮等）；重金属（镍、钒、砷、汞、镉、钴、钼等）；氟化物；氰化物等。

结合历史调查数据结果分析，其中重点关注的有毒有害物质为石油烃（C_{10}～C_{40}）、苯、乙苯、二甲苯、苯并[*a*]芘、二苯并[*a*,*h*]蒽、二苯并呋喃、氯仿、1,2-二氯丙烷、1,1,2-三氯乙烷、1,2,3-三氯丙烷、1,2,3-三氯代苯、1,2,4,5-四氯代苯、五氯苯、2-甲基苯胺、4-甲基苯胺、2,4-二甲基苯胺、联苯胺、酚类（苯酚、甲酚、邻甲酚、间甲酚）、镍、钒、砷、汞、镉、钴、氰化物等。

表 3-2　原油加工及石油制品制造行业原油加工业主要有毒有害物质及关注污染物清单

序号	物料类别	物料名称	有毒有害物质	关注污染物
1	原辅材料	原油	石油类［石油烃（C_6～C_9）、石油烃（C_{10}～C_{40}）*］、苯系物（苯*、甲苯、乙苯*、二甲苯*、苯乙烯、异丙基苯、正丙苯、1,3,5-三甲基苯、1,2,4-三甲基苯、三甲苯、乙基苯）、多环芳烃（苯并[*a*]芘*、二苯并[*a*,*h*]蒽*、苯并[*a*]蒽、苯并[*b*]荧蒽、萘、苯并[*k*]荧蒽、茚并[1,2,3-*cd*]芘、苊烯、苊、芴、菲、蒽、芘、䓛、苯并[*g*,*h*,*i*]苝、荧蒽）、杂环芳烃（二苯并呋喃*、苯乙酮）、卤代烃类（氯仿*、1,2-二氯丙烷*、1,1,2-三氯乙烷*、1,2,3-三氯丙烷*、1,1,2,2-四氯丙烷）、氯苯类（1,2,3-三氯代苯*、1,2,4,5-四氯代苯*、五氯苯*、氯苯、1,2-二氯苯、1,3-二氯苯、1,4-二氯苯、1,2,4-三氯代苯）、苯胺类（2-甲基苯胺*、4-甲基苯胺*、2,4-二甲基苯胺*、苯胺）、联苯胺类（联苯胺*）、酚类（苯酚*、甲酚*、邻甲酚*、间甲酚*）、氟化物、氰化物*、胺类（1,2-乙二胺、三乙胺、环己胺）、酮类（2-庚酮）、重金属（镍*、钒*、砷*、汞*、镉*、钴*、钼）	石油类［石油烃（C_6～C_9）、石油烃（C_{10}～C_{40}）*］、苯系物（苯*、甲苯、乙苯*、二甲苯*、苯乙烯、异丙基苯、正丙苯、1,3,5-三甲基苯、1,2,4-三甲基苯、三甲苯、乙基苯）、多环芳烃（苯并[*a*]芘*、二苯并[*a*,*h*]蒽*、苯并[*a*]蒽、苯并[*b*]荧蒽、萘、苯并[*k*]荧蒽、茚并[1,2,3-*cd*]芘、苊烯、苊、芴、菲、蒽、芘、䓛、苯并[*g*,*h*,*i*]苝、荧蒽）、杂环芳烃（二苯并呋喃*、苯乙酮）、卤代烃类（氯仿*、1,2-二氯丙烷*、1,1,2-三氯乙烷*、1,2,3-三氯丙烷*、1,1,2,2-四氯丙烷）、氯苯类（1,2,3-三氯代苯*、1,2,4,5-四氯代苯*、五氯苯*、氯苯、1,2-二氯苯、1,3-二氯苯、1,4-二氯苯、1,2,4-三氯代苯）、苯胺类（2-甲基苯胺*、4-甲基苯胺*、2,4-二甲基苯胺*、苯胺）、联苯胺类（联苯胺*）、酚类（苯酚*、甲酚*、邻甲酚*、间甲酚*）、氟化物、氰化物*、胺类（1,2-乙二胺、三乙胺、环己胺）、酮类（2-庚酮）、重金属（镍*、钒*、砷*、汞*、镉*、钴*、钼）
2		破乳剂	苯系物（苯*、甲苯、乙苯*、二甲苯*、苯乙烯、异丙基苯、正丙苯、1,3,5-三甲基苯、1,2,4-三甲基苯、三甲苯、乙基苯）	苯系物（苯*、甲苯、乙苯*、二甲苯*、苯乙烯、异丙基苯、正丙苯、1,3,5-三甲基苯、1,2,4-三甲基苯、三甲苯、乙基苯）

序号	物料类别	物料名称	有毒有害物质	关注污染物
3	原辅材料	氨水	—	—
4		消泡剂	—	—
5		阻焦剂	—	—
6		胺液	胺类（1,2-乙二胺、三乙胺、环己胺）、酮类（2-庚酮）	胺类（1,2-乙二胺、三乙胺、环己胺）、酮类（2-庚酮）
7		碱液	—	—
8		加氢催化剂	重金属（镍*、钒*、砷*、汞*、镉*、钴*、钼）	重金属（镍*、钒*、砷*、汞*、镉*、钴*、钼）
9		脱硫剂		
10		脱氯剂		
11		中变催化剂	—	—
12		低变催化剂	重金属（镍*、钒*、钴*、钼）	重金属（镍*、钒*、钴*、钼）
13		甲烷化催化剂		
14		变压吸附分离催化剂		
15		催化裂化催化剂		
16		烷基化催化剂	—	—
17		吸附剂	重金属（镍*、钒*、钴*）	重金属（镍*、钒*、钴*）
18		保护剂		
19		干燥剂	—	—
20		瓷球	—	—
21		预加氢催化剂	重金属（镍*、钒*、钴*、钼）	重金属（镍*、钒*、钴*、钼）
22		重整催化剂	—	—
23		制硫催化剂	重金属（镍*、钒*、钴*、钼）	重金属（镍*、钒*、钴*、钼）
24	产品	产品油	石油类［石油烃（C_6～C_9）、石油烃（C_{10}～C_{40}）*］、苯系物（苯*、甲苯、乙苯*、二甲苯*、苯乙烯、异丙基苯、正丙苯、1,3,5-三甲基苯、1,2,4-三甲基苯、三甲苯、乙基苯）、多环芳烃（苯并[*a*]芘*、二苯并[*a,h*]蒽*、苯并[*a*]蒽、苯并[*b*]荧蒽、萘、苯并[*k*]荧蒽、茚并[1,2,3-*cd*]芘、苊烯、苊、芴、菲、蒽、芘、䓛、苯并[*g,h,i*]苝、荧蒽）、杂环芳烃（二苯并呋喃*、苯乙酮）、卤代烃类（氯仿*、1,2-二氯丙烷*、1,1,2-三氯乙烷*、1,2,3-三氯丙烷*、1,1,2,2-四氯丙烷）、氯苯类（1,2,3-三氯代苯*、1,2,4,5-四氯代苯*、五氯苯*、氯苯、1,2-二氯苯、1,3-二氯苯、1,4-二氯苯、1,2,4-三氯代苯）、苯胺类（2-甲基苯胺*、4-甲基苯胺*、2,4-二甲基苯胺*、苯胺）、联苯胺类（联苯胺*）、酚类（苯酚*、甲酚*、邻甲酚*、间甲酚*）、氟化物、氰化物*、胺类（1,2-乙二胺、三乙胺、环己胺）、酮类（2-庚酮）	石油类［石油烃（C_6～C_9）、石油烃（C_{10}～C_{40}）*］、苯系物（苯*、甲苯、乙苯*、二甲苯*、苯乙烯、异丙基苯、正丙苯、1,3,5-三甲基苯、1,2,4-三甲基苯、三甲苯、乙基苯）、多环芳烃（苯并[*a*]芘*、二苯并[*a,h*]蒽*、苯并[*a*]蒽、苯并[*b*]荧蒽、萘、苯并[*k*]荧蒽、茚并[1,2,3-*cd*]芘、苊烯、苊、芴、菲、蒽、芘、䓛、苯并[*g,h,i*]苝、荧蒽）、杂环芳烃（二苯并呋喃*、苯乙酮）、卤代烃类（氯仿*、1,2-二氯丙烷*、1,1,2-三氯乙烷*、1,2,3-三氯丙烷*、1,1,2,2-四氯丙烷）、氯苯类（1,2,3-三氯代苯*、1,2,4,5-四氯代苯*、五氯苯*、氯苯、1,2-二氯苯、1,3-二氯苯、1,4-二氯苯、1,2,4-三氯代苯）、苯胺类（2-甲基苯胺*、4-甲基苯胺*、2,4-二甲基苯胺*、苯胺）、联苯胺类（联苯胺*）、酚类（苯酚*、甲酚*、邻甲酚*、间甲酚*）、氟化物、氰化物*、胺类（1,2-乙二胺、三乙胺、环己胺）、酮类（2-庚酮）

<table>
<tr><th>序号</th><th>物料类别</th><th>物料名称</th><th>有毒有害物质</th><th>关注污染物</th></tr>
<tr><td>25</td><td rowspan="4">产品</td><td>沥青</td><td rowspan="4">石油类［石油烃（C_6～C_9）、石油烃（C_{10}～C_{40}）*］、苯系物（苯*、甲苯、乙苯*、二甲苯*、苯乙烯、异丙基苯、正丙苯、1,3,5-三甲基苯、1,2,4-三甲基苯、三甲苯、乙基苯）、多环芳烃（苯并[a]芘*、二苯并[a,h]蒽*、苯并[a]蒽、苯并[b]荧蒽、萘、苯并[k]荧蒽、茚并[1,2,3-cd]芘、苊烯、苊、芴、菲、蒽、芘、䓛、苯并[g,h,i]苝、荧蒽）、杂环芳烃（二苯并呋喃*、苯乙酮）、卤代烃类（氯仿*、1,2-二氯丙烷*、1,1,2-三氯乙烷*、1,2,3-三氯丙烷*、1,1,2,2-四氯丙烷）、氯苯类（1,2,3-三氯代苯*、1,2,4,5-四氯代苯*、五氯苯*、氯苯、1,2-二氯苯、1,3-二氯苯、1,4-二氯苯、1,2,4-三氯代苯）、苯胺类（2-甲基苯胺*、4-甲基苯胺*、2,4-二甲基苯胺*、苯胺）、联苯胺类（联苯胺*）、酚类（苯酚*、甲酚*、邻甲酚*、间甲酚*）、氟化物、氰化物*、胺类（1,2-乙二胺、三乙胺、环己胺）、酮类（2-庚酮）、重金属（镍*、钒*、砷*、汞*、镉*、钴*、钼）</td><td rowspan="4">石油类［石油烃（C_6～C_9）、石油烃（C_{10}～C_{40}）*］、苯系物（苯*、甲苯、乙苯*、二甲苯*、苯乙烯、异丙基苯、正丙苯、1,3,5-三甲基苯、1,2,4-三甲基苯、三甲苯、乙基苯）、多环芳烃（苯并[a]芘*、二苯并[a,h]蒽*、苯并[a]蒽、苯并[b]荧蒽、萘、苯并[k]荧蒽、茚并[1,2,3-cd]芘、苊烯、苊、芴、菲、蒽、芘、䓛、苯并[g,h,i]苝、荧蒽）、杂环芳烃（二苯并呋喃*、苯乙酮）、卤代烃类（氯仿*、1,2-二氯丙烷*、1,1,2-三氯乙烷*、1,2,3-三氯丙烷*、1,1,2,2-四氯丙烷）、氯苯类（1,2,3-三氯代苯*、1,2,4,5-四氯代苯*、五氯苯*、氯苯、1,2-二氯苯、1,3-二氯苯、1,4-二氯苯、1,2,4-三氯代苯）、苯胺类（2-甲基苯胺*、4-甲基苯胺*、2,4-二甲基苯胺*、苯胺）、联苯胺类（联苯胺*）、酚类（苯酚*、甲酚*、邻甲酚*、间甲酚*）、氟化物、氰化物*、胺类（1,2-乙二胺、三乙胺、环己胺）、酮类（2-庚酮）、重金属（镍*、钒*、砷*、汞*、镉*、钴*、钼）</td></tr>
<tr><td>26</td><td>石油焦</td></tr>
<tr><td>27</td><td>油浆</td></tr>
<tr><td>28</td><td>烧焦</td></tr>
<tr><td>29</td><td rowspan="13">废气</td><td>加热废气（常减压）</td><td rowspan="13">石油类［石油烃（C_6～C_9）、石油烃（C_{10}～C_{40}）*］、苯系物（苯*、甲苯、乙苯*、二甲苯*、苯乙烯、异丙基苯、正丙苯、1,3,5-三甲基苯、1,2,4-三甲基苯、三甲苯、乙基苯）、多环芳烃（苯并[a]芘*、二苯并[a,h]蒽*、苯并[a]蒽、苯并[b]荧蒽、萘、苯并[k]荧蒽、茚并[1,2,3-cd]芘、苊烯、苊、芴、菲、蒽、芘、䓛、苯并[g,h,i]苝、荧蒽）、杂环芳烃（二苯并呋喃*、苯乙酮）、卤代烃类（氯仿*、1,2-二氯丙烷*、1,1,2-三氯乙烷*、1,2,3-三氯丙烷*、1,1,2,2-四氯丙烷）、氯苯类（1,2,3-三氯代苯*、1,2,4,5-四氯代苯*、五氯苯*、氯苯、1,2-二氯苯、1,3-二氯苯、1,4-二氯苯、1,2,4-三氯代苯）、苯胺类（2-甲基苯胺*、4-甲基苯胺*、2,4-二甲基苯胺*、苯胺）、联苯胺类（联苯胺*）、酚类（苯酚*、甲酚*、邻甲酚*、间甲酚*）、氟化物、氰化物*、胺类（1,2-乙二胺、三乙胺、环己胺）、酮类（2-庚酮）</td><td rowspan="13">石油类［石油烃（C_6～C_9）、石油烃（C_{10}～C_{40}）*］、苯系物（苯*、甲苯、乙苯*、二甲苯*、苯乙烯、异丙基苯、正丙苯、1,3,5-三甲基苯、1,2,4-三甲基苯、三甲苯、乙基苯）、多环芳烃（苯并[a]芘*、二苯并[a,h]蒽*、苯并[a]蒽、苯并[b]荧蒽、萘、苯并[k]荧蒽、茚并[1,2,3-cd]芘、苊烯、苊、芴、菲、蒽、芘、䓛、苯并[g,h,i]苝、荧蒽）、杂环芳烃（二苯并呋喃*、苯乙酮）、卤代烃类（氯仿*、1,2-二氯丙烷*、1,1,2-三氯乙烷*、1,2,3-三氯丙烷*、1,1,2,2-四氯丙烷）、氯苯类（1,2,3-三氯代苯*、1,2,4,5-四氯代苯*、五氯苯*、氯苯、1,2-二氯苯、1,3-二氯苯、1,4-二氯苯、1,2,4-三氯代苯）、苯胺类（2-甲基苯胺*、4-甲基苯胺*、2,4-二甲基苯胺*、苯胺）、联苯胺类（联苯胺*）、酚类（苯酚*、甲酚*、邻甲酚*、间甲酚*）、氟化物、氰化物*、胺类（1,2-乙二胺、三乙胺、环己胺）、酮类（2-庚酮）</td></tr>
<tr><td>30</td><td>沥青尾气</td></tr>
<tr><td>31</td><td>加热废气（延迟焦化）</td></tr>
<tr><td>32</td><td>酸性气</td></tr>
<tr><td>33</td><td>加热废气（制氢）</td></tr>
<tr><td>34</td><td>高温烟气（催化裂化）</td></tr>
<tr><td>35</td><td>加热废气（催化裂化）</td></tr>
<tr><td>36</td><td>加热废气（催化汽油吸附脱硫）</td></tr>
<tr><td>37</td><td>加热废气（加氢精制）</td></tr>
<tr><td>38</td><td>加热废气（加氢裂化）</td></tr>
<tr><td>39</td><td>加热废气（催化重整）</td></tr>
<tr><td>40</td><td>制硫尾气</td></tr>
<tr><td>41</td><td>焚烧废气</td></tr>
</table>

<table>
<tr><th>序号</th><th>物料类别</th><th>物料名称</th><th>有毒有害物质</th><th>关注污染物</th></tr>
<tr><td>42</td><td rowspan="22">废水</td><td>含盐废水</td><td rowspan="6">石油类［石油烃（C_6～C_9）、石油烃（C_{10}～C_{40}）*］、苯系物（苯*、甲苯、乙苯*、二甲苯*、苯乙烯、异丙基苯、正丙苯、1,3,5-三甲基苯、1,2,4-三甲基苯、三甲苯、乙基苯）、多环芳烃（苯并[a]芘*、二苯并[a,h]蒽*、苯并[a]蒽、苯并[b]荧蒽、萘、苯并[k]荧蒽、茚并[1,2,3-cd]芘、苊烯、苊、芴、菲、蒽、芘、䓛、苯并[g,h,i]苝、荧蒽）、杂环芳烃（二苯并呋喃*、苯乙酮）、卤代烃类（氯仿*、1,2-二氯丙烷*、1,1,2-三氯乙烷*、1,2,3-三氯丙烷*、1,1,2,2-四氯丙烷）、氯苯类（1,2,3-三氯代苯*、1,2,4,5-四氯代苯*、五氯苯*、氯苯、1,2-二氯苯、1,3-二氯苯、1,4-二氯苯、1,2,4-三氯代苯）、苯胺类（2-甲基苯胺*、4-甲基苯胺*、2,4-二甲基苯胺*、苯胺）、联苯胺类（联苯胺*）、酚类（苯酚*、甲酚*、邻甲酚*、间甲酚*）、氟化物、氰化物*、胺类（1,2-乙二胺、三乙胺、环己胺）、酮类（2-庚酮）、重金属（镍*、钒*、砷*、汞*、镉*、钴*、钼）</td><td rowspan="6">石油类［石油烃（C_6～C_9）、石油烃（C_{10}～C_{40}）*］、苯系物（苯*、甲苯、乙苯*、二甲苯*、苯乙烯、异丙基苯、正丙苯、1,3,5-三甲基苯、1,2,4-三甲基苯、三甲苯、乙基苯）、多环芳烃（苯并[a]芘*、二苯并[a,h]蒽*、苯并[a]蒽、苯并[b]荧蒽、萘、苯并[k]荧蒽、茚并[1,2,3-cd]芘、苊烯、苊、芴、菲、蒽、芘、䓛、苯并[g,h,i]苝、荧蒽）、杂环芳烃（二苯并呋喃*、苯乙酮）、卤代烃类（氯仿*、1,2-二氯丙烷*、1,1,2-三氯乙烷*、1,2,3-三氯丙烷*、1,1,2,2-四氯丙烷）、氯苯类（1,2,3-三氯代苯*、1,2,4,5-四氯代苯*、五氯苯*、氯苯、1,2-二氯苯、1,3-二氯苯、1,4-二氯苯、1,2,4-三氯代苯）、苯胺类（2-甲基苯胺*、4-甲基苯胺*、2,4-二甲基苯胺*、苯胺）、联苯胺类（联苯胺*）、酚类（苯酚*、甲酚*、邻甲酚*、间甲酚*）、氟化物、氰化物*、胺类（1,2-乙二胺、三乙胺、环己胺）、酮类（2-庚酮）、重金属（镍*、钒*、砷*、汞*、镉*、钴*、钼）</td></tr>
<tr><td>43</td><td>含硫废水（常减压）</td></tr>
<tr><td>44</td><td>含油废水（常减压）</td></tr>
<tr><td>45</td><td>含油废水（沥青）</td></tr>
<tr><td>46</td><td>含硫废水（延迟焦化）</td></tr>
<tr><td>47</td><td>含油废水（延迟焦化）</td></tr>
<tr><td>48</td><td>废碱液</td><td>—</td><td>—</td></tr>
<tr><td>49</td><td>含硫废水（催化裂化）</td><td rowspan="15">石油类［石油烃（C_6～C_9）、石油烃（C_{10}～C_{40}）*］、苯系物（苯*、甲苯、乙苯*、二甲苯*、苯乙烯、异丙基苯、正丙苯、1,3,5-三甲基苯、1,2,4-三甲基苯、三甲苯、乙基苯）、多环芳烃（苯并[a]芘*、二苯并[a,h]蒽*、苯并[a]蒽、苯并[b]荧蒽、萘、苯并[k]荧蒽、茚并[1,2,3-cd]芘、苊烯、苊、芴、菲、蒽、芘、䓛、苯并[g,h,i]苝、荧蒽）、杂环芳烃（二苯并呋喃*、苯乙酮）、卤代烃类（氯仿*、1,2-二氯丙烷*、1,1,2-三氯乙烷*、1,2,3-三氯丙烷*、1,1,2,2-四氯丙烷）、氯苯类（1,2,3-三氯代苯*、1,2,4,5-四氯代苯*、五氯苯*、氯苯、1,2-二氯苯、1,3-二氯苯、1,4-二氯苯、1,2,4-三氯代苯）、苯胺类（2-甲基苯胺*、4-甲基苯胺*、2,4-二甲基苯胺*、苯胺）、联苯胺类（联苯胺*）、酚类（苯酚*、甲酚*、邻甲酚*、间甲酚*）、氟化物、氰化物*、胺类（1,2-乙二胺、三乙胺、环己胺）、酮类（2-庚酮）、重金属（镍*、钒*、砷*、汞*、镉*、钴*、钼）</td><td rowspan="15">石油类［石油烃（C_6～C_9）、石油烃（C_{10}～C_{40}）*］、苯系物（苯*、甲苯、乙苯*、二甲苯*、苯乙烯、异丙基苯、正丙苯、1,3,5-三甲基苯、1,2,4-三甲基苯、三甲苯、乙基苯）、多环芳烃（苯并[a]芘*、二苯并[a,h]蒽*、苯并[a]蒽、苯并[b]荧蒽、萘、苯并[k]荧蒽、茚并[1,2,3-cd]芘、苊烯、苊、芴、菲、蒽、芘、䓛、苯并[g,h,i]苝、荧蒽）、杂环芳烃（二苯并呋喃*、苯乙酮）、卤代烃类（氯仿*、1,2-二氯丙烷*、1,1,2-三氯乙烷*、1,2,3-三氯丙烷*、1,1,2,2-四氯丙烷）、氯苯类（1,2,3-三氯代苯*、1,2,4,5-四氯代苯*、五氯苯*、氯苯、1,2-二氯苯、1,3-二氯苯、1,4-二氯苯、1,2,4-三氯代苯）、苯胺类（2-甲基苯胺*、4-甲基苯胺*、2,4-二甲基苯胺*、苯胺）、联苯胺类（联苯胺*）、酚类（苯酚*、甲酚*、邻甲酚*、间甲酚*）、氟化物、氰化物*、胺类（1,2-乙二胺、三乙胺、环己胺）、酮类（2-庚酮）、重金属（镍*、钒*、砷*、汞*、镉*、钴*、钼）</td></tr>
<tr><td>50</td><td>含油废水（催化裂化）</td></tr>
<tr><td>51</td><td>含油废水（气体分馏）</td></tr>
<tr><td>52</td><td>含硫废水（烷基化）</td></tr>
<tr><td>53</td><td>含硫废水（催化汽油吸附脱硫）</td></tr>
<tr><td>54</td><td>含油废水（催化汽油吸附脱硫）</td></tr>
<tr><td>55</td><td>含硫废水（制氢）</td></tr>
<tr><td>56</td><td>含硫废水（加氢精制）</td></tr>
<tr><td>57</td><td>含油废水（加氢精制）</td></tr>
<tr><td>58</td><td>含硫废水（加氢裂化）</td></tr>
<tr><td>59</td><td>含油废水（加氢裂化）</td></tr>
<tr><td>60</td><td>含硫废水（催化重整）</td></tr>
<tr><td>61</td><td>含油废水（催化重整）</td></tr>
<tr><td>62</td><td>含油废水（储罐）</td></tr>
<tr><td>63</td><td>初期雨水</td></tr>
</table>

<table>
<tr><th>序号</th><th>物料类别</th><th>物料名称</th><th>有毒有害物质</th><th>关注污染物</th></tr>
<tr><td>64</td><td rowspan="8">固废</td><td>废碱渣</td><td>—</td><td>—</td></tr>
<tr><td>65</td><td>废催化剂</td><td rowspan="4">重金属（镍*、钒*、砷*、汞*、镉*、钴*、钼）</td><td rowspan="4">重金属（镍*、钒*、砷*、汞*、镉*、钴*、钼）</td></tr>
<tr><td>66</td><td>废吸附剂</td></tr>
<tr><td>67</td><td>废保护剂</td></tr>
<tr><td>68</td><td>废瓷球</td></tr>
<tr><td>69</td><td>污泥</td><td rowspan="3">石油类［石油烃（C_6～C_9）、石油烃（C_{10}～C_{40}）*］、苯系物（苯*、甲苯、乙苯*、二甲苯*、苯乙烯、异丙基苯、正丙苯、1,3,5-三甲基苯、1,2,4-三甲基苯、三甲苯、乙基苯）、多环芳烃（苯并[a]芘*、二苯并[a,h]蒽*、苯并[a]蒽、苯并[b]荧蒽、萘、苯并[k]荧蒽、茚并[1,2,3-cd]芘、苊烯、苊、芴、菲、蒽、芘、䓛、苯并[g,h,i]苝、荧蒽）、杂环芳烃（二苯并呋喃*、苯乙酮）、卤代烃类（氯仿*、1,2-二氯丙烷*、1,1,2-三氯乙烷*、1,2,3-三氯丙烷*、1,1,2,2-四氯丙烷）、氯苯类（1,2,3-三氯代苯*、1,2,4,5-四氯代苯*、五氯苯*、氯苯、1,2-二氯苯、1,3-二氯苯、1,4-二氯苯、1,2,4-三氯代苯）、苯胺类（2-甲基苯胺*、4-甲基苯胺*、2,4-二甲基苯胺*、苯胺）、联苯胺类（联苯胺*）、酚类（苯酚*、甲酚*、邻甲酚*、间甲酚*）、氟化物、氰化物*、胺类（1,2-乙二胺、三乙胺、环己胺）、酮类（2-庚酮）、重金属（镍*、钒*、砷*、汞*、镉*、钴*、钼）</td><td rowspan="3">石油类［石油烃（C_6～C_9）、石油烃（C_{10}～C_{40}）*］、苯系物（苯*、甲苯、乙苯*、二甲苯*、苯乙烯、异丙基苯、正丙苯、1,3,5-三甲基苯、1,2,4-三甲基苯、三甲苯、乙基苯）、多环芳烃（苯并[a]芘*、二苯并[a,h]蒽*、苯并[a]蒽、苯并[b]荧蒽、萘、苯并[k]荧蒽、茚并[1,2,3-cd]芘、苊烯、苊、芴、菲、蒽、芘、䓛、苯并[g,h,i]苝、荧蒽）、杂环芳烃（二苯并呋喃*、苯乙酮）、卤代烃类（氯仿*、1,2-二氯丙烷*、1,1,2-三氯乙烷*、1,2,3-三氯丙烷*、1,1,2,2-四氯丙烷）、氯苯类（1,2,3-三氯代苯*、1,2,4,5-四氯代苯*、五氯苯*、氯苯、1,2-二氯苯、1,3-二氯苯、1,4-二氯苯、1,2,4-三氯代苯）、苯胺类（2-甲基苯胺*、4-甲基苯胺*、2,4-二甲基苯胺*、苯胺）、联苯胺类（联苯胺*）、酚类（苯酚*、甲酚*、邻甲酚*、间甲酚*）、氟化物、氰化物*、胺类（1,2-乙二胺、三乙胺、环己胺）、酮类（2-庚酮）、重金属（镍*、钒*、砷*、汞*、镉*、钴*、钼）</td></tr>
<tr><td>70</td><td>废桶</td></tr>
<tr><td>71</td><td>含油保温棉</td></tr>
</table>

注：*为重点关注的有毒有害物质及关注污染物。

3.2.1.2 关注污染物

经梳理分析原辅材料、产品、生产工艺等，原油加工及石油制品制造行业涉及的关注污染物主要有石油类［石油烃（C_6～C_9）、石油烃（C_{10}～C_{40}）］；苯系物（苯、甲苯、乙苯、二甲苯、苯乙烯、异丙基苯、正丙苯、1,3,5-三甲基苯、1,2,4-三甲基苯、三甲苯、乙基苯等）；多环芳烃（苯并[a]芘、二苯并[a,h]蒽、苯并[a]蒽、苯并[b]荧蒽、萘、苯并[k]荧蒽、茚并[1,2,3-cd]芘、苊烯、苊、芴、菲、蒽、芘、䓛、苯并[g,h,i]苝、荧蒽等）；杂环芳烃（二苯并呋喃、苯乙酮等）；卤代烃（氯仿、1,2-二氯丙烷、1,1,2-三氯乙烷、1,2,3-三氯丙烷、1,1,2,2-四氯丙烷等）；氯苯类（1,2,3-三氯代苯、1,2,4,5-四氯代苯、五氯苯、氯苯、1,2-二氯苯、1,3-二氯苯、1,4-二氯苯、1,2,4-三氯代苯等）；苯胺类（2-甲基苯胺、4-甲基苯胺、2,4-二甲基苯胺、苯胺等）；联苯胺类（联苯胺等）；酚类（苯酚、甲酚、邻甲酚、间甲酚等）；胺类（1,2-乙二胺、三乙胺、环己胺等）；酮类（2-庚酮等）；重金属（镍、钒、砷、汞、镉、钴、钼等）；氟化物；氰化物等。

结合历史调查数据结果分析，重点关注的关注污染物为石油烃（C_{10}～C_{40}）、苯、乙苯、二甲苯、苯并[*a*]芘、二苯并[*a,h*]蒽、二苯并呋喃、氯仿、1,2-二氯丙烷、1,1,2-三氯乙烷、1,2,3-三氯丙烷、1,2,3-三氯代苯、1,2,4,5-四氯代苯、五氯苯、2-甲基苯胺、4-甲基苯胺、2,4-二甲基苯胺、联苯胺、酚类（苯酚、甲酚、邻甲酚、间甲酚）、重金属（镍、钒、砷、汞、镉、钴）、氰化物等。

3.2.2 重点场所或重点设施设备

根据国家隐患排查及调查相关技术规定，结合历史调查数据，对原油加工及石油制品制造行业原油加工业重点场所或者重点设施设备进行排查，梳理出主要重点场所或者重点设施设备清单，详见表 3-3。

重点场所或者重点设施设备包括常减压蒸馏单元的电脱盐系统和蒸馏系统；沥青单元的氧化沥青系统、尾气处理系统；延迟焦化单元的焦化系统、吸收稳定系统、脱硫脱硫醇系统；催化裂化单元的反应-再生系统、回炼油系统、分馏系统、吸收稳定系统、能量回收系统、脱硫脱硫醇系统；气体分馏单元的原料缓冲罐、脱丙烷塔、脱丙烯塔；烷基化单元的烷基化反应器、烷基化分馏塔；催化汽油吸附脱硫单元的进料与脱硫反应系统、吸附剂再生循环系统；制氢单元的加热炉、加氢反应器、脱硫脱氯反应器、转化炉、中变反应器、低变反应器、甲烷化反应器、变压吸附分离；加氢精制单元的反应系统、分馏系统，加氢裂化单元的反应系统、分馏系统、脱硫系统、临氢降凝系统；催化重整单元的预处理系统、重整系统、催化剂再生系统；含硫废水汽提单元的脱气罐、含硫污水大罐、脱臭装置、汽提塔、氨精制塔、氨结晶罐、氨吸附罐、氨脱硫罐、氨精馏塔、液氨储罐；硫黄回收单元的制硫系统、尾气处理系统；污水处理单元的污水池、隔油罐、浮选池、曝气池、沉淀池、流砂过滤器、加载嵌合装置、污泥脱水装置；其他单元的储罐、危废库、雨水排水沟/管、初期雨水池/事故水池、废水管线、输油管线、装卸平台等。

其中，需要重点关注的有：常减压蒸馏单元的蒸馏系统；沥青单元的氧化沥青系统、尾气处理系统；延迟焦化单元的焦化系统、吸收稳定系统、脱硫脱硫醇系统；催化裂化单元的反应-再生系统、回炼油系统、分馏系统、吸收稳定系统、能量回收系统、脱硫脱硫醇系统；催化汽油吸附脱硫单元的进料与脱硫反应系统；加氢精制单元的反应系统、分馏系统；含硫废水汽提单元的脱气罐、含硫污水大罐、脱臭装置、汽提塔、氨精制塔、氨结晶罐、氨吸附罐、氨脱硫罐、氨精馏塔、液氨储罐；硫黄回收单元的制硫系统、尾气处理系统；污水处理单元的污水池、隔油罐、浮选池、曝气池、沉淀池、流砂过滤器、加载嵌合装置、污泥脱水装置；其他单元的储罐、危废库、初期雨水池/事故水池、废水管线等。

上述重点场所或者重点设施设备中，可能存在地下或半地下储罐等，具有隐蔽性，若发生泄漏，易造成土壤污染，在隐患排查以及初步采样调查时应特别注意。

表 3-3　原油加工及石油制品制造行业原油加工业主要重点场所或者重点设施设备清单

主要单元	重点场所或者重点设施设备名称	涉及有毒有害物质的物料	有毒有害物质	重点场所或者重点设施设备类型[a]	重点场所或者重点设施设备关注级别
常减压蒸馏单元	电脱盐系统（换热器、电脱盐装置）	原油、破乳剂、含盐废水	石油类［石油烃（C_6～C_9）、石油烃（C_{10}～C_{40}）］、苯系物（苯、甲苯、乙苯、二甲苯、苯乙烯、异丙基苯、正丙苯、1,3,5-三甲基苯、1,2,4-三甲基苯、三甲苯、乙基苯）、多环芳烃（苯并[*a*]芘、二苯并[*a*,*h*]蒽、苯并[*a*]蒽、苯并[*b*]荧蒽、萘、苯并[*k*]荧蒽、茚并[1,2,3-*cd*]芘、苊烯、苊、芴、菲、蒽、芘、䓛、苯并[*g*,*h*,*i*]苝、荧蒽）、杂环芳烃（二苯并呋喃、苯乙酮）、卤代烃类（氯仿、1,2-二氯丙烷、1,1,2-三氯乙烷、1,2,3-三氯丙烷、1,1,2,2-四氯丙烷）、氯苯类（1,2,3-三氯代苯、1,2,4,5-四氯代苯、五氯苯、氯苯、1,2-二氯苯、1,3-二氯苯、1,4-二氯苯、1,2,4-三氯代苯）、苯胺类（2-甲基苯胺、4-甲基苯胺、2,4-二甲基苯胺、苯胺）、联苯胺类（联苯胺）、酚类（苯酚、甲酚、邻甲酚、间甲酚）、氟化物、氰化物、胺类（1,2-乙二胺、三乙胺、环己胺）、酮类（2-庚酮）、重金属（镍、钒、砷、汞、镉、钴、钼）	生产区	一般关注
常减压蒸馏单元	蒸馏系统（初馏塔、常压炉、常压塔、汽提塔、减压炉、减压塔、稳定塔）	脱盐原油、氨水、柴油（常减压）、石脑油（常减压）、蜡油（常减压）、减压渣油、加热废气（常减压）、含硫废水（常减压）、含油废水（常减压）		生产区	重点关注
沥青单元	氧化沥青系统（原料缓冲罐、原料泵、加热炉、氧化塔）	减压渣油、沥青、含油废水（沥青）、沥青尾气		生产区	重点关注
沥青单元	尾气处理系统（尾气分液罐、尾气焚烧炉）	沥青尾气	苯系物（苯、甲苯、乙苯、二甲苯、苯乙烯、异丙基苯、正丙苯、1,3,5-三甲基苯、1,2,4-三甲基苯、三甲苯、乙基苯）、多环芳烃（苯并[*a*]芘、二苯并[*a*,*h*]蒽、苯并[*a*]蒽、苯并[*b*]荧蒽、萘、苯并[*k*]荧蒽、茚并[1,2,3-*cd*]芘、苊烯、苊、芴、菲、蒽、芘、䓛、苯并[*g*,*h*,*i*]苝、荧蒽）、杂环芳烃（二苯并呋喃、苯乙酮）、酚类（苯酚、甲酚、邻甲酚、间甲酚）	生产区	重点关注

主要单元	重点场所或者重点设施设备名称	涉及有毒有害物质的物料	有毒有害物质	重点场所或者重点设施设备类型[a]	重点场所或者重点设施设备关注级别
延迟焦化单元	焦化系统（原料缓冲罐、换热器、分馏塔、加热炉、焦炭塔、放空塔）	减压渣油、消泡剂、阻焦剂、石油焦、蜡油（延迟焦化）、柴油（延迟焦化）、汽油（延迟焦化）、富气、加热废气（延迟焦化）、含硫废水（延迟焦化）、含油废水（延迟焦化）	石油类［石油烃（C_6～C_9）、石油烃（C_{10}～C_{40}）］、苯系物（苯、甲苯、乙苯、二甲苯、苯乙烯、异丙基苯、正丙苯、1,3,5-三甲基苯、1,2,4-三甲基苯、三甲苯、乙基苯）、多环芳烃（苯并[*a*]芘、二苯并[*a*,*h*]蒽、苯并[*a*]蒽、苯并[*b*]荧蒽、萘、苯并[*k*]荧蒽、茚并[1,2,3-*cd*]芘、苊烯、苊、芴、菲、蒽、芘、䓛、苯并[*g*,*h*,*i*]苝、荧蒽）、杂环芳烃（二苯并呋喃、苯乙酮）、卤代烃类（氯仿、1,2-二氯丙烷、1,1,2-三氯乙烷、1,2,3-三氯丙烷、1,1,2,2-四氯丙烷）、氯苯类（1,2,3-三氯代苯、1,2,4,5-四氯代苯、五氯苯、氯苯、1,2-二氯苯、1,3-二氯苯、1,4-二氯苯、1,2,4-三氯代苯）、苯胺类（2-甲基苯胺、4-甲基苯胺、2,4-二甲基苯胺、苯胺）、联苯胺类（联苯胺）、酚类（苯酚、甲酚、邻甲酚、间甲酚）、氟化物、氰化物、胺类（1,2-乙二胺、三乙胺、环己胺）、酮类（2-庚酮）、重金属（镍、钒、砷、汞、镉、钴、钼）	生产区	重点关注
	吸收稳定系统（富气分液罐、吸收塔、解析塔、稳定塔）	汽油（延迟焦化）、富气、未脱硫干气、未脱硫液化石油气、胺液、碱液、干气、酸性气、废碱液、废碱渣、含硫废水（延迟焦化）、含油废水（延迟焦化）			
	脱硫脱硫醇系统（干气脱硫塔、液化石油气脱硫塔、液化石油气脱硫醇纤维膜接触器、液化石油气脱硫醇汽油碱液分离罐、碱液氧化塔、液化石油气脱硫醇碱液抽提罐）	汽油（延迟焦化）、未脱硫干气、未脱硫液化石油气、胺液、碱液、干气、酸性气、废碱液、含硫废水（延迟焦化）、含油废水（延迟焦化）			

主要单元	重点场所或者重点设施设备名称	涉及有毒有害物质的物料	有毒有害物质	重点场所或者重点设施设备类型[a]	重点场所或者重点设施设备关注级别
催化裂化单元	反应-再生系统（原料缓冲罐、提升管反应器、烧焦罐、沉降器、再生器）	蜡油（常减压、加氢精制）、催化裂化催化剂、瓷球、回炼油、含硫废水（催化裂化）、含油废水（催化裂化）、高温烟气（催化裂化）	苯系物（苯、甲苯、乙苯、二甲苯、苯乙烯、异丙基苯、正丙苯、1,3,5-三甲基苯、1,2,4-三甲基苯、三甲苯、乙基苯）、多环芳烃（苯并[*a*]芘、二苯并[*a,h*]蒽、苯并[*a*]蒽、苯并[*b*]荧蒽、萘、苯并[*k*]荧蒽、茚并[1,2,3-*cd*]芘、苊烯、苊、芴、菲、蒽、芘、䓛、苯并[*g,h,i*]苝、荧蒽）、杂环芳烃（二苯并呋喃、苯乙酮）、酚类（苯酚、甲酚、邻甲酚、间甲酚）、重金属（镍）	生产区	重点关注
	回炼油系统（回炼油冷水槽、回炼油过滤器、排渣罐）	回炼油、干气、回炼油滤渣			
	分馏系统（分馏塔、分离器）	粗油（反应再生）、阻焦剂、富气、汽油（催化裂化）、柴油（催化裂化）、油浆、烧焦、含硫废水（催化裂化）、含油废水（催化裂化）			
	吸收稳定系统（富气分液罐、吸收塔、解析塔、稳定塔）	汽油（催化裂化）、富气、未脱硫干气、未脱硫液化石油气、胺液、碱液、干气、酸性气、废碱液、废碱渣、含硫废水（催化裂化）、含油废水（催化裂化）			
	能量回收系统（旋风分离器）	高温烟气（催化裂化）、催化裂化催化剂、瓷球、加热废气（催化裂化）			

主要单元	重点场所或者重点设施设备名称	涉及有毒有害物质的物料	有毒有害物质	重点场所或者重点设施设备类型[a]	重点场所或者重点设施设备关注级别
催化裂化单元	脱硫脱硫醇系统(干气脱硫塔、液化石油气脱硫塔、液化石油气脱硫醇纤维膜接触器、液化石油气脱硫醇汽油碱液分离罐、碱液氧化塔、液化石油气脱硫醇碱液抽提罐)	汽油(催化裂化)、未脱硫干气、未脱硫液化石油气、胺液、碱液、干气、酸性气、废碱液、废碱渣、含硫废水（催化裂化)、含油废水（催化裂化)	石油类［石油烃（C_6～C_9)、石油烃（C_{10}～C_{40})］、苯系物（苯、甲苯、乙苯、二甲苯、苯乙烯、异丙基苯、正丙苯、1,3,5-三甲基苯、1,2,4-三甲基苯、三甲苯、乙基苯)、多环芳烃（苯并[*a*]芘、二苯并[*a,h*]蒽、苯并[*a*]蒽、苯并[*b*]荧蒽、萘、苯并[*k*]荧蒽、茚并[1,2,3-*cd*]芘、苊烯、苊、芴、菲、蒽、芘、䓛、苯并[*g,h,i*]苝、荧蒽)、杂环芳烃（二苯并呋喃、苯乙酮)、卤代烃类（氯仿、1,2-二氯丙烷、1,1,2-三氯乙烷、1,2,3-三氯丙烷、1,1,2,2-四氯丙烷)、氯苯类（1,2,3-三氯代苯、1,2,4,5-四氯代苯、五氯苯、氯苯、1,2-二氯苯、1,3-二氯苯、1,4-二氯苯、1,2,4-三氯代苯)、苯胺类（2-甲基苯胺、4-甲基苯胺、2,4-二甲基苯胺、苯胺)、联苯胺类（联苯胺)、酚类（苯酚、甲酚、邻甲酚、间甲酚)、氟化物、氰化物、胺类（1,2-乙二胺、三乙胺、环己胺)、酮类（2-庚酮)、重金属（镍、钒、砷、汞、镉、钴、钼)	生产区	重点关注
气体分馏单元	原料缓冲罐、脱丙烷塔、脱丙烯塔	含油废水（气体分馏)	石油类［石油烃（C_6～C_9)、石油烃（C_{10}～C_{40})］、苯系物（苯、甲苯、乙苯、二甲苯、苯乙烯、异丙基苯、正丙苯、1,3,5-三甲基苯、1,2,4-三甲基苯、三甲苯、乙基苯)、多环芳烃（苯并[*a*]芘、二苯并[*a,h*]蒽、苯并[*a*]蒽、苯并[*b*]荧蒽、萘、苯并[*k*]荧蒽、茚并[1,2,3-*cd*]芘、苊烯、苊、芴、菲、蒽、芘、䓛、苯并[*g,h,i*]苝、荧蒽)、杂环芳烃（二苯并呋喃、苯乙酮)、卤代烃类（氯仿、1,2-二氯丙烷、1,1,2-三氯乙烷、1,2,3-三氯丙烷、1,1,2,2-四氯丙烷)、氯苯类（1,2,3-三氯代苯、1,2,4,5-四氯代苯、五氯苯、氯苯、1,2-二氯苯、1,3-二氯苯、1,4-二氯苯、1,2,4-三氯代苯)、苯胺类（2-甲基苯胺、4-甲基苯胺、2,4-二甲基苯胺、苯胺)、联苯胺类（联苯胺)、酚类（苯酚、甲酚、邻甲酚、间甲酚)、氟化物、氰化物、胺类(1,2-乙二胺、三乙胺、环己胺)、酮类(2-庚酮)、重金属（镍、钒)	生产区	一般关注

<table>
<tr><th>主要单元</th><th>重点场所或者重点设施设备名称</th><th>涉及有毒有害物质的物料</th><th>有毒有害物质</th><th>重点场所或者重点设施设备类型[a]</th><th>重点场所或者重点设施设备关注级别</th></tr>
<tr><td>烷基化单元</td><td>烷基化反应器、烷基化分馏塔</td><td>烷基化催化剂、瓷球、含硫废水（烷基化）</td><td rowspan="2">石油类［石油烃（C_6～C_9）、石油烃（C_{10}～C_{40}）］、苯系物（苯、甲苯、乙苯、二甲苯、苯乙烯、异丙基苯、正丙苯、1,3,5-三甲基苯、1,2,4-三甲基苯、三甲苯、乙基苯）、多环芳烃（苯并[*a*]芘、二苯并[*a*,*h*]蒽、苯并[*a*]蒽、苯并[*b*]荧蒽、萘、苯并[*k*]荧蒽、茚并[1,2,3-*cd*]芘、苊烯、苊、芴、菲、蒽、芘、䓛、苯并[*g*,*h*,*i*]苝、荧蒽）、杂环芳烃（二苯并呋喃、苯乙酮）、卤代烃类（氯仿、1,2-二氯丙烷、1,1,2-三氯乙烷、1,2,3-三氯丙烷、1,1,2,2-四氯丙烷）、氯苯类（1,2,3-三氯代苯、1,2,4,5-四氯代苯、五氯苯、氯苯、1,2-二氯苯、1,3-二氯苯、1,4-二氯苯、1,2,4-三氯代苯）、苯胺类（2-甲基苯胺、4-甲基苯胺、2,4-二甲基苯胺、苯胺）、联苯胺类（联苯胺）、酚类（苯酚、甲酚、邻甲酚、间甲酚）、氟化物、氰化物、胺类（1,2-乙二胺、三乙胺、环己胺）、酮类（2-庚酮）、重金属（镍、钒、锰）</td><td rowspan="5">生产区</td><td>一般关注</td></tr>
<tr><td rowspan="2">催化汽油吸附脱硫单元</td><td>进料与脱硫反应系统（原料缓冲罐、反应器、加热炉、脱硫反应器、气液分离罐、稳定塔）</td><td>汽油（催化裂化）、吸附剂、汽油、加热废气（催化汽油吸附脱硫）、含硫废水（催化汽油吸附脱硫）、含油废水（催化汽油吸附脱硫）</td><td>重点关注</td></tr>
<tr><td>吸附剂再生循环系统（再生器、还原器）</td><td>吸附剂</td><td>重金属（镍）</td><td rowspan="2">一般关注</td></tr>
<tr><td>制氢单元</td><td>加热炉、加氢反应器、脱硫脱氯反应器、转化炉、中变反应器、低变反应器、甲烷化反应器、变压吸附分离</td><td>石脑油、液化石油气、天然气、加氢催化剂（制氢）、脱硫剂、脱氯剂、瓷球、中变催化剂、低变催化剂、甲烷化催化剂、变压吸附分离催化剂、加热废气（制氢）、含硫废水（制氢）</td><td rowspan="2">石油类［石油烃（C_6～C_9）、石油烃（C_{10}～C_{40}）］、苯系物（苯、甲苯、乙苯、二甲苯、苯乙烯、异丙基苯、正丙苯、1,3,5-三甲基苯、1,2,4-三甲基苯、三甲苯、乙基苯）、多环芳烃（苯并[*a*]芘、二苯并[*a*,*h*]蒽、苯并[*a*]蒽、苯并[*b*]荧蒽、萘、苯并[*k*]荧蒽、茚并[1,2,3-*cd*]芘、苊烯、苊、芴、菲、蒽、芘、䓛、苯并[*g*,*h*,*i*]苝、荧蒽）、杂环芳烃（二苯并呋喃、苯乙酮）、卤代烃类（氯仿、1,2-二氯丙烷、1,1,2-三氯乙烷、1,2,3-三氯丙烷、1,1,2,2-四氯丙烷）、氯苯类（1,2,3-三氯代苯、1,2,4,5-四氯代苯、五氯苯、氯苯、1,2-二氯苯、1,3-二氯苯、1,4-二氯苯、1,2,4-三氯代苯）、苯胺类（2-甲基苯胺、4-甲基苯胺、2,4-二甲基苯胺、苯胺）、联苯胺类（联苯胺）、酚类（苯酚、甲酚、邻甲酚、间甲酚）、氟化物、氰化物、胺类（1,2-乙二胺、三乙胺、环己胺）、酮类（2-庚酮）、重金属（镍、钒、钴、钼）</td></tr>
<tr><td>加氢精制单元</td><td>反应系统（原料缓冲罐、加热炉、加氢反应器）</td><td>汽油（延迟焦化）、柴油（常减压）、蜡油（延迟焦化）、加氢催化剂（加氢精制）、保护剂、吸附剂、瓷球、未脱硫干气、加热废气（加氢精制）、酸性气、含硫废水（加氢精制）、含油废水（加氢精制）</td><td>重点关注</td></tr>
</table>

主要单元	重点场所或者重点设施设备名称	涉及有毒有害物质的物料	有毒有害物质	重点场所或者重点设施设备类型[a]	重点场所或者重点设施设备关注级别
加氢精制单元	分馏系统（汽提塔、分馏塔）	蜡油（加氢精制）、汽油（加氢精制）、柴油（加氢精制）、石脑油、含硫废水（加氢精制）、含油废水（加氢精制）		生产区	重点关注
加氢裂化单元	反应系统（原料缓冲罐、加热炉、裂化反应器）	柴油（常减压）、加氢催化剂（加氢裂化）、瓷球、未脱硫循环氢、未脱硫低分气、加热废气（加氢裂化）			一般关注
	分馏系统（汽提塔、加热炉、分馏塔、稳定塔）	石脑油（加氢裂化）、煤油、柴油、蜡油（加氢裂化）、加热废气（加氢裂化）、未脱硫干气、未脱硫液化石油气、含硫废水（加氢裂化）、含油废水（加氢裂化）	石油类［石油烃（C_6～C_9）、石油烃（C_{10}～C_{40}）］、苯系物（苯、甲苯、乙苯、二甲苯、苯乙烯、异丙基苯、正丙苯、1,3,5-三甲基苯、1,2,4-三甲基苯、三甲苯、乙基苯）、多环芳烃（苯并[*a*]芘、二苯并[*a,h*]蒽、苯并[*a*]蒽、苯并[*b*]荧蒽、萘、苯并[*k*]荧蒽、茚并[1,2,3-*cd*]芘、苊烯、苊、芴、菲、蒽、芘、䓛、苯并[*g,h,i*]苝、荧蒽）、杂环芳烃（二苯并呋喃、苯乙酮）、卤代烃类（氯仿、1,2-二氯丙烷、1,1,2-三氯乙烷、1,2,3-三氯丙烷、1,1,2,2-四氯丙烷）、氯苯类（1,2,3-三氯代苯、1,2,4,5-四氯代苯、五氯苯、氯苯、1,2-二氯苯、1,3-二氯苯、1,4-二氯苯、1,2,4-三氯代苯）、苯胺类（2-甲基苯胺、4-甲基苯胺、2,4-二甲基苯胺、苯胺）、联苯胺类（联苯胺）、酚类（苯酚、甲酚、邻甲酚、间甲酚）、氟化物、氰化物、胺类（1,2-乙二胺、三乙胺、环己胺）、酮类（2-庚酮）、重金属（镍、钒）		
	脱硫系统（干气脱硫塔、液化石油气脱硫塔、循环氢脱硫塔、低气分脱硫塔）	汽油、未脱硫干气、未脱硫液化石油气、未脱硫低气分、未脱硫循环氢、胺液、碱液、干气、酸性气、废碱液、废碱渣、含硫废水（加氢裂化）、含油废水（加氢裂化）			
	临氢降凝系统（原料缓冲罐、加热炉、反应器、汽提塔）	蜡油（加氢裂化）、加氢催化剂（临氢降凝）、瓷球、汽油、加热废气（加氢裂化）、含硫废水（加氢裂化）、含油废水（加氢裂化）			

主要单元	重点场所或者重点设施设备名称	涉及有毒有害物质的物料	有毒有害物质	重点场所或者重点设施设备类型[a]	重点场所或者重点设施设备关注级别
催化重整单元	预处理系统（原料缓冲罐、加热炉、预加氢反应器、脱氯塔、汽提塔、分馏塔）	石脑油（常减压、加氢裂化）、预加氢催化剂、脱氯剂、瓷球、石脑油、加热废气（催化重整）、含硫废水（催化重整）、含油废水（催化重整）	石油类［石油烃（C_6～C_9）、石油烃（C_{10}～C_{40}）］、苯系物（苯、甲苯、乙苯、二甲苯、苯乙烯、异丙基苯、正丙苯、1,3,5-三甲基苯、1,2,4-三甲基苯、三甲苯、乙基苯）、多环芳烃（苯并[*a*]芘、二苯并[*a,h*]蒽、苯并[*a*]蒽、苯并[*b*]荧蒽、萘、苯并[*k*]荧蒽、茚并[1,2,3-*cd*]芘、苊烯、苊、芴、菲、蒽、芘、䓛、苯并[*g,h,i*]苝、荧蒽）、杂环芳烃（二苯并呋喃、苯乙酮）、卤代烃类（氯仿、1,2-二氯丙烷、1,1,2-三氯乙烷、1,2,3-三氯丙烷、1,1,2,2-四氯丙烷）、氯苯类（1,2,3-三氯代苯、1,2,4,5-四氯代苯、五氯苯、氯苯、1,2-二氯苯、1,3-二氯苯、1,4-二氯苯、1,2,4-三氯代苯）、苯胺类（2-甲基苯胺、4-甲基苯胺、2,4-二甲基苯胺、苯胺）、联苯胺类（联苯胺）、酚类（苯酚、甲酚、邻甲酚、间甲酚）、氟化物、氰化物、胺类（1,2-乙二胺、三乙胺、环己胺）、酮类（2-庚酮）、重金属（镍、钒、钴、钼）	生产区	一般关注
	重整系统（重整反应器、脱氯塔、脱戊烷塔、稳定塔、分离塔）	粗油（预处理）、重整催化剂、瓷球、干燥剂、脱氯剂、戊烷油、脱戊烷油、含硫废水（催化重整）、含油废水（催化重整）	石油类［石油烃（C_6～C_9）、石油烃（C_{10}～C_{40}）］、苯系物（苯、甲苯、乙苯、二甲苯、苯乙烯、异丙基苯、正丙苯、1,3,5-三甲基苯、1,2,4-三甲基苯、三甲苯、乙基苯）、多环芳烃（苯并[*a*]芘、二苯并[*a,h*]蒽、苯并[*a*]蒽、苯并[*b*]荧蒽、萘、苯并[*k*]荧蒽、茚并[1,2,3-*cd*]芘、苊烯、苊、芴、菲、蒽、芘、䓛、苯并[*g,h,i*]苝、荧蒽）、杂环芳烃（二苯并呋喃、苯乙酮）、卤代烃类（氯仿、1,2-二氯丙烷、1,1,2-三氯乙烷、1,2,3-三氯丙烷、1,1,2,2-四氯丙烷）、氯苯类（1,2,3-三氯代苯、1,2,4,5-四氯代苯、五氯苯、氯苯、1,2-二氯苯、1,3-二氯苯、1,4-二氯苯、1,2,4-三氯代苯）、苯胺类（2-甲基苯胺、4-甲基苯胺、2,4-二甲基苯胺、苯胺）、联苯胺类（联苯胺）、酚类（苯酚、甲酚、邻甲酚、间甲酚）、氟化物、氰化物、胺类（1,2-乙二胺、三乙胺、环己胺）、酮类（2-庚酮）、重金属（镍）		
	催化剂再生系统（再生器）	预加氢催化剂、重整催化剂	重金属（镍、钴、钼）		

主要单元	重点场所或者重点设施设备名称	涉及有毒有害物质的物料	有毒有害物质	重点场所或者重点设施设备类型[a]	重点场所或者重点设施设备关注级别
含硫废水汽提单元	脱气罐、含硫污水大罐、脱臭装置、汽提塔、氨精制塔、氨结晶罐、氨吸附罐、氨脱硫罐、氨精馏塔、液氨储罐	含硫废水（各装置）、脱硫剂、液氨、酸性气	石油类［石油烃（C_6～C_9）、石油烃（C_{10}～C_{40}）］、苯系物（苯、甲苯、乙苯、二甲苯、苯乙烯、异丙基苯、正丙苯、1,3,5-三甲基苯、1,2,4-三甲基苯、三甲苯、乙基苯）、多环芳烃（苯并[*a*]芘、二苯并[*a,h*]蒽、苯并[*a*]蒽、苯并[*b*]荧蒽、萘、苯并[*k*]荧蒽、茚并[1,2,3-*cd*]芘、苊烯、苊、芴、菲、蒽、芘、䓛、苯并[*g,h,i*]苝、荧蒽）、杂环芳烃（二苯并呋喃、苯乙酮）、卤代烃类（氯仿、1,2-二氯丙烷、1,1,2-三氯乙烷、1,2,3-三氯丙烷、1,1,2,2-四氯丙烷）、氯苯类（1,2,3-三氯代苯、1,2,4,5-四氯代苯、五氯苯、氯苯、1,2-二氯苯、1,3-二氯苯、1,4-二氯苯、1,2,4-三氯代苯）、苯胺类（2-甲基苯胺、4-甲基苯胺、2,4-二甲基苯胺、苯胺）、联苯胺类（联苯胺）、酚类（苯酚、甲酚、邻甲酚、间甲酚）、氟化物、氰化物、胺类（1,2-乙二胺、三乙胺、环己胺）、酮类（2-庚酮）、重金属（镍、钒）	生产区	重点关注
硫黄回收单元	制硫系统（原料缓冲罐、制硫炉、余热锅炉、冷却器、转化器、硫封罐、硫储罐）	酸性气（各装置）、制硫催化剂、瓷球、制硫尾气	苯系物（苯、甲苯、乙苯、二甲苯、苯乙烯、异丙基苯、正丙苯、1,3,5-三甲基苯、1,2,4-三甲基苯、三甲苯、乙基苯）、多环芳烃（苯并[*a*]芘、二苯并[*a,h*]蒽、苯并[*a*]蒽、苯并[*b*]荧蒽、萘、苯并[*k*]荧蒽、茚并[1,2,3-*cd*]芘、苊烯、苊、芴、菲、蒽、芘、䓛、苯并[*g,h,i*]苝、荧蒽）、杂环芳烃（二苯并呋喃、苯乙酮）、酚类（苯酚、甲酚、邻甲酚、间甲酚）、重金属（镍、钒）	生产区	重点关注
硫黄回收单元	尾气处理系统（尾气加热器、加氢反应器、蒸汽发生器、冷却塔、吸收塔、焚烧炉）	制硫尾气、加氢催化剂（硫黄）、瓷球、胺液、焚烧废气	苯系物（苯、甲苯、乙苯、二甲苯、苯乙烯、异丙基苯、正丙苯、1,3,5-三甲基苯、1,2,4-三甲基苯、三甲苯、乙基苯）、多环芳烃（苯并[*a*]芘、二苯并[*a,h*]蒽、苯并[*a*]蒽、苯并[*b*]荧蒽、萘、苯并[*k*]荧蒽、茚并[1,2,3-*cd*]芘、苊烯、苊、芴、菲、蒽、芘、䓛、苯并[*g,h,i*]苝、荧蒽）、杂环芳烃（二苯并呋喃、苯乙酮）、酚类（苯酚、甲酚、邻甲酚、间甲酚）、重金属（镍、钴、钼）	生产区	重点关注

主要单元	重点场所或者重点设施设备名称	涉及有毒有害物质的物料	有毒有害物质	重点场所或者重点设施设备类型[a]	重点场所或者重点设施设备关注级别
污水处理单元	污水池	含油废水（各装置）、含盐废水（常减压）、污泥	石油类［石油烃（C_6～C_9）、石油烃（C_{10}～C_{40}）］、苯系物（苯、甲苯、乙苯、二甲苯、苯乙烯、异丙基苯、正丙苯、1,3,5-三甲基苯、1,2,4-三甲基苯、三甲苯、乙基苯）、多环芳烃（苯并[*a*]芘、二苯并[*a,h*]蒽、苯并[*a*]蒽、苯并[*b*]荧蒽、萘、苯并[*k*]荧蒽、茚并[1,2,3-*cd*]芘、苊烯、苊、芴、菲、蒽、芘、䓛、苯并[*g,h,i*]苝、荧蒽）、杂环芳烃（二苯并呋喃、苯乙酮）、卤代烃类（氯仿、1,2-二氯丙烷、1,1,2-三氯乙烷、1,2,3-三氯丙烷、1,1,2,2-四氯丙烷）、氯苯类（1,2,3-三氯代苯、1,2,4,5-四氯代苯、五氯苯、氯苯、1,2-二氯苯、1,3-二氯苯、1,4-二氯苯、1,2,4-三氯代苯）、苯胺类（2-甲基苯胺、4-甲基苯胺、2,4-二甲基苯胺、苯胺）、联苯胺类（联苯胺）、酚类（苯酚、甲酚、邻甲酚、间甲酚）、氟化物、氰化物、胺类（1,2-乙二胺、三乙胺、环己胺）、酮类（苯乙酮、2-庚酮）、重金属（镍、钒、砷、汞、镉、钴、钼）	液体储存	重点关注
	隔油罐	含油废水（各装置）、含盐废水（常减压）			
	浮选池	含油废水（各装置）、含盐废水（常减压）			
	曝气池	含油废水（各装置）、含盐废水（常减压）			
	沉淀池	含油废水（各装置）、含盐废水（常减压）			
	流砂过滤器	含油废水（各装置）、含盐废水（常减压）			
	加载嵌合装置	活性污泥			
	污泥脱水装置	污泥			
其他单元 储罐单元	储罐	渣油、污油、汽油、石脑油、柴油、沥青、含油废水等			
其他单元 危废储存单元	危废库	废催化剂、废桶、污泥、含油保温棉等		其他活动区	
其他单元 雨水单元	雨水排水沟/管	初期雨水、泄漏的有毒有害物质等		散装液体转运与厂内运输	一般关注
	初期雨水池/事故水池	初期雨水		液体储存	重点关注
其他单元 管线单元	废水管线	含硫废水、含油废水、含盐废水等		其他活动区	
	输油管线	原油、石脑油、汽油、柴油、蜡油等		货物的储存和传输	一般关注

主要单元		重点场所或者重点设施设备名称	涉及有毒有害物质的物料	有毒有害物质	重点场所或者重点设施设备类型[a]	重点场所或者重点设施设备关注级别
其他单元	运输和装卸单元	装卸平台	石油类、苯系物、多环芳烃、杂环芳烃、卤代烃、氯苯、苯胺类、联苯胺类、酚类、氟化物、氰化物、胺类、酮类等	石油类[石油烃（C_6～C_9）、石油烃（C_{10}～C_{40}）]、苯系物（苯、甲苯、乙苯、二甲苯、苯乙烯、异丙基苯、正丙苯、1,3,5-三甲基苯、1,2,4-三甲基苯、三甲苯、乙基苯）、多环芳烃（苯并[*a*]芘、二苯并[*a*,*h*]蒽、苯并[*a*]蒽、苯并[*b*]荧蒽、萘、苯并[*k*]荧蒽、茚并[1,2,3-*cd*]芘、苊烯、苊、芴、菲、蒽、芘、䓛、苯并[*g*,*h*,*i*]苝、荧蒽）、杂环芳烃（二苯并呋喃、苯乙酮）、卤代烃类（氯仿、1,2-二氯丙烷、1,1,2-三氯乙烷、1,2,3-三氯丙烷、1,1,2,2-四氯丙烷）、氯苯类（1,2,3-三氯代苯、1,2,4,5-四氯代苯、五氯苯、氯苯、1,2-二氯苯、1,3-二氯苯、1,4-二氯苯、1,2,4-三氯代苯）、苯胺类（2-甲基苯胺、4-甲基苯胺、2,4-二甲基苯胺、苯胺）、联苯胺类（联苯胺）、酚类（苯酚、甲酚、邻甲酚、间甲酚）、氟化物、氰化物、胺类（1,2-乙二胺、三乙胺、环己胺）、酮类（苯乙酮、2-庚酮）	其他活动区	一般关注

注：[a] 重点场所或者重点设施设备类型参考《重点监管单位土壤污染隐患排查指南（试行）》附录 A 土壤污染隐患排查与整改技术要点确定。

3.3 隐患排查技术要点

根据《重点监管单位土壤污染隐患排查指南（试行）》附录 A 所提出的场所或设施设备类型，对原油加工及石油制品制造行业原油加工业涉及有毒有害物质的重点场所或者重点设施设备进行全面排查，提出本行业排查要点和整改要点。操作中需根据各企业实际情况进行分析。

原油加工及石油制品制造行业原油加工业的主要单元包括常减压蒸馏单元、沥青单元、延迟焦化单元、催化裂化单元、气体分馏单元、烷基化单元、催化汽油吸附脱硫单元、制氢单元、加氢精制单元、加氢裂化单元、催化重整单元、含硫废水汽提单元、硫黄回收单元、污水处理单元、其他单元等。其中，常减压蒸馏单元、沥青单元、延迟焦化单元、催化裂化单元、气体分馏单元、烷基化单元、催化汽油吸附脱硫单元、制氢单元、加氢精制单元、加氢裂化单元、催化重整单元、含硫废水汽提单元、硫黄回收单元等属于生产区，污水处理单元和其他单元的储罐单元属液体储存，危废库、废水管线、装卸平台属于其他活动区，雨水排水沟/管属于散装液体转运与厂内运输，输油管线属于货物的储存和传输。

其中重点关注的有：常减压蒸馏单元的蒸馏系统；沥青单元的氧化沥青系统、尾气处理系统；延迟焦化单元的焦化系统、吸收稳定系统和脱硫脱硫醇系统；催化裂化单元的反应-再生系统、回炼油系统、分馏系统、吸收稳定系统、能量回收系统和脱硫脱硫醇系统；催化汽油吸附脱硫单元的进料与脱硫反应系统；加氢精制单元的反应系统、分馏系统；含硫废水汽提单元的脱气罐、含硫污水大罐、脱臭装置、汽提塔、氨精制塔、氨结晶罐、氨吸附罐、氨脱硫罐、氨精馏塔、液氨储罐；硫黄回收单元的制硫系统、尾气处理系统；污水处理单元的污水池、隔油罐、浮选池、曝气池、沉淀池、流砂过滤器、加载嵌合装置和污泥脱水装置；其他单元的储罐、危废库、初期雨水池/事故水池、废水管线等。

针对上述不同类型的重点场所或者重点设施设备提出隐患排查与整改要点。原油加工及石油制品制造行业原油加工业隐患排查技术要点详见表 3-4。

表 3-4　原油加工及石油制品制造行业原油加工业隐患排查技术要点一览表

主要单元	重点场所或者重点设施设备		排查要点	整改要点
	名称	类别		
常减压蒸馏单元	电脱盐系统（换热器、电脱盐装置）	生产区	电脱盐装置安全阀在放空时可能会排出大量原油，引发污染；换热器的封头、阀门、法兰和放空排凝容易发生泄漏	电脱盐装置应设停电、停泵、漏油报警装置，并检查其完好投用状况；定期进行测厚和腐蚀情况的检查，及时更换腐蚀减薄的设备管线
	蒸馏系统（初馏塔、常压炉、常压塔、汽提塔、减压炉、减压塔、稳定塔）（重点关注）		塔内管线设备易腐蚀、减薄穿孔，导致泄漏；塔内压力和温度波动会引起淹塔、冲塔、安全阀起跳、跑油、跑气等事故； 加热炉长期使用易致炉管氧化腐蚀，减薄穿孔，导致泄漏	定期进行测厚和腐蚀情况的检查，及时更换腐蚀减薄的设备管线
沥青单元	氧化沥青系统（原料缓冲罐、原料泵、加热炉、氧化塔）（重点关注）		罐体的内、外腐蚀造成物料泄漏、渗漏，导致泄漏；加热炉长期使用易致炉管氧化腐蚀、减薄穿孔，导致泄漏；塔内管线设备易腐蚀、减薄穿孔，导致泄漏	目视检查外壁是否有泄漏迹象，定期检查泄漏检测设施，确保正常运行，定期开展防渗效果检查；定期进行测厚和腐蚀情况的检查，及时更换腐蚀减薄的设备管线
	尾气处理系统（尾气分液罐、尾气焚烧炉）（重点关注）		焚烧炉长期使用易致炉管氧化腐蚀、减薄穿孔，导致泄漏	定期进行测厚和腐蚀情况的检查，及时更换腐蚀减薄的设备管线

主要单元	重点场所或者重点设施设备		排查要点	整改要点
	名称	类别		
延迟焦化单元	焦化系统（原料缓冲罐、换热器、分馏塔、加热炉、焦炭塔、放空塔）（重点关注）	生产区	罐体的内、外腐蚀造成物料泄漏、渗漏，导致泄漏；焦化过程温度较高，原料油如果泄漏会引发污染；塔内管线设备易腐蚀，减薄穿孔，导致泄漏	目视检查外壁是否有泄漏迹象，定期检查泄漏检测设施，确保正常运行，定期开展防渗效果检查；严格控制加热炉炉管的油气温度和停留时间，平稳操作，控制加热炉注水量，辐射量，防止大幅度波动，减少加热炉烧焦频率；定期进行测厚和腐蚀情况的检查，及时更换腐蚀减薄的设备管线
延迟焦化单元	吸收稳定系统（富气分液罐、吸收塔、解析塔、稳定塔）（重点关注）	生产区	塔内管线设备易腐蚀、减薄穿孔，导致泄漏；设备密封性差与设备腐蚀引起的油气泄漏	定期进行测厚和腐蚀情况的检查，及时更换腐蚀减薄的设备管线；设置检测报警器，及时检测和预报泄漏情况的发生
延迟焦化单元	脱硫、脱硫醇系统（干气脱硫塔、液化石油气脱硫塔、液化石油气脱硫醇纤维膜接触器、液化石油气脱硫醇汽油碱液分离罐、碱液氧化塔、液化石油气脱硫醇碱液抽提罐）（重点关注）	生产区	塔内管线设备易腐蚀、减薄穿孔，导致泄漏；设备密封性差与设备腐蚀引起的油气泄漏	定期进行测厚和腐蚀情况的检查，及时更换腐蚀减薄的设备管线；设置检测报警器，及时检测和预报泄漏情况的发生
催化裂化单元	反应-再生系统（原料缓冲罐、提升管反应器、烧焦罐、沉降器、再生器）（重点关注）	生产区	罐体的内、外腐蚀造成物料泄漏、渗漏	目视检查外壁是否有泄漏迹象，定期检查泄漏检测设施，确保正常运行，定期开展防渗效果检查；定期进行测厚和腐蚀情况的检查，及时更换腐蚀减薄的设备管线
催化裂化单元	回炼油系统（回炼油冷水槽、回炼油过滤器、排渣罐）（重点关注）	生产区	池体老化、破损、裂缝造成的泄漏、渗漏；池体满溢	定期巡检，重点对池体是否存在泄漏、渗漏、满溢进行检查；对于不适合目视检查、泄漏检查的情况，建议增加设置地下水监测井或者土壤气监测井
催化裂化单元	分馏系统（分馏塔、分离器）（重点关注）	生产区	塔内管线设备易腐蚀、减薄穿孔，导致泄漏；管道磨损容易发生泄漏事故	定期进行测厚和腐蚀情况的检查，及时更换腐蚀减薄的设备管线
催化裂化单元	吸收稳定系统（富气分液罐、吸收塔、解析塔、稳定塔）（重点关注）	生产区	塔内管线设备易腐蚀、减薄穿孔，导致泄漏；设备密封性差与设备腐蚀引起的油气泄漏	定期进行测厚和腐蚀情况的检查，及时更换腐蚀减薄的设备管线；设置检测报警器，及时检测和预报泄漏情况的发生

主要单元	重点场所或者重点设施设备		排查要点	整改要点
	名称	类别		
催化裂化单元	能量回收系统（旋风分离器）（重点关注）	生产区	设备由于油滴和催化剂的沉积会形成结焦，致使装置分离功能失效，催化剂大量泄漏，引发污染	采用防结焦脱落技术
	脱硫、脱硫醇系统（干气脱硫塔、液化石油气脱硫塔、液化石油气脱硫醇纤维膜接触器、液化石油气脱硫醇汽油碱液分离罐、碱液氧化塔、液化石油气脱硫醇碱液抽提罐）（重点关注）		塔内管线设备易腐蚀、减薄穿孔，导致泄漏；设备密封性差与设备腐蚀引起的油气泄漏	定期进行测厚和腐蚀情况的检查，及时更换腐蚀减薄的设备管线；设置检测报警器，及时检测和预报泄漏情况的发生
气体分馏单元	原料缓冲罐、脱丙烷塔、脱丙烯塔		罐体的内、外腐蚀造成物料泄漏、渗漏；塔内管线设备易腐蚀、减薄穿孔，导致泄漏；设备密封性差与设备腐蚀引起的油气泄漏	目视检查外壁是否有泄漏迹象，定期检查泄漏检测设施，确保正常运行，定期开展防渗效果检查；定期进行测厚和腐蚀情况的检查，及时更换腐蚀减薄的设备管线；设置检测报警器，及时检测和预报泄漏情况的发生
烷基化单元	烷基化反应器、烷基化分馏塔		塔内管线设备易腐蚀、减薄穿孔，导致泄漏	定期进行测厚和腐蚀情况的检查，及时更换腐蚀减薄的设备管线
催化汽油吸附脱硫单元	进料与脱硫反应系统（原料缓冲罐、反应器、加热炉、脱硫反应器、气液分离罐、稳定塔）（重点关注）		罐体的内、外腐蚀造成物料泄漏、渗漏；塔内管线设备易腐蚀、减薄穿孔，导致泄漏；设备密封性差与设备腐蚀引起的油气泄漏	目视检查外壁是否有泄漏迹象，定期检查泄漏检测设施，确保正常运行，定期开展防渗效果检查；定期进行测厚和腐蚀情况的检查，及时更换腐蚀减薄的设备管线；设置检测报警器，及时检测和预报泄漏情况的发生
	吸附剂再生循环系统（再生器、还原器）		设备腐蚀引起的泄漏	设置检测报警器，及时检测和预报泄漏情况的发生
制氢单元	加热炉、加氢反应器、脱硫脱氯反应器、转化炉、中变反应器、低变反应器、甲烷化反应器、变压吸附分离		加热炉炉管超温、局部过热、催化剂结焦、炉管寿命缩短，严重时将导致炉管破裂，物料泄漏；猪尾管等部位易腐蚀减薄穿孔，导致泄漏	加强工艺指标的严格控制和自动检测控制系统的维护，防止反应超温；定期进行测厚和腐蚀情况的检查，及时更换腐蚀减薄的设备管线

主要单元	重点场所或者重点设施设备		排查要点	整改要点
	名称	类别		
加氢精制单元	反应系统（原料缓冲罐、加热炉、加氢反应器）（重点关注）	生产区	罐体的内、外腐蚀造成物料泄漏、渗漏；设备管线腐蚀泄漏	目视检查外壁是否有泄漏迹象，定期检查泄漏检测设施，确保正常运行，定期开展防渗效果检查；加强设备维护和动态检测，保证密封完好，温度、压力、流速、振动、润滑、冷却及连锁控制系统正常
	分馏系统（汽提塔、分馏塔）（重点关注）		塔内管线设备易腐蚀，减薄穿孔，导致泄漏	定期进行测厚和腐蚀情况的检查，及时更换腐蚀减薄的设备管线
加氢裂化单元	反应系统（原料缓冲罐、加热炉、裂化反应器）		罐体的内、外腐蚀造成物料泄漏、渗漏；反应器硫、氢腐蚀，引起设备管线泄漏	目视检查外壁是否有泄漏迹象，定期检查泄漏检测设施，确保正常运行，定期开展防渗效果检查；加强设备维护和动态检测，保证密封完好，温度、压力、流速、振动、润滑、冷却及连锁控制系统正常
	分馏系统（汽提塔、加热炉、分馏塔、稳定塔）		加热炉长期使用易致炉管氧化腐蚀、减薄穿孔，导致泄漏；塔内管线设备易腐蚀、减薄穿孔，导致泄漏	定期进行测厚和腐蚀情况的检查，及时更换腐蚀减薄的设备管线
	脱硫系统（干气脱硫塔、液化石油气脱硫塔、循环氢脱硫塔、低气分脱硫塔）		塔内管线设备易腐蚀、减薄穿孔，导致泄漏；设备密封性差与设备腐蚀引起的油气泄漏	定期进行测厚和腐蚀情况的检查，及时更换腐蚀减薄的设备管线；设置检测报警器，及时检测和预报泄漏情况的发生
	临氢降凝系统（原料缓冲罐、加热炉、反应器、汽提塔）		罐体的内、外腐蚀造成物料泄漏、渗漏；塔内管线设备易腐蚀、减薄穿孔，导致泄漏；设备密封性差与设备腐蚀引起的油气泄漏	目视检查外壁是否有泄漏迹象，定期检查泄漏检测设施，确保正常运行，定期开展防渗效果检查；定期进行测厚和腐蚀情况的检查，及时更换腐蚀减薄的设备管线；设置检测报警器，及时检测和预报泄漏情况的发生
催化重整单元	预处理系统（原料缓冲罐、加热炉、预加氢反应器、脱氯塔、汽提塔、分馏塔）			
	重整系统（重整反应器、脱氯塔、脱戊烷塔、稳定塔、分离塔）		罐体的内、外腐蚀造成物料泄漏、渗漏；塔内管线设备易腐蚀，导致泄漏；设备密封性差与设备腐蚀引起的油气泄漏；反应在高温高压条件下进行，易发生高温油气泄漏	加强对反应器压力、温度变化的监控，严防超压、超温运行；定期对温度自保系统、自动报警装置进行校验
	催化剂再生系统（再生器）		再生器操作温度高且频繁波动，在持久高温下设备主壳体法兰密封失效，泄漏介质会对密封面造成点蚀，引发污染	加大力矩来紧固螺栓、增加碟簧及更换垫片类型；进行渗透检测

<table>
<tr><th rowspan="2">主要单元</th><th colspan="2">重点场所或者重点设施设备</th><th rowspan="2">排查要点</th><th rowspan="2">整改要点</th></tr>
<tr><th>名称</th><th>类别</th></tr>
<tr><td>含硫废水汽提单元</td><td>脱气罐、含硫污水大罐、脱臭装置、汽提塔、氨精制塔、氨结晶罐、氨吸附罐、氨脱硫罐、氨精馏塔、液氨储罐（重点关注）</td><td rowspan="3">生产区</td><td>罐体的内、外腐蚀造成物料泄漏、渗漏；塔内管线设备易腐蚀、减薄穿孔，导致泄漏；设备密封性差与设备腐蚀引起的油气泄漏</td><td>目视检查外壁是否有泄漏迹象，定期检查泄漏检测设施，确保正常运行，定期开展防渗效果检查；定期进行测厚和腐蚀情况的检查，及时更换腐蚀减薄的设备管线；设置检测报警器，及时检测和预报泄漏情况的发生</td></tr>
<tr><td rowspan="2">硫黄回收单元</td><td>制硫系统（原料缓冲罐、制硫炉、余热锅炉、冷却器、转化器、硫封罐、硫储罐）（重点关注）</td><td>生产过程中，酸性气倒串鼓风机，酸性气管线腐蚀泄漏；硫黄成型、包装、运输过程，产生的粉尘会引发污染</td><td>平稳操作，及时调整，防止酸性气来量波动；保证仪表控制及连锁保护系统的完好可靠；定期进行测厚和腐蚀情况的检查，及时更换腐蚀减薄的设备管线；做好厂房通风除尘工作</td></tr>
<tr><td>尾气处理系统（尾气加热器、加氢反应器、蒸汽发生器、冷却塔、吸收塔、焚烧炉）（重点关注）</td><td>罐体的内、外腐蚀造成物料泄漏、渗漏；加热炉长期使用易致炉管氧化腐蚀、减薄穿孔，导致泄漏；塔内管线设备易腐蚀、减薄穿孔，导致泄漏</td><td>目视检查外壁是否有泄漏迹象，定期检查泄漏检测设施，确保正常运行，定期开展防渗效果检查；定期进行测厚和腐蚀情况的检查，及时更换腐蚀减薄的设备管线</td></tr>
<tr><td rowspan="8">污水处理单元</td><td>污水池（重点关注）</td><td>液体储存</td><td>池体老化、破损、裂缝造成的泄漏、渗漏；池体满溢</td><td>定期巡检，重点对池体是否存在泄漏、渗漏、满溢进行检查；对于不适合目视检查、泄漏检测的情况，建议增加设置地下水监测井或者土壤气监测井</td></tr>
<tr><td>隔油罐（重点关注）</td><td>液体储存</td><td>罐体的内、外腐蚀造成物料泄漏、渗漏</td><td>目视检查外壁是否有泄漏迹象，定期检查泄漏检测设施，确保正常运行，定期开展防渗效果检查</td></tr>
<tr><td>浮选池（重点关注）</td><td>液体储存</td><td rowspan="3">池体老化、破损、裂缝造成的泄漏、渗漏；池体满溢</td><td rowspan="3">定期巡检，重点对池体是否存在泄漏、渗漏、满溢进行检查；对于不适合目视检查、泄漏检测的情况，建议增加设置地下水监测井或者土壤气监测井</td></tr>
<tr><td>曝气池（重点关注）</td><td>液体储存</td></tr>
<tr><td>沉淀池（重点关注）</td><td>液体储存</td></tr>
<tr><td>流砂过滤器（重点关注）</td><td>液体储存</td><td rowspan="2">设备腐蚀引起的泄漏</td><td rowspan="2">设置检测报警器，及时检测和预报泄漏情况的发生</td></tr>
<tr><td>加载嵌合装置（重点关注）</td><td>液体储存</td></tr>
<tr><td>污泥脱水装置（重点关注）</td><td>液体储存</td><td>压滤废水污染物浓度高，物料导流槽老化、破损、裂缝易造成泄漏、渗漏</td><td>定期巡检，重点对池体是否存在泄漏、渗漏、满溢进行检查；对于不适合目视检查、泄漏检测的情况，建议增加设置地下水监测井或者土壤气监测井</td></tr>
</table>

主要单元		重点场所或者重点设施设备		排查要点	整改要点
		名称	类别		
其他单元	储罐单元	储罐（重点关注）	液体储存	罐体的内、外腐蚀造成物料泄漏、渗漏	目视检查外壁是否有泄漏迹象，定期检查泄漏检测设施，确保正常运行，定期开展防渗效果检查
	危废储存单元	危废库（重点关注）	其他活动区	区域内防渗、防风、防雨、防晒措施未到达危废贮存要求，易造成土壤污染	车间做好防渗漏、防外溢措施；设置操作规程标识牌对处置人员进行培训防止危废暂存转运过程中的遗撒
	雨水单元	雨水排水沟/管	散装液体转运与厂内运输	雨水排水沟防渗措施不到位，导致污染物下渗；雨水排水管及接口破损，导致物料渗漏	做好防渗工作，根据《石油化工工程防渗技术规范》（GB/T 50934—2013）中相关防渗技术标准、设计使用年限等开展隐患排查
		初期雨水池/事故水池（重点关注）	液体储存	池体老化、破损、裂缝造成的泄漏、渗漏；池体满溢	定期巡检，重点对池体是否存在泄漏、渗漏、满溢进行检查；对于不适合目视检查、泄漏检测的情况，建议增加设置地下水监测井或者土壤气监测井
	管线单元	废水管线（重点关注）	其他活动区	管线附件处的渗漏、泄漏	定期检测管道渗漏情况；根据管道检测结果，制订并落实管道维护方案；日常目视检查
		输油管线	货物储存和传输		
	运输和装卸单元	装卸平台	其他活动区	出料口易发生物料滴漏；装卸过程中易出现物料的满溢	定期目视检查区域内是否存在未硬化地面、裂隙等；排查区域内防渗阻隔情况

3.4 初步采样调查技术要点

结合原油加工及石油制品制造行业原油加工业识别的重点关注的重点场所或重点设施设备、重点关注的关注污染物以及所在主要单元，提出该行业初步采样调查的重点关注布点位置与涉及的关注污染物，详见表 3-5。识别出的重点场所或者重点设施设备应作为优先布点区域，其他区域应根据国家相关导则规定进行全面梳理，根据地块实际酌情考虑。

表 3-5　原油加工及石油制品制造行业原油加工业重点关注布点位置及涉及关注污染物一览表

<table>
<tr><th>主要单元</th><th>重点关注布点位置</th><th>涉及物料</th><th>涉及关注污染物</th></tr>
<tr><td>常减压蒸馏单元</td><td>蒸馏系统（初馏塔、常压炉、常压塔、汽提塔、减压炉、减压塔、稳定塔）（重点关注）</td><td>脱盐原油、氨水、柴油（常减压）、石脑油（常减压）、蜡油（常减压）、减压渣油、加热废气（常减压）、含硫废水（常减压）、含油废水（常减压）</td><td rowspan="2">石油类［石油烃（C_6～C_9）、石油烃（C_{10}～C_{40}）］、苯系物（苯、甲苯、乙苯、二甲苯、苯乙烯、异丙基苯、正丙苯、1,3,5-三甲基苯、1,2,4-三甲基苯、三甲苯、乙基苯）、多环芳烃（苯并[a]芘、二苯并[a,h]蒽、苯并[a]蒽、苯并[b]荧蒽、萘、苯并[k]荧蒽、茚并[1,2,3-cd]芘、苊烯、苊、芴、菲、蒽、芘、䓛、苯并[g,h,i]苝、荧蒽）、杂环芳烃（二苯并呋喃、苯乙酮）、卤代烃类（氯仿、1,2-二氯丙烷、1,1,2-三氯乙烷、1,2,3-三氯丙烷、1,1,2,2-四氯丙烷）、氯苯类（1,2,3-三氯代苯、1,2,4,5-四氯代苯、五氯苯、氯苯、1,2-二氯苯、1,3-二氯苯、1,4-二氯苯、1,2,4-三氯代苯）、苯胺类（2-甲基苯胺、4-甲基苯胺、2,4-二甲基苯胺、苯胺）、联苯胺类（联苯胺）、酚类（苯酚、甲酚、邻甲酚、间甲酚）、氟化物、氰化物、胺类（1,2-乙二胺、三乙胺、环己胺）、酮类（2-庚酮）、重金属（镍、钒、砷、汞、镉、钴、钼）</td></tr>
<tr><td rowspan="2">沥青单元</td><td>氧化沥青系统（原料缓冲罐、原料泵、加热炉、氧化塔）（重点关注）</td><td>减压渣油、沥青、含油废水（沥青）、沥青尾气</td></tr>
<tr><td>尾气处理系统（尾气分液罐、尾气焚烧炉）（重点关注）</td><td>沥青尾气</td><td>苯系物（苯、甲苯、乙苯、二甲苯、苯乙烯、异丙基苯、正丙苯、1,3,5-三甲基苯、1,2,4-三甲基苯、三甲苯、乙基苯）、多环芳烃（苯并[a]芘、二苯并[a,h]蒽、苯并[a]蒽、苯并[b]荧蒽、萘、苯并[k]荧蒽、茚并[1,2,3-cd]芘、苊烯、苊、芴、菲、蒽、芘、䓛、苯并[g,h,i]苝、荧蒽）、杂环芳烃（二苯并呋喃、苯乙酮）、酚类（苯酚、甲酚、邻甲酚、间甲酚）</td></tr>
<tr><td rowspan="2">延迟焦化单元</td><td>焦化系统（原料缓冲罐、换热器、分馏塔、加热炉、焦炭塔、放空塔）（重点关注）</td><td>减压渣油、消泡剂、阻焦剂、石油焦、蜡油（延迟焦化）、柴油（延迟焦化）、汽油（延迟焦化）、富气、加热废气（延迟焦化）、含硫废水（延迟焦化）、含油废水（延迟焦化）</td><td rowspan="2">油类［石油烃（C_6～C_9）、石油烃（C_{10}～C_{40}）］、苯系物（苯、甲苯、乙苯、二甲苯、苯乙烯、异丙基苯、正丙苯、1,3,5-三甲基苯、1,2,4-三甲基苯、三甲苯、乙基苯）、多环芳烃（苯并[a]芘、二苯并[a,h]蒽、苯并[a]蒽、苯并[b]荧蒽、萘、苯并[k]荧蒽、茚并[1,2,3-cd]芘、苊烯、苊、芴、菲、蒽、芘、䓛、苯并[g,h,i]苝、荧蒽）、杂环芳烃（二苯并呋喃、苯乙酮）、卤代烃类（氯仿、1,2-二氯丙烷、1,1,2-三氯乙烷、1,2,3-三氯丙烷、1,1,2,2-四氯丙烷）、氯苯类（1,2,3-三氯代苯、1,2,4,5-四氯代苯、五氯苯、氯苯、1,2-二氯苯、1,3-二氯苯、1,4-二氯苯、1,2,4-三氯代苯）、苯胺类（2-甲基苯胺、4-甲基苯胺、2,4-二甲基苯胺、苯胺）、联苯胺类（联苯胺）、酚类（苯酚、甲酚、邻甲酚、间甲酚）、氟化物、氰化物、胺类（1,2-乙二胺、三乙胺、环己胺）、酮类（2-庚酮）、重金属（镍、钒、砷、汞、镉、钴、钼）</td></tr>
<tr><td>吸收稳定系统（富气分液罐、吸收塔、解析塔、稳定塔）（重点关注）</td><td>汽油（延迟焦化）、富气、未脱硫干气、未脱硫液化石油气、胺液、碱液、干气、酸性气、废碱液、废碱渣、含硫废水（延迟焦化）、含油废水（延迟焦化）</td></tr>
</table>

主要单元	重点关注布点位置	涉及物料	涉及关注污染物
延迟焦化单元	脱硫、脱硫醇系统（干气脱硫塔、液化石油气脱硫塔、液化石油气脱硫醇纤维膜接触器、液化石油气脱硫醇汽油碱液分离罐、碱液氧化塔、液化石油气脱硫醇碱液抽提罐）（重点关注）	汽油（延迟焦化）、未脱硫干气、未脱硫液化石油气、胺液、碱液、干气、酸性气、废碱液、含硫废水（延迟焦化）、含油废水（延迟焦化）	
催化裂化单元（重点关注）	反应-再生系统（原料缓冲罐、提升管反应器、烧焦罐、沉降器、再生器）（重点关注）	蜡油（常减压、加氢精制）、催化裂化催化剂、瓷球、回炼油、含硫废水（催化裂化）、含油废水（催化裂化）、高温烟气（催化裂化）	
	回炼油系统（回炼油冷水槽、回炼油过滤器、排渣罐）（重点关注）	回炼油、干气、回炼油滤渣	
	分馏系统（分馏塔、分离器）（重点关注）	粗油（反应再生）、阻焦剂、富气、汽油（催化裂化）、柴油（催化裂化）、油浆、烧焦、含硫废水（催化裂化）、含油废水（催化裂化）	
	吸收稳定系统（富气分液罐、吸收塔、解析塔、稳定塔）（重点关注）	汽油（催化裂化）、富气、未脱硫干气、未脱硫液化石油气、胺液、碱液、干气、酸性气、废碱液、废碱渣、含硫废水（催化裂化）、含油废水（催化裂化）	
	能量回收系统（旋风分离器）（重点关注）	高温烟气（催化裂化）、催化裂化催化剂、瓷球、加热废气（催化裂化）	苯系物（苯、甲苯、乙苯、二甲苯、苯乙烯、异丙基苯、正丙苯、1,3,5-三甲基苯、1,2,4-三甲基苯、三甲苯、乙基苯）、多环芳烃（苯并[*a*]芘、二苯并[*a,h*]蒽、苯并[*a*]蒽、苯并[*b*]荧蒽、萘、苯并[*k*]荧蒽、茚并[1,2,3-*cd*]芘、苊烯、苊、芴、菲、蒽、芘、䓛、苯并[*g,h,i*]苝、荧蒽）、杂环芳烃（二苯并呋喃、苯乙酮）、酚类（苯酚、甲酚、邻甲酚、间甲酚）、重金属（镍）

主要单元	重点关注布点位置	涉及物料	涉及关注污染物
催化裂化单元（重点关注）	脱硫、脱硫醇系统（干气脱硫塔、液化石油气脱硫塔、液化石油气脱硫醇纤维膜接触器、液化石油气脱硫醇汽油碱液分离罐、碱液氧化塔、液化石油气脱硫醇碱液抽提罐）（重点关注）	汽油（催化裂化）、未脱硫干气、未脱硫液化石油气、胺液、碱液、干气、酸性气、废碱液、废碱渣、含硫废水（催化裂化）、含油废水（催化裂化）	石油类［石油烃（C_6～C_9）、石油烃（C_{10}～C_{40}）］、苯系物（苯、甲苯、乙苯、二甲苯、苯乙烯、异丙基苯、正丙苯、1,3,5-三甲基苯、1,2,4-三甲基苯、三甲苯、乙基苯）、多环芳烃（苯并[a]芘、二苯并[a,h]蒽、苯并[a]蒽、苯并[b]荧蒽、萘、苯并[k]荧蒽、茚并[1,2,3-cd]芘、苊烯、苊、芴、菲、蒽、芘、䓛、苯并[g,h,i]苝、荧蒽）、杂环芳烃（二苯并呋喃、苯乙酮）、卤代烃类（氯仿、1,2-二氯丙烷、1,1,2-三氯乙烷、1,2,3-三氯丙烷、1,1,2,2-四氯丙烷）、氯苯类（1,2,3-三氯代苯、1,2,4,5-四氯代苯、五氯苯、氯苯、1,2-二氯苯、1,3-二氯苯、1,4-二氯苯、1,2,4-三氯代苯）、苯胺类（2-甲基苯胺、4-甲基苯胺、2,4-二甲基苯胺、苯胺）、联苯胺类（联苯胺）、酚类（苯酚、甲酚、邻甲酚、间甲酚）、氟化物、氰化物、胺类（1,2-乙二胺、三乙胺、环己胺）、酮类（2-庚酮）、重金属（镍、钒、砷、汞、镉、钴、钼）
催化汽油吸附脱硫单元	进料与脱硫反应系统（原料缓冲罐、反应器、加热炉、脱硫反应器、气液分离罐、稳定塔）（重点关注）	汽油（催化裂化）、吸附剂、汽油、加热废气（催化汽油吸附脱硫）、含硫废水（催化汽油吸附脱硫）、含油废水（催化汽油吸附脱硫）	石油类［石油烃（C_6～C_9）、石油烃（C_{10}～C_{40}）］、苯系物（苯、甲苯、乙苯、二甲苯、苯乙烯、异丙基苯、正丙苯、1,3,5-三甲基苯、1,2,4-三甲基苯、三甲苯、乙基苯）、多环芳烃（苯并[a]芘、二苯并[a,h]蒽、苯并[a]蒽、苯并[b]荧蒽、萘、苯并[k]荧蒽、茚并[1,2,3-cd]芘、苊烯、苊、芴、菲、蒽、芘、䓛、苯并[g,h,i]苝、荧蒽）、杂环芳烃（二苯并呋喃、苯乙酮）、卤代烃类（氯仿、1,2-二氯丙烷、1,1,2-三氯乙烷、1,2,3-三氯丙烷、1,1,2,2-四氯丙烷）、氯苯类（1,2,3-三氯代苯、1,2,4,5-四氯代苯、五氯苯、氯苯、1,2-二氯苯、1,3-二氯苯、1,4-二氯苯、1,2,4-三氯代苯）、苯胺类（2-甲基苯胺、4-甲基苯胺、2,4-二甲基苯胺、苯胺）、联苯胺类（联苯胺）、酚类（苯酚、甲酚、邻甲酚、间甲酚）、氟化物、氰化物、胺类（1,2-乙二胺、三乙胺、环己胺）、酮类（2-庚酮）、重金属（镍、钒、锰）
加氢精制单元	反应系统（原料缓冲罐、加热炉、加氢反应器）（重点关注）	汽油（延迟焦化）、柴油（常减压）、蜡油（延迟焦化）、加氢催化剂（加氢精制）、保护剂、吸附剂、瓷球、未脱硫干气、加热废气（加氢精制）、酸性气、含硫废水（加氢精制）、含油废水（加氢精制）	石油类［石油烃（C_6～C_9）、石油烃（C_{10}～C_{40}）］、苯系物（苯、甲苯、乙苯、二甲苯、苯乙烯、异丙基苯、正丙苯、1,3,5-三甲基苯、1,2,4-三甲基苯、三甲苯、乙基苯）、多环芳烃（苯并[a]芘、二苯并[a,h]蒽、苯并[a]蒽、苯并[b]荧蒽、萘、苯并[k]荧蒽、茚并[1,2,3-cd]芘、苊烯、苊、芴、菲、蒽、芘、䓛、苯并[g,h,i]苝、荧蒽）、杂环芳烃（二苯并呋喃、苯乙酮）、卤代烃类（氯仿、1,2-二氯丙烷、1,1,2-三氯乙烷、1,2,3-三氯丙烷、1,1,2,2-四氯丙烷）、氯苯类（1,2,3-三氯代苯、1,2,4,5-四氯代苯、五氯苯、氯苯、1,2-二氯苯、1,3-二氯苯、1,4-二氯苯、1,2,4-三氯代苯）、苯胺类（2-甲基苯胺、4-甲基苯胺、2,4-二甲基苯胺、苯胺）、联苯胺类（联苯胺）、酚类（苯酚、甲酚、邻甲酚、间甲酚）、氟化物、氰化物、胺类（1,2-乙二胺、三乙胺、环己胺）、酮类（2-庚酮）、重金属（镍、钒、钴、钼）
	分馏系统（汽提塔、分馏塔）（重点关注）	蜡油（加氢精制）、汽油（加氢精制）、柴油（加氢精制）、石脑油、含硫废水（加氢精制）、含油废水（加氢精制）	

主要单元	重点关注布点位置	涉及物料	涉及关注污染物
含硫废水汽提单元	脱气罐、含硫污水大罐、脱臭装置、汽提塔、氨精制塔、氨结晶罐、氨吸附罐、氨脱硫罐、氨精馏塔、液氨储罐（重点关注）	含硫废水（各装置）、脱硫剂、液氨、酸性气	石油类［石油烃（C_6～C_9）、石油烃（C_{10}～C_{40}）］、苯系物（苯、甲苯、乙苯、二甲苯、苯乙烯、异丙基苯、正丙苯、1,3,5-三甲基苯、1,2,4-三甲基苯、三甲苯、乙基苯）、多环芳烃（苯并[*a*]芘、二苯并[*a,h*]蒽、苯并[*a*]蒽、苯并[*b*]荧蒽、萘、苯并[*k*]荧蒽、茚并[1,2,3-*cd*]芘、苊烯、苊、芴、菲、蒽、芘、䓛、苯并[*g,h,i*]苝、荧蒽）、杂环芳烃（二苯并呋喃、苯乙酮）、卤代烃类（氯仿、1,2-二氯丙烷、1,1,2-三氯乙烷、1,2,3-三氯丙烷、1,1,2,2-四氯丙烷）、氯苯类（1,2,3-三氯代苯、1,2,4,5-四氯代苯、五氯苯、氯苯、1,2-二氯苯、1,3-二氯苯、1,4-二氯苯、1,2,4-三氯代苯）、苯胺类（2-甲基苯胺、4-甲基苯胺、2,4-二甲基苯胺、苯胺）、联苯胺类（联苯胺）、酚类（苯酚、甲酚、邻甲酚、间甲酚）、氟化物、氰化物、胺类（1,2-乙二胺、三乙胺、环己胺）、酮类（2-庚酮）、重金属（镍、钒）
硫黄回收单元	制硫系统（原料缓冲罐、制硫炉、余热锅炉、冷却器、转化器、硫封罐、硫储罐）（重点关注）	酸性气（各装置）、制硫催化剂、瓷球、制硫尾气	苯系物（苯、甲苯、乙苯、二甲苯、苯乙烯、异丙基苯、正丙苯、1,3,5-三甲基苯、1,2,4-三甲基苯、三甲苯、乙基苯）、多环芳烃（苯并[*a*]芘、二苯并[*a,h*]蒽、苯并[*a*]蒽、苯并[*b*]荧蒽、萘、苯并[*k*]荧蒽、茚并[1,2,3-*cd*]芘、苊烯、苊、芴、菲、蒽、芘、䓛、苯并[*g,h,i*]苝、荧蒽）、杂环芳烃（二苯并呋喃、苯乙酮）、酚类（苯酚、甲酚、邻甲酚、间甲酚）、重金属（镍、钒）
	尾气处理系统（尾气加热器、加氢反应器、蒸汽发生器、冷却塔、吸收塔、焚烧炉）（重点关注）	制硫尾气、加氢催化剂（硫黄）、瓷球、胺液、焚烧废气	苯系物（苯、甲苯、乙苯、二甲苯、苯乙烯、异丙基苯、正丙苯、1,3,5-三甲基苯、1,2,4-三甲基苯、三甲苯、乙基苯）、多环芳烃（苯并[*a*]芘、二苯并[*a,h*]蒽、苯并[*a*]蒽、苯并[*b*]荧蒽、萘、苯并[*k*]荧蒽、茚并[1,2,3-*cd*]芘、苊烯、苊、芴、菲、蒽、芘、䓛、苯并[*g,h,i*]苝、荧蒽）、杂环芳烃（二苯并呋喃、苯乙酮）、酚类（苯酚、甲酚、邻甲酚、间甲酚）、重金属（镍、钴、钼）
污水处理单元（重点关注）	污水池	含油废水（各装置）、含盐废水（常减压）、污泥	石油类［石油烃（C_6～C_9）、石油烃（C_{10}～C_{40}）］、苯系物（苯、甲苯、乙苯、二甲苯、苯乙烯、异丙基苯、正丙苯、1,3,5-三甲基苯、1,2,4-三甲基苯、三甲苯、乙基苯）、多环芳烃（苯并[*a*]芘、二苯并[*a,h*]蒽、苯并[*a*]蒽、苯并[*b*]荧蒽、萘、苯并[*k*]荧蒽、茚并[1,2,3-*cd*]芘、苊烯、苊、芴、菲、蒽、芘、䓛、苯并[*g,h,i*]苝、荧蒽）、杂环芳烃（二苯并呋喃、苯乙酮）、卤代烃类（氯仿、1,2-二氯丙烷、1,1,2-三氯乙烷、1,2,3-三氯丙烷、1,1,2,2-四氯丙烷）、氯苯类（1,2,3-三氯代苯、1,2,4,5-四氯代苯、五氯苯、氯苯、1,2-二氯苯、1,3-二氯苯、1,4-二氯苯、1,2,4-三氯代苯）、苯胺类（2-甲基苯胺、4-甲基苯胺、2,4-二甲基苯胺、苯胺）、联苯胺类（联苯胺）、酚类（苯酚、甲酚、邻甲酚、间甲酚）、氟化物、氰化物、胺类（1,2-乙二胺、三乙胺、环己胺）、酮类（苯乙酮、2-庚酮）、重金属（镍、钒、砷、汞、镉、钴、钼）
	隔油罐	含油废水（各装置）、含盐废水（常减压）	
	浮选池	含油废水（各装置）、含盐废水（常减压）	
	曝气池	含油废水（各装置）、含盐废水（常减压）	
	沉淀池	含油废水（各装置）、含盐废水（常减压）	
	流砂过滤器	含油废水（各装置）、含盐废水（常减压）	
	加载嵌合装置	活性污泥	
	污泥脱水装置	污泥	
其他单元 储罐单元	储罐（重点关注）	渣油、污油、汽油、石脑油、柴油、沥青、含油废水等	
其他单元 危废储存单元	危废库（重点关注）	废催化剂、废桶、污泥、含油保温棉等	

主要单元		重点关注布点位置	涉及物料	涉及关注污染物
其他单元	雨水单元	初期雨水池/事故水池（重点关注）	初期雨水	
	管线单元	废水管线（重点关注）	含硫废水、含油废水、含盐废水等	

3.4.1 点位布设

本章 3.2 节识别的重点场所或者重点设施设备中需要重点关注的——包括常减压蒸馏单元的蒸馏系统，沥青单元的氧化沥青系统、尾气处理系统，延迟焦化单元的焦化系统、吸收稳定系统和脱硫脱硫醇系统，催化裂化单元的反应-再生系统、回炼油系统、分馏系统、吸收稳定系统、能量回收系统和脱硫脱硫醇系统，催化汽油吸附脱硫单元的进料与脱硫反应系统，加氢精制单元的反应系统、分馏系统，含硫废水汽提单元的脱气罐、含硫污水大罐、脱臭装置、汽提塔、氨精制塔、氨结晶罐、氨吸附罐、氨脱硫罐、氨精馏塔、液氨储罐，硫黄回收单元的制硫系统、尾气处理系统，污水处理单元的污水池、隔油罐、浮选池、曝气池、沉淀池、流砂过滤器、加载嵌合装置和污泥脱水装置，其他单元的储罐、危废库、初期雨水池/事故水池、废水管线等——应优先考虑布点，其他建议的重点关注布点位置及其对应的关注污染物见表 3-5。现场布点应结合实际情况，布设在重点场所或者重点设施设备最有可能污染的位置，同时结合现场颜色气味异常、污染痕迹、硬化地面裂缝、污染物的迁移途径等因素综合考虑布点，如当前或历史上有裸露地面的区域（如绿化带）、历史上为工业企业的生产区域、污染泄漏区、历史监测超标区、颜色气味异常（如黄绿色）区域、周边地块关注污染物可能影响的本地块内区域等也应纳入布点考虑。

3.4.2 检测指标

原油加工及石油制品制造行业原油加工业的检测指标建议包含《土壤环境质量 建设用地土壤污染风险管控标准（试行）》（GB 36600—2018）中表 1 基本 45 项及污染识别阶段识别出的关注污染物，以及地块可能存在的其他污染物。原则上应当本着保守原则，将地块内可能存在的污染物及其在环境中转化或降解产物均纳入检测指标。土壤和地下水的检测指标具体建议如下。

3.4.2.1 土壤

土壤样品检测指标包括但不限于：

（1）《土壤环境质量 建设用地土壤污染风险管控标准（试行）》（GB 36600—2018）表 1 基本 45 项和 pH。

（2）地块关注污染物：重点关注的关注污染物主要为石油烃（C_{10}～C_{40}）、苯、乙苯、二甲苯、苯并[*a*]芘、二苯并[*a,h*]蒽、二苯并呋喃、氯仿、1,2-二氯丙烷、1,1,2-三氯乙烷、1,2,3-三氯丙烷、1,2,3-三氯代苯、1,2,4,5-四氯代苯、五氯苯、2-甲基苯胺、4-甲基苯胺、2,4-二甲基苯胺、联苯胺、酚类（苯酚、甲酚、邻甲酚、间甲酚）、镍、钒、砷、汞、镉、钴、氰化物等；其他关注污染物见 3.2.1.2 节。

（3）经资料分析确定的地块利用历史可能存在的或周边企业排放的可能影响本地块的其他污染物。

（4）现场快速检测结果异常的其他污染物。

3.4.2.2 地下水

地下水样品检测指标包括但不限于：

（1）《地下水质量标准》（GB/T 14848—2017）常规指标中的“感官性状及一般化学指标”和“毒理学指标”。

（2）地块关注污染物：重点关注的关注污染物主要为石油烃（C_{10}～C_{40}）、苯、乙苯、二甲苯、苯并[*a*]芘、二苯并[*a,h*]蒽、二苯并呋喃、氯仿、1,2-二氯丙烷、1,1,2-三氯乙烷、1,2,3-三氯丙烷、1,2,3-三氯代苯、1,2,4,5-四氯代苯、五氯苯、2-甲基苯胺、4-甲基苯胺、2,4-二甲基苯胺、联苯胺、酚类（苯酚、甲酚、邻甲酚、间甲酚）、镍、钒、砷、汞、镉、钴、氰化物等；其他关注污染物见 3.2.1.2 节。

（3）考虑地块所在地区地下水功能用途及周边工业企业的影响，酌情增加选测项目。

（4）经资料收集与分析确定的地块使用历史上可能存在的其他相关污染物。

3.4.3 采样要求

除满足国家调查相关技术规定的各项要求外，考虑到原油加工及石油制品制造行业原油加工业的关注污染物卤代烃和石油烃（C_{10}～C_{40}）的特性，建议如下：

（1）该行业关注污染物以有机物为主。土壤采样时要首先判读是否为挥发性有机物浓度较高的样品，并依据选用分析方法中规定的采样要求进行样品采集。

（2）挥发性有机污染物浓度较高的样品装瓶后应密封在塑料袋中，避免交叉污染，应通过运输空白样来控制运输和保存过程中交叉污染的情况。

（3）现场采样时，根据重点关注的关注污染物的理化性质，关注非水溶性有机物存在的可能性。

（4）对于低密度非水溶性有机物污染［如石油烃（C_{10}～C_{40}）］，采样深度设置在含水层顶部；对于高密度非水溶性有机物污染（如氯代烃），采样深度设置在含水层底部，且地下水井的滤水管长度不宜大于 3 m。

（5）必要时，可增加土壤气的监测，为开展深层次风险评估提供数据基础。

（6）根据地块实际水文地质条件，综合分析苯系物、卤代烃、石油烃等的迁移范围及深度，判断其在地块深层地下水或厂界外污染的可能性，有条件的情况下，对明显迁移到厂界外的区域进行布点采样，确定污染范围；或通过开展地下水污染模拟预测评估，分析其扩散趋势。

参考文献

[1] 付治航．柴油加氢精制装置的设计特点和工艺流程研究[J]．化工设计通讯，2017，43（5）：90，139.

[2] 杨翔，朱海毅．FB-123 型中变催化剂的使用[J]．杭州化工，2005，35（2）：32-34.

[3] 韩跃辉．S Zorb 装置再生器下料中断原因分析及处置[J]．炼油技术与工程，2021，51（2）：44-47.

[4] 周斌．S-Zorb 催化汽油吸附脱硫装置再生器制造[J]．石化技术，2017，24（1）：49-51.

[5] 刘仙君，石慧君，杨斌，等．UOP 公司连续重整装置再生器内件检修问题解析[J]．中国化工装备，2021，23（2）：12-15.

[6] 王越，冯钰钰，胡晨星，等．催化加氢脱氯催化剂的研究进展[J]．石油化工，2022，51（4）：453-458.

[7] 于兆峰．催化裂化装置富气系统管线腐蚀泄漏分析[J]．化工管理，2021（12）：99-100.

[8] 杨开研，闫文廷，王静，等．催化裂化装置开工过程中回炼油泵抽空原因分析及对策[J]．石化技术与应用，2021，39（4）：279-281..

[9] 杨智勇，王菁，蔡香丽，等．催化裂化装置旋风分离器工艺故障的原因分析[J]．中国粉体技术，2020，26（1）：75-80.

[10] 刘玉良，王文寿，邹亢，等．硅酸锌生成对 S Zorb 吸附剂活性的影响[J]．石油炼制与化工，2022，53（2）：63-68.

[11] 杨一平．国产几种脱硫剂、脱氯剂的工业应用[J]．工业催化，1993（3）：37-45.

[12] 张宝龙．缓蚀剂在延迟焦化装置的应用[J]．石油化工腐蚀与防护，2007（5）：36-37，44.

[13] 陈崇刚，李立权，于凤昌，等．加氢装置脱硫化氢汽提塔系统腐蚀调查——腐蚀问题概况[J]．石油化工腐蚀与防护，2016，33（5）：5-8.

[14] 周晓龙．焦化液化气脱硫醇工艺及装置升级方案研究[J]．精细石油化工，2019，36（6）：72-75.

[15] 任锦．炼厂干气胺法脱硫效果影响因素分析[J]．化工设计，2021，31（6）：7-10，49，1.

[16] 李志．炼厂外排污水中多环芳烃的源解析研究[D]．北京：中国石油大学（北京），2017.

[17] 吕慧，王伟．炼油厂废水的污染特性分析[J]．全面腐蚀控制，2014，28（10）：66-69.

[18] 沈瑞华，严方，孙慧．劣质原油常减压加工过程中重金属分布特点分析[J]．油气田环境保护，2014，24（1）：13-15，60.

[19] 王平．洛阳焦化装置化剂成本分析[J]．化工管理，2014（35）：150-151.

[20] 刘初春．气体分馏、MTBE、烷基化装置组合优化，提高碳四资源利用水平[J]．当代石油石化，2016，24（12）：15-20.

[21] 陈潮清．浅析常减压装置腐蚀及隐患治理[J]．广东化工，2021，48（18）：156-158.

[22] 李超．氢氟酸烷基化装置完整性评价技术研究与应用[D]．北京：北京化工大学，2020.

[23] 肖海燕．石化废水中醛、酮类有机化合物分析方法研究[D]．邯郸：河北工程大学，2016.

[24] 王鑫. 石油化工常减压工艺技术措施探讨[J]. 当代化工研究，2020（18）：150-151.
[25] 黄胜. 石油焦的理化性质及其催化气化反应特性研究[D]. 上海：华东理工大学，2013.
[26] 张强. 石油炼制加工及常用工艺流程介绍[J]. 科学技术创新，2018（27）：53-54.
[27] 耿新国，杨卫亚，隋宝宽，等. 碳基载体石油馏分加氢脱硫催化剂研究进展[J]. 现代化工，2022，42（7）：75-78，83.
[28] 尤留芳. 脱氯剂的现状与开发[J]. 化学工业与工程技术，2001（4）：32-34.
[29] 马魁堂，冯续. 脱氯剂的选型及工业应用[J]. 工业催化，2002（5）：20-22，41.
[30] 李艳艳，刘宁，郑锦诚，等. 液化气中硫化物形态分布的研究[J]. 石油炼制与化工，2005（2）：57-62.
[31] 王小琳，曾鸣，魏乐，等. 原油破乳剂有效成分检测技术[J]. 油田化学，2015，32（2）：287-291.

4 炼焦行业隐患排查和初步采样调查技术要点

焦化行业在我国国民经济中占有重要地位。根据《国民经济行业分类》（GB/T 4754—2017），炼焦行业（2521）属于石油、煤炭及其他燃料加工业（大类 25）中的煤炭加工业（中类 252）。根据山东省生态环境厅网站公布的《山东省 2022 年土壤污染重点监管单位名录》，全省 1 924 家土壤污染重点监管单位中有 24 家属于炼焦行业。

炼焦行业按炼焦炉型可划分为常规机焦炉、热回收焦炉、半焦（兰炭）炭化炉三种。综合考虑行业污染程度和现有调查成果丰富程度等，本章选取山东省数量多、前期调查成果相对丰富的常规机焦炉工艺作为炼焦行业的代表，开展隐患排查和初步采样调查技术要点的梳理。炼焦行业主要包括备煤、炼焦、熄焦、煤气净化等工序。主要工艺原理为煤经高温干馏变成焦炭，释放的荒煤气由管道输送至煤气净化单元进行回收加工提取焦油、粗苯等产品。本章选择山东省常规机焦炉工艺作为炼焦行业典型工艺进行介绍，并梳理了该行业的“三个清单”与“两项要点”。

4.1 典型工艺

4.1.1 主要工艺流程

炼焦行业典型工艺流程通常包括备煤单元、炼焦单元、熄焦单元、煤气净化单元等生产单元，酚氰废水处理站，以及储罐系统、雨水收集系统、煤气管道冷凝液收集系统、装卸平台、危废贮存系统等其他单元。

备煤单元担负炼焦用煤的准备工作，备煤工艺分为煤的接收工序、贮煤工序、上煤工序和配煤工序四个部分。包括原料煤的装卸、贮存、倒运及煤的配合、粉碎、输送等任务，为炼焦生产提供合格的装炉原料。

炼焦单元包括装煤、推焦、焦炉加热等工艺环节。达到炼焦要求的配合煤被送到炼焦工段进行炼焦，在隔绝空气的条件下经过干燥、预热、分解、产生胶质体、胶质体固化、半焦收缩等过程，最终转变为焦炭和荒煤气。

拦焦机将红热焦炭从炭化室推出后导入熄焦车间进行熄焦。熄焦方法分为湿熄焦和干熄焦两种：湿熄焦是将红热焦炭运至熄焦塔，采用高压水喷淋的方式降温；干熄焦是将红热焦炭运至熄焦室，采用惰性气体循环的方式回收焦炭的物理热。

煤气净化单元包括冷凝鼓风、脱硫、氨回收、粗苯回收等工艺环节。荒煤气进入煤气净化单元后，首先进入冷鼓系统，在此煤气、煤焦油和氨水进行初步气液分离。随后焦炉煤气经过脱硫系统、脱氨系统和脱苯系统进行净化，煤焦油和氨水进行机械化澄清后分为焦油、氨水、焦油渣三层。

酚氰废水处理站主要包括集水池、隔油池、调节池、厌氧池、好氧池以及污泥回收等处理装置，其废水主要来源有：煤干馏及煤气冷却过程产生的剩余氨水；煤气净化过程产生的污水，如煤气经冷水和粗苯分离水等；焦油、粗苯等精制过程及其他场合产生的污水。其中，剩余氨水是氨氮的主要来源。

炼焦行业主流工艺流程见图 4-1。

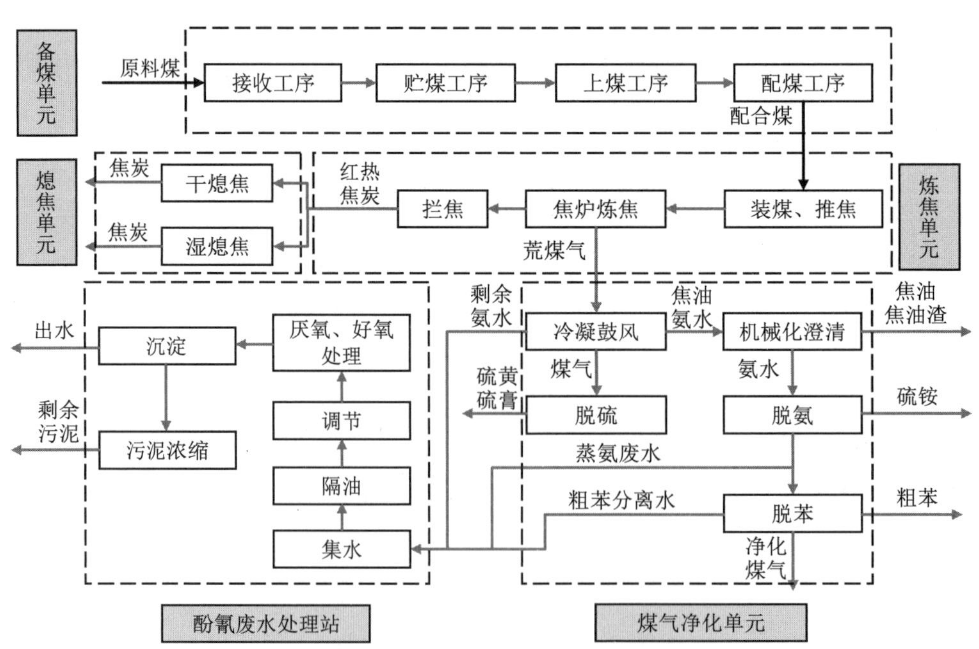

图 4-1 炼焦行业典型工艺流程

4.1.2 主要原辅材料和产品

炼焦行业使用的主要原材料为煤，辅料主要包括脱硫催化剂、硫酸、液碱、洗油以及氨水等。

原料煤经过高温干馏后分解炭化产出焦炭和荒煤气。焦炭送入熄焦单元，制成成品焦炭。炭化室产生的荒煤气进入煤气净化系统，对荒煤气进行净化的同时将其中的焦油、萘、氨、苯及硫化氢等化学物质进行回收，并得到煤焦油、粗苯、硫黄/硫膏、硫铵等化工产品。

主要原辅材料及产品清单见表 4-1。

表 4-1 炼焦行业主要原辅材料及产品清单

序号	物料类别	物料名称	主要组成
1	原辅材料	煤	重金属（砷、镍、镉、汞、铅、钴、锑、钒、锰、铜、锌）、多环芳烃（苯并[*a*]蒽、苯并[*b*]荧蒽、苯并[*a*]芘、茚并[1,2,3-*cd*]芘、二苯并[*a,h*]蒽、萘、荧蒽、苯并[*k*]荧蒽、苊烯、苊、芴、菲、蒽、芘、䓛、苯并[*g,h,i*]苝）、杂环芳烃（苯乙酮、5-硝基-邻-甲苯胺、二苯并呋喃、咔唑、吡啶盐基）
2		脱硫催化剂	重金属（砷、镍、镉、汞、铅、钴、锑、钒、锰、铜、锌）、酚类（苯酚、甲酚、邻甲酚、间甲酚、混二甲酚）
3		硫酸	H_2SO_4
4		液碱	NaOH
5		洗油	多环芳烃（苯并[*a*]蒽、苯并[*b*]荧蒽、苯并[*a*]芘、茚并[1,2,3-*cd*]芘、二苯并[*a,h*]蒽、萘、荧蒽、苯并[*k*]荧蒽、苊烯、苊、芴、菲、蒽、芘、䓛、苯并[*g,h,i*]苝）、杂环芳烃（苯乙酮、5-硝基-邻-甲苯胺、二苯并呋喃、咔唑、吡啶盐基）、石油烃（C_{10}～C_{40}）
6		氨水	—
7	产品	煤焦油	多环芳烃（苯并[*a*]蒽、苯并[*b*]荧蒽、苯并[*a*]芘、茚并[1,2,3-*cd*]芘、二苯并[*a,h*]蒽、萘、荧蒽、苯并[*k*]荧蒽、苊烯、苊、芴、菲、蒽、芘、䓛、苯并[*g,h,i*]苝）、杂环芳烃（苯乙酮、5-硝基-邻-甲苯胺、二苯并呋喃、咔唑、吡啶盐基）、石油烃（C_{10}～C_{40}）、酚类（苯酚、甲酚、邻甲酚、间甲酚、混二甲酚）、苯胺类（苯胺、4-甲基苯胺、2-甲氧基苯胺、3-甲基苯胺、2-甲基苯胺、2,4-二甲基苯胺、4-硝基苯胺、3-硝基苯胺、4-氯苯胺、2-萘胺、2,6-二甲基苯胺、3-氯苯胺、*N*-亚硝基二苯胺）、联苯胺类（联苯胺、3,3'-二氯联苯胺）
8		粗苯	苯系物（苯、甲苯、乙苯、间-二甲苯、对-二甲苯、苯乙烯、邻-二甲苯、异丙基苯、正-丙苯、1,3,5-三甲基苯、叔丁基苯、1,2,4-三甲基苯、对-异丙基甲苯、三甲苯、乙基苯）
9		焦炉煤气	—
10		焦炭	重金属（砷、镍、镉、汞、铅、钴、锑、钒、锰、铜、锌）
11		硫黄/硫膏	重金属（砷、镍、镉、汞、铅、钴、锑、钒、锰、铜、锌）、氰化物
12		硫铵	—

注：不同企业原辅材料会有变化，应结合企业实际情况具体分析。

4.2 污染识别

4.2.1 有毒有害物质及关注污染物

根据国家有关规定，对炼焦行业典型工艺原辅材料、产品及“三废”进行排查，结合历史调查数据及污染物的毒性大小、超标率，梳理出有毒有害物质及关注污染物清单，详见表 4-2。其中重点关注的有毒有害物质及关注污染物使用*进行标注。操作中应结合企业实际情况具体分析。

4.2.1.1 有毒有害物质

根据《重点监管单位土壤污染隐患排查指南（试行）》（生态环境部公告 2021 年第 1 号）排查要求，炼焦行业涉及的有毒有害物质主要有：多环芳烃（苯并[*a*]蒽、苯并[*b*]荧蒽、苯并[*a*]芘、茚并[1,2,3-*cd*]芘、二苯并[*a,h*]蒽、萘、荧蒽、苯并[*k*]荧蒽、苊烯、苊、芴、菲、蒽、芘、䓛、苯并[*g,h,i*]苝等）；杂环芳烃（苯乙酮、二苯并呋喃等）；苯系物（苯、甲苯、乙苯、间-二甲苯、对-二甲苯、苯乙烯、邻-二甲苯、异丙基苯、正-丙苯、1,3,5-三甲基苯、1,2,4-三甲基苯、对-异丙基甲苯、三甲苯、乙基苯等）；氰化物；氟化物；重金属（砷、镍、镉、汞、铅、钴、锑、钒、锰、铜等）；石油烃（C_{10}～C_{40}）；酚类（苯酚、甲酚、邻甲酚、间甲酚、混二甲酚等）；二噁英；苯胺类（苯胺、4-甲基苯胺、3-甲基苯胺、2-甲基苯胺、2,4-二甲基苯胺等）；联苯胺类（联苯胺等）。

结合历史调查数据结果分析，其中重点关注的有毒有害物质为：多环芳烃（苯并[*a*]蒽、苯并[*b*]荧蒽、苯并[*a*]芘、茚并[1,2,3-*cd*]芘、二苯并[*a,h*]蒽等）；石油烃（C_{10}～C_{40}）；苯；氰化物；氟化物；重金属（砷、镍、镉、汞、铅、钴、锑等）；二噁英等。

4.2.1.2 关注污染物

经梳理分析原辅材料、产品、生产工艺等，炼焦行业涉及的关注污染物主要有：多环芳烃（苯并[*a*]蒽、苯并[*b*]荧蒽、苯并[*a*]芘、茚并[1,2,3-*cd*]芘、二苯并[*a,h*]蒽、萘、荧蒽、苯并[*k*]荧蒽、苊烯、苊、芴、菲、蒽、芘、䓛、苯并[*g,h,i*]苝等）；杂环芳烃（苯乙酮、二苯并呋喃等）；苯系物（苯、甲苯、乙苯、间-二甲苯、对-二甲苯、苯乙烯、邻-二甲苯、异丙基苯、正-丙苯、1,3,5-三甲基苯、1,2,4-三甲基苯、对-异丙基甲苯、三甲苯、乙基苯等）；氰化物；氟化物；重金属（砷、镍、镉、汞、铅、钴、锑、钒、锰、铜等）；石油烃（C_{10}～C_{40}）；酚类（苯酚、甲酚、邻甲酚、间甲酚、混二甲酚等）；二噁英；苯胺类（苯胺、4-甲基苯胺、3-甲基苯胺、2-甲基苯胺、2,4-二甲基苯胺等）；联苯胺类（联苯胺等）。

结合历史调查数据结果分析，重点关注的关注污染物为：多环芳烃（苯并[*a*]蒽、苯并[*b*]荧蒽、苯并[*a*]芘、茚并[1,2,3-*cd*]芘、二苯并[*a,h*]蒽等）；石油烃（C_{10}～C_{40}）；苯；氰化物；氟化物；重金属（砷、镍、镉、汞、铅、钴、锑等）；二噁英等。

表 4-2 炼焦行业主要有毒有害物质及关注污染物清单

序号	物料类别	物料名称	有毒有害物质	关注污染物
1	原辅材料	煤	多环芳烃（苯并[*a*]蒽*、苯并[*b*]荧蒽*、苯并[*a*]芘*、茚并[1,2,3-*cd*]芘*、二苯并[*a,h*]蒽*、萘、荧蒽、苯并[*k*]荧蒽、苊烯、苊、芴、菲、蒽、芘、䓛、苯并[*g,h,i*]苝）、杂环芳烃（苯乙酮、二苯并呋喃）、重金属（砷*、镍*、镉*、汞*、铅*、钴*、锑*、钒、锰、铜）	多环芳烃（苯并[*a*]蒽*、苯并[*b*]荧蒽*、苯并[*a*]芘*、茚并[1,2,3-*cd*]芘*、二苯并[*a,h*]蒽*、萘、荧蒽、苯并[*k*]荧蒽、苊烯、苊、芴、菲、蒽、芘、䓛、苯并[*g,h,i*]苝）、杂环芳烃（苯乙酮、二苯并呋喃）、重金属（砷*、镍*、镉*、汞*、铅*、钴*、锑*、钒、锰、铜）
2	原辅材料	脱硫催化剂	重金属（砷*、镍*、镉*、汞*、铅*、钴*、锑*、钒、锰、铜）、酚类（苯酚、甲酚、邻甲酚、间甲酚、混二甲酚）	重金属（砷*、镍*、镉*、汞*、铅*、钴*、锑*、钒、锰、铜）、酚类（苯酚、甲酚、邻甲酚、间甲酚、混二甲酚）
3	原辅材料	硫酸	—	—
4	原辅材料	液碱	—	—
5	原辅材料	洗油	多环芳烃（苯并[*a*]蒽*、苯并[*b*]荧蒽*、苯并[*a*]芘*、茚并[1,2,3-*cd*]芘*、二苯并[*a,h*]蒽*、萘、荧蒽、苯并[*k*]荧蒽、苊烯、苊、芴、菲、蒽、芘、䓛、苯并[*g,h,i*]苝）、杂环芳烃（苯乙酮、二苯并呋喃）、石油烃（C_{10}～C_{40}）*	多环芳烃（苯并[*a*]蒽*、苯并[*b*]荧蒽*、苯并[*a*]芘*、茚并[1,2,3-*cd*]芘*、二苯并[*a,h*]蒽*、萘、荧蒽、苯并[*k*]荧蒽、苊烯、苊、芴、菲、蒽、芘、䓛、苯并[*g,h,i*]苝）、杂环芳烃（苯乙酮、二苯并呋喃）、石油烃（C_{10}～C_{40}）*
6	原辅材料	氨水	—	—
7	产品	煤焦油	多环芳烃（苯并[*a*]蒽*、苯并[*b*]荧蒽*、苯并[*a*]芘*、茚并[1,2,3-*cd*]芘*、二苯并[*a,h*]蒽*、萘、荧蒽、苯并[*k*]荧蒽、苊烯、苊、芴、菲、蒽、芘、䓛、苯并[*g,h,i*]苝）、杂环芳烃（苯乙酮、二苯并呋喃）、石油烃（C_{10}～C_{40}）*、酚类（苯酚、甲酚、邻甲酚、间甲酚、混二甲酚）、苯胺类（苯胺、4-甲基苯胺、3-甲基苯胺、2-甲基苯胺、2,4-二甲基苯胺）、联苯胺类（联苯胺）	多环芳烃（苯并[*a*]蒽*、苯并[*b*]荧蒽*、苯并[*a*]芘*、茚并[1,2,3-*cd*]芘*、二苯并[*a,h*]蒽*、萘、荧蒽、苯并[*k*]荧蒽、苊烯、苊、芴、菲、蒽、芘、䓛、苯并[*g,h,i*]苝）、杂环芳烃（苯乙酮、二苯并呋喃）、石油烃（C_{10}～C_{40}）*、酚类（苯酚、甲酚、邻甲酚、间甲酚、混二甲酚）、苯胺类（苯胺、4-甲基苯胺、3-甲基苯胺、2-甲基苯胺、2,4-二甲基苯胺）、联苯胺类（联苯胺）
8	产品	粗苯	苯系物（苯*、甲苯、乙苯、间-二甲苯、对-二甲苯、苯乙烯、邻-二甲苯、异丙基苯、正-丙苯、1,3,5-三甲基苯、1,2,4-三甲基苯、对-异丙基甲苯、三甲苯、乙基苯）	苯系物（苯*、甲苯、乙苯、间-二甲苯、对-二甲苯、苯乙烯、邻-二甲苯、异丙基苯、正-丙苯、1,3,5-三甲基苯、1,2,4-三甲基苯、对-异丙基甲苯、三甲苯、乙基苯）
9	产品	焦炉煤气	—	—

<table>
<tr><th>序号</th><th>物料类别</th><th>物料名称</th><th>有毒有害物质</th><th>关注污染物</th></tr>
<tr><td>10</td><td rowspan="3">产品</td><td>焦炭</td><td>重金属（砷*、镍*、镉*、汞*、铅*、钴*、锑*、钒、锰、铜）</td><td>重金属（砷*、镍*、镉*、汞*、铅*、钴*、锑*、钒、锰、铜）</td></tr>
<tr><td>11</td><td>硫黄/硫膏</td><td>氰化物*、重金属（砷*、镍*、镉*、汞*、铅*、钴*、锑*、钒、锰、铜）</td><td>氰化物*、重金属（砷*、镍*、镉*、汞*、铅*、钴*、锑*、钒、锰、铜）</td></tr>
<tr><td>12</td><td>硫铵</td><td>—</td><td>—</td></tr>
<tr><td>13</td><td rowspan="8">废水</td><td>洗精煤粉尘、喷淋水</td><td>多环芳烃（苯并[a]蒽*、苯并[b]荧蒽*、苯并[a]芘*、茚并[1,2,3-cd]芘*、二苯并[a,h]蒽*、萘、荧蒽、苯并[k]荧蒽、苊烯、苊、芴、菲、蒽、芘、䓛、苯并[g,h,i]苝）、杂环芳烃（苯乙酮、二苯并呋喃）、重金属（砷*、镍*、镉*、汞*、铅*、钴*、锑*、钒、锰、铜）</td><td>多环芳烃（苯并[a]蒽*、苯并[b]荧蒽*、苯并[a]芘*、茚并[1,2,3-cd]芘*、二苯并[a,h]蒽*、萘、荧蒽、苯并[k]荧蒽、苊烯、苊、芴、菲、蒽、芘、䓛、苯并[g,h,i]苝）、杂环芳烃（苯乙酮、二苯并呋喃）、重金属（砷*、镍*、镉*、汞*、铅*、钴*、锑*、钒、锰、铜）</td></tr>
<tr><td>14</td><td>湿熄焦废水</td><td>多环芳烃（苯并[a]蒽*、苯并[b]荧蒽*、苯并[a]芘*、茚并[1,2,3-cd]芘*、二苯并[a,h]蒽*、萘、荧蒽、苯并[k]荧蒽、苊烯、苊、芴、菲、蒽、芘、䓛、苯并[g,h,i]苝）、杂环芳烃（苯乙酮、二苯并呋喃）、氟化物*、氰化物*、酚类（苯酚、甲酚、邻甲酚、间甲酚、混二甲酚）</td><td>多环芳烃（苯并[a]蒽*、苯并[b]荧蒽*、苯并[a]芘*、茚并[1,2,3-cd]芘*、二苯并[a,h]蒽*、萘、荧蒽、苯并[k]荧蒽、苊烯、苊、芴、菲、蒽、芘、䓛、苯并[g,h,i]苝）、杂环芳烃（苯乙酮、二苯并呋喃）、氟化物*、氰化物*、酚类（苯酚、甲酚、邻甲酚、间甲酚、混二甲酚）</td></tr>
<tr><td>15</td><td>剩余氨水</td><td rowspan="5">多环芳烃（苯并[a]蒽*、苯并[b]荧蒽*、苯并[a]芘*、茚并[1,2,3-cd]芘*、二苯并[a,h]蒽*、萘、荧蒽、苯并[k]荧蒽、苊烯、苊、芴、菲、蒽、芘、䓛、苯并[g,h,i]苝）、杂环芳烃（苯乙酮、二苯并呋喃）、苯系物（苯*、甲苯、乙苯、间-二甲苯、对-二甲苯、苯乙烯、邻-二甲苯、异丙基苯、正-丙苯、1,3,5-三甲基苯、1,2,4-三甲基苯、对-异丙基甲苯、三甲苯、乙基苯）、石油烃（C_{10}～C_{40}）*、氰化物*、酚类（苯酚、甲酚、邻甲酚、间甲酚、混二甲酚）</td><td rowspan="5">多环芳烃（苯并[a]蒽*、苯并[b]荧蒽*、苯并[a]芘*、茚并[1,2,3-cd]芘*、二苯并[a,h]蒽*、萘、荧蒽、苯并[k]荧蒽、苊烯、苊、芴、菲、蒽、芘、䓛、苯并[g,h,i]苝）、杂环芳烃（苯乙酮、二苯并呋喃）、苯系物（苯*、甲苯、乙苯、间-二甲苯、对-二甲苯、苯乙烯、邻-二甲苯、异丙基苯、正-丙苯、1,3,5-三甲基苯、1,2,4-三甲基苯、对-异丙基甲苯、三甲苯、乙基苯）、石油烃（C_{10}～C_{40}）*、氰化物*、酚类（苯酚、甲酚、邻甲酚、间甲酚、混二甲酚）</td></tr>
<tr><td>16</td><td>煤气冷凝液</td></tr>
<tr><td>17</td><td>粗苯分离水</td></tr>
<tr><td>18</td><td>终冷排污水</td></tr>
<tr><td>19</td><td>蒸氨废水</td></tr>
<tr><td>20</td><td>初期雨水</td><td>多环芳烃（苯并[a]蒽*、苯并[b]荧蒽*、苯并[a]芘*、茚并[1,2,3-cd]芘*、二苯并[a,h]蒽*、萘、荧蒽、苯并[k]荧蒽、苊烯、苊、芴、菲、蒽、芘、䓛、苯并[g,h,i]苝）、杂环芳烃（苯乙酮、二苯并呋喃）、苯系物（苯*、甲苯、乙苯、间-二甲苯、对-二甲苯、苯乙烯、邻-二甲苯、异丙基苯、正-丙苯、1,3,5-三甲基苯、1,2,4-三甲基苯、对-异丙基甲苯、三甲苯、乙基苯）、石油烃（C_{10}～C_{40}）*、氟化物*、氰化物*、多酚类（苯酚、甲酚、邻甲酚、间甲酚、混二甲酚）</td><td>多环芳烃（苯并[a]蒽*、苯并[b]荧蒽*、苯并[a]芘*、茚并[1,2,3-cd]芘*、二苯并[a,h]蒽*、萘、荧蒽、苯并[k]荧蒽、苊烯、苊、芴、菲、蒽、芘、䓛、苯并[g,h,i]苝）、杂环芳烃（苯乙酮、二苯并呋喃）、苯系物（苯*、甲苯、乙苯、间-二甲苯、对-二甲苯、苯乙烯、邻-二甲苯、异丙基苯、正-丙苯、1,3,5-三甲基苯、1,2,4-三甲基苯、对-异丙基甲苯、三甲苯、乙基苯）、石油烃（C_{10}～C_{40}）*、氟化物*、氰化物*、多酚类（苯酚、甲酚、邻甲酚、间甲酚、混二甲酚）</td></tr>
</table>

序号	物料类别	物料名称	有毒有害物质	关注污染物
21	废水	脱硫废液	氰化物*、重金属（砷*、镍*、镉*、汞*、铅*、钴*、锑*、钒、锰、铜）、酚类（苯酚、甲酚、邻甲酚、间甲酚、混二甲酚）	氰化物*、重金属（砷*、镍*、镉*、汞*、铅*、钴*、锑*、钒、锰、铜）、酚类（苯酚、甲酚、邻甲酚、间甲酚、混二甲酚）
22		酚氰废水	多环芳烃（苯并[*a*]蒽*、苯并[*b*]荧蒽*、苯并[*a*]芘*、茚并[1,2,3-*cd*]芘*、二苯并[*a,h*]蒽*、萘、荧蒽、苯并[*k*]荧蒽、苊烯、苊、芴、菲、蒽、芘、䓛、苯并[*g,h,i*]苝）、杂环芳烃（苯乙酮、二苯并呋喃）、苯系物（苯、甲苯、乙苯、间-二甲苯、对-二甲苯、苯乙烯、邻-二甲苯、异丙基苯、正-丙苯、1,3,5-三甲基苯、1,2,4-三甲基苯、对-异丙基甲苯、三甲苯、乙基苯）、石油烃（C_{10}～C_{40}）*、氟化物*、氰化物*、酚类（苯酚、甲酚、邻甲酚、间甲酚、混二甲酚）	多环芳烃（苯并[*a*]蒽*、苯并[*b*]荧蒽*、苯并[*a*]芘*、茚并[1,2,3-*cd*]芘*、二苯并[*a,h*]蒽*、萘、荧蒽、苯并[*k*]荧蒽、苊烯、苊、芴、菲、蒽、芘、䓛、苯并[*g,h,i*]苝）、杂环芳烃（苯乙酮、二苯并呋喃）、苯系物（苯、甲苯、乙苯、间-二甲苯、对-二甲苯、苯乙烯、邻-二甲苯、异丙基苯、正-丙苯、1,3,5-三甲基苯、1,2,4-三甲基苯、对-异丙基甲苯、三甲苯、乙基苯）、石油烃（C_{10}～C_{40}）*、氟化物*、氰化物*、酚类（苯酚、甲酚、邻甲酚、间甲酚、混二甲酚）
23	废气	备煤、装煤废气	多环芳烃（苯并[*a*]蒽*、苯并[*b*]荧蒽*、苯并[*a*]芘*、茚并[1,2,3-*cd*]芘*、二苯并[*a,h*]蒽*、萘、荧蒽、苯并[*k*]荧蒽、苊烯、苊、芴、菲、蒽、芘、䓛、苯并[*g,h,i*]苝）、杂环芳烃（苯乙酮、二苯并呋喃）、二噁英*、酚类（苯酚、甲酚、邻甲酚、间甲酚、混二甲酚）、重金属（砷*、镍*、镉*、汞*、铅*、钴*、锑*、钒、锰、铜）	多环芳烃（苯并[*a*]蒽*、苯并[*b*]荧蒽*、苯并[*a*]芘*、茚并[1,2,3-*cd*]芘*、二苯并[*a,h*]蒽*、萘、荧蒽、苯并[*k*]荧蒽、苊烯、苊、芴、菲、蒽、芘、䓛、苯并[*g,h,i*]苝）、杂环芳烃（苯乙酮、二苯并呋喃）、二噁英*、酚类（苯酚、甲酚、邻甲酚、间甲酚、混二甲酚）、重金属（砷*、镍*、镉*、汞*、铅*、钴*、锑*、钒、锰、铜）
24		焦炉烟囱废气		
25		推焦、干熄焦、破碎、筛分废气	多环芳烃（苯并[*a*]蒽*、苯并[*b*]荧蒽*、苯并[*a*]芘*、茚并[1,2,3-*cd*]芘*、二苯并[*a,h*]蒽*、萘、荧蒽、苯并[*k*]荧蒽、苊烯、苊、芴、菲、蒽、芘、䓛、苯并[*g,h,i*]苝）、杂环芳烃（苯乙酮、二苯并呋喃）、苯系物（苯*、甲苯、乙苯、间-二甲苯、对-二甲苯、苯乙烯、邻-二甲苯、异丙基苯、正-丙苯、1,3,5-三甲基苯、1,2,4-三甲基苯、对-异丙基甲苯、三甲苯、乙基苯）、氟化物*、氰化物*、重金属（砷*、镍*、镉*、汞*、铅*、钴*、锑*、钒、锰、铜）、酚类（苯酚、甲酚、邻甲酚、间甲酚、混二甲酚）、二噁英*	多环芳烃（苯并[*a*]蒽*、苯并[*b*]荧蒽*、苯并[*a*]芘*、茚并[1,2,3-*cd*]芘*、二苯并[*a,h*]蒽*、萘、荧蒽、苯并[*k*]荧蒽、苊烯、苊、芴、菲、蒽、芘、䓛、苯并[*g,h,i*]苝）、杂环芳烃（苯乙酮、二苯并呋喃）、苯系物（苯*、甲苯、乙苯、间-二甲苯、对-二甲苯、苯乙烯、邻-二甲苯、异丙基苯、正-丙苯、1,3,5-三甲基苯、1,2,4-三甲基苯、对-异丙基甲苯、三甲苯、乙基苯）、氟化物*、氰化物*、重金属（砷*、镍*、镉*、汞*、铅*、钴*、锑*、钒、锰、铜）、酚类（苯酚、甲酚、邻甲酚、间甲酚、混二甲酚）、二噁英*
26		管式炉等燃用焦炉煤气的设施废气	多环芳烃（苯并[*a*]蒽*、苯并[*b*]荧蒽*、苯并[*a*]芘*、茚并[1,2,3-*cd*]芘*、二苯并[*a,h*]蒽*、萘、荧蒽、苯并[*k*]荧蒽、苊烯、苊、芴、菲、蒽、芘、䓛、苯并[*g,h,i*]苝）、杂环芳烃（苯乙酮、二苯并呋喃）、重金属（砷*、镍*、镉*、汞*、铅*、钴*、锑*、钒、锰、铜）	多环芳烃（苯并[*a*]蒽*、苯并[*b*]荧蒽*、苯并[*a*]芘*、茚并[1,2,3-*cd*]芘*、二苯并[*a,h*]蒽*、萘、荧蒽、苯并[*k*]荧蒽、苊烯、苊、芴、菲、蒽、芘、䓛、苯并[*g,h,i*]苝）、杂环芳烃（苯乙酮、二苯并呋喃）、重金属（砷*、镍*、镉*、汞*、铅*、钴*、锑*、钒、锰、铜）

序号	物料类别	物料名称	有毒有害物质	关注污染物
27	废气	冷凝鼓风、焦油各类贮槽等废气	多环芳烃（苯并[*a*]蒽*、苯并[*b*]荧蒽*、苯并[*a*]芘*、茚并[1,2,3-*cd*]芘*、二苯并[*a,h*]蒽*、萘、荧蒽、苯并[*k*]荧蒽、苊烯、苊、芴、菲、蒽、芘、䓛、苯并[*g,h,i*]苝）、杂环芳烃（苯乙酮、二苯并呋喃）、苯系物（苯*、甲苯、乙苯、间-二甲苯、对-二甲苯、苯乙烯、邻-二甲苯、异丙基苯、正-丙苯、1,3,5-三甲基苯、1,2,4-三甲基苯、对-异丙基甲苯、三甲苯、乙基苯）、氰化物*、石油烃（C_{10}～C_{40}）*、酚类（苯酚、甲酚、邻甲酚、间甲酚、混二甲酚）	多环芳烃（苯并[*a*]蒽*、苯并[*b*]荧蒽*、苯并[*a*]芘*、茚并[1,2,3-*cd*]芘*、二苯并[*a,h*]蒽*、萘、荧蒽、苯并[*k*]荧蒽、苊烯、苊、芴、菲、蒽、芘、䓛、苯并[*g,h,i*]苝）、杂环芳烃（苯乙酮、二苯并呋喃）、苯系物（苯*、甲苯、乙苯、间-二甲苯、对-二甲苯、苯乙烯、邻-二甲苯、异丙基苯、正-丙苯、1,3,5-三甲基苯、1,2,4-三甲基苯、对-异丙基甲苯、三甲苯、乙基苯）、氰化物*、石油烃（C_{10}～C_{40}）*、酚类（苯酚、甲酚、邻甲酚、间甲酚、混二甲酚）
28	固废	除尘灰	多环芳烃（苯并[*a*]蒽*、苯并[*b*]荧蒽*、苯并[*a*]芘*、茚并[1,2,3-*cd*]芘*、二苯并[*a,h*]蒽*、萘、荧蒽、苯并[*k*]荧蒽、苊烯、苊、芴、菲、蒽、芘、䓛、苯并[*g,h,i*]苝）、杂环芳烃（苯乙酮、二苯并呋喃）、苯系物（苯*、甲苯、乙苯、间-二甲苯、对-二甲苯、苯乙烯、邻-二甲苯、异丙基苯、正-丙苯、1,3,5-三甲基苯、1,2,4-三甲基苯、对-异丙基甲苯、三甲苯、乙基苯）、氟化物*、氰化物*、重金属（砷*、镍*、镉*、汞*、铅*、钴*、锑*、钒、锰、铜）、酚类（苯酚、甲酚、邻甲酚、间甲酚、混二甲酚）、二噁英*	多环芳烃（苯并[*a*]蒽*、苯并[*b*]荧蒽*、苯并[*a*]芘*、茚并[1,2,3-*cd*]芘*、二苯并[*a,h*]蒽*、萘、荧蒽、苯并[*k*]荧蒽、苊烯、苊、芴、菲、蒽、芘、䓛、苯并[*g,h,i*]苝）、杂环芳烃（苯乙酮、二苯并呋喃）、苯系物（苯*、甲苯、乙苯、间-二甲苯、对-二甲苯、苯乙烯、邻-二甲苯、异丙基苯、正-丙苯、1,3,5-三甲基苯、1,2,4-三甲基苯、对-异丙基甲苯、三甲苯、乙基苯）、氟化物*、氰化物*、重金属（砷*、镍*、镉*、汞*、铅*、钴*、锑*、钒、锰、铜）、酚类（苯酚、甲酚、邻甲酚、间甲酚、混二甲酚）、二噁英*
29	固废	焦粉	多环芳烃（苯并[*a*]蒽*、苯并[*b*]荧蒽*、苯并[*a*]芘*、茚并[1,2,3-*cd*]芘*、二苯并[*a,h*]蒽*、萘、荧蒽、苯并[*k*]荧蒽、苊烯、苊、芴、菲、蒽、芘、䓛、苯并[*g,h,i*]苝）、杂环芳烃（苯乙酮、二苯并呋喃）、重金属（砷*、镍*、镉*、汞*、铅*、钴*、锑*、钒、锰、铜）	多环芳烃（苯并[*a*]蒽*、苯并[*b*]荧蒽*、苯并[*a*]芘*、茚并[1,2,3-*cd*]芘*、二苯并[*a,h*]蒽*、萘、荧蒽、苯并[*k*]荧蒽、苊烯、苊、芴、菲、蒽、芘、䓛、苯并[*g,h,i*]苝）、杂环芳烃（苯乙酮、二苯并呋喃）、重金属（砷*、镍*、镉*、汞*、铅*、钴*、锑*、钒、锰、铜）
30	固废	焦油渣	多环芳烃（苯并[*a*]蒽*、苯并[*b*]荧蒽*、苯并[*a*]芘*、茚并[1,2,3-*cd*]芘*、二苯并[*a,h*]蒽*、萘、荧蒽、苯并[*k*]荧蒽、苊烯、苊、芴、菲、蒽、芘、䓛、苯并[*g,h,i*]苝）、杂环芳烃（苯乙酮、二苯并呋喃）、石油烃（C_{10}～C_{40}）*、酚类（苯酚、甲酚、邻甲酚、间甲酚、混二甲酚）、苯胺类（苯胺、4-甲基苯胺、3-甲基苯胺、2-甲基苯胺、2,4-二甲基苯胺）、联苯胺类（联苯胺）	多环芳烃（苯并[*a*]蒽*、苯并[*b*]荧蒽*、苯并[*a*]芘*、茚并[1,2,3-*cd*]芘*、二苯并[*a,h*]蒽*、萘、荧蒽、苯并[*k*]荧蒽、苊烯、苊、芴、菲、蒽、芘、䓛、苯并[*g,h,i*]苝）、杂环芳烃（苯乙酮、二苯并呋喃）、石油烃（C_{10}～C_{40}）*、酚类（苯酚、甲酚、邻甲酚、间甲酚、混二甲酚）、苯胺类（苯胺、4-甲基苯胺、3-甲基苯胺、2-甲基苯胺、2,4-二甲基苯胺）、联苯胺类（联苯胺）

序号	物料类别	物料名称	有毒有害物质	关注污染物
31	固废	炼焦粉尘	多环芳烃（苯并[a]蒽*、苯并[b]荧蒽*、苯并[a]芘*、茚并[1,2,3-cd]芘*、二苯并[a,h]蒽*、萘、荧蒽、苯并[k]荧蒽、苊烯、苊、芴、菲、蒽、芘、䓛、苯并[g,h,i]苝）、杂环芳烃（苯乙酮、二苯并呋喃）、苯系物（苯*、甲苯、乙苯、间-二甲苯、对-二甲苯、苯乙烯、邻-二甲苯、异丙基苯、正-丙苯、1,3,5-三甲基苯、1,2,4-三甲基苯、对-异丙基甲苯、三甲苯、乙基苯）、氟化物*、氰化物*、重金属（砷*、镍*、镉*、汞*、铅*、钴*、锑*、钒、锰、铜）、酚类（苯酚、甲酚、邻甲酚、间甲酚、混二甲酚）、二噁英*	多环芳烃（苯并[a]蒽*、苯并[b]荧蒽*、苯并[a]芘*、茚并[1,2,3-cd]芘*、二苯并[a,h]蒽*、萘、荧蒽、苯并[k]荧蒽、苊烯、苊、芴、菲、蒽、芘、䓛、苯并[g,h,i]苝）、杂环芳烃（苯乙酮、二苯并呋喃）、苯系物（苯*、甲苯、乙苯、间-二甲苯、对-二甲苯、苯乙烯、邻-二甲苯、异丙基苯、正-丙苯、1,3,5-三甲基苯、1,2,4-三甲基苯、对-异丙基甲苯、三甲苯、乙基苯）、氟化物*、氰化物*、重金属（砷*、镍*、镉*、汞*、铅*、钴*、锑*、钒、锰、铜）、酚类（苯酚、甲酚、邻甲酚、间甲酚、混二甲酚）、二噁英*
32		生化污泥	多环芳烃（苯并[a]蒽*、苯并[b]荧蒽*、苯并[a]芘*、茚并[1,2,3-cd]芘*、二苯并[a,h]蒽*、萘、荧蒽、苯并[k]荧蒽、苊烯、苊、芴、菲、蒽、芘、䓛、苯并[g,h,i]苝）、杂环芳烃（苯乙酮、二苯并呋喃）、苯系物（苯*、甲苯、乙苯、间-二甲苯、对-二甲苯、苯乙烯、邻-二甲苯、异丙基苯、正-丙苯、1,3,5-三甲基苯、1,2,4-三甲基苯、对-异丙基甲苯、三甲苯、乙基苯）、氰化物*、石油烃（C_{10}～C_{40}）*、酚类（苯酚、甲酚、邻甲酚、间甲酚、混二甲酚）	多环芳烃（苯并[a]蒽*、苯并[b]荧蒽*、苯并[a]芘*、茚并[1,2,3-cd]芘*、二苯并[a,h]蒽*、萘、荧蒽、苯并[k]荧蒽、苊烯、苊、芴、菲、蒽、芘、䓛、苯并[g,h,i]苝）、杂环芳烃（苯乙酮、二苯并呋喃）、苯系物（苯*、甲苯、乙苯、间-二甲苯、对-二甲苯、苯乙烯、邻-二甲苯、异丙基苯、正-丙苯、1,3,5-三甲基苯、1,2,4-三甲基苯、对-异丙基甲苯、三甲苯、乙基苯）、氰化物*、石油烃（C_{10}～C_{40}）*、酚类（苯酚、甲酚、邻甲酚、间甲酚、混二甲酚）

注：*为重点关注的有毒有害物质及关注污染物。

4.2.2 重点场所或重点设施设备

根据国家隐患排查及调查相关技术规定，结合历史调查数据，对炼焦行业重点场所或者重点设施设备进行排查，梳理出重点场所或者重点设施设备清单，详见表 4-3。

重点场所或者重点设施设备包括煤场排水池/沉淀池、配煤车间、废渣配煤区、焦炉炼焦系统、熄焦泵、熄焦水池、粉焦沉淀池、干熄炉系统、干熄焦地面站除尘系统、焦粉仓、水封槽、冷凝液循环槽、电捕水封槽、废液收集槽、焦油氨水分离装置、接地储罐区、焦油渣收集槽、脱硫装置区、硫黄/硫膏堆置区域、脱硫废液地下池、硫铵装置区、废液收集槽/池、酸焦油槽、蒸氨装置区、粗苯装置区、洗油再生渣贮存库、地下放空槽、集水池/井、隔油池、调节池、厌氧池、好氧池、污泥脱水间、剩余污泥堆存区、物料储罐、地下卸车槽及事故槽、雨水排水沟/管、检查井、初期雨水池、冷凝液收集罐、废水管线、检查井、装卸平台、危废库。

其中，需要重点关注的有：煤场排水池/沉淀池、废渣配煤区、焦炉炼焦系统、熄焦水池、粉焦沉淀池、水封槽、冷凝液循环槽、电捕水封槽、废液收集槽、接地储罐区、焦油渣收集槽、脱硫装置区、硫黄/硫膏堆置区域、脱硫废液地下池、硫铵装置区、废液收集槽/池、酸焦油槽、蒸氨装置区、粗苯装置区、洗油再生渣贮存库、地下放空槽、废水管线、危废库等。在重点场所和重点设施设备中，可能存在地下或半地下槽体、储罐等，具有隐蔽性，若发生泄漏，易造成土壤污染。在隐患排查以及初步采样调查时应特别注意。

表 4-3 炼焦行业主要重点场所或者重点设施设备清单

主要单元	重点场所或者重点设施设备名称	涉及有毒有害物质的物料	有毒有害物质	重点场所或者重点设施设备类型[a]	重点场所或者重点设施设备关注级别
备煤单元	煤场排水池/沉淀池	喷淋水、初期雨水、车辆冲洗水等	多环芳烃（苯并[*a*]蒽、苯并[*b*]荧蒽、苯并[*a*]芘、茚并[1,2,3-*cd*]芘、二苯并[*a,h*]蒽、萘、荧蒽、苯并[*k*]荧蒽、苊烯、苊、芴、菲、蒽、芘、䓛、苯并[*g,h,i*]苝）、杂环芳烃（苯乙酮、二苯并呋喃）、氟化物、重金属（砷、镍、镉、汞、铅、钴、锑、钒、锰、铜）	液体储存	重点关注
	配煤车间	洗精煤粉尘、喷淋水	多环芳烃（苯并[*a*]蒽、苯并[*b*]荧蒽、苯并[*a*]芘、茚并[1,2,3-*cd*]芘、二苯并[*a,h*]蒽、萘、荧蒽、苯并[*k*]荧蒽、苊烯、苊、芴、菲、蒽、芘、䓛、苯并[*g,h,i*]苝）、杂环芳烃（苯乙酮、二苯并呋喃）、重金属（砷、镍、镉、汞、铅、钴、锑、钒、锰、铜）、二噁英	生产区	一般关注
	废渣配煤区	危险废物（脱硫废液、再生渣、焦油渣、酸焦油、剩余污泥、蒸氨残渣）	多环芳烃（苯并[*a*]蒽、苯并[*b*]荧蒽、苯并[*a*]芘、茚并[1,2,3-*cd*]芘、二苯并[*a,h*]蒽、萘、荧蒽、苯并[*k*]荧蒽、苊烯、苊、芴、菲、蒽、芘、䓛、苯并[*g,h,i*]苝）、杂环芳烃（苯乙酮、二苯并呋喃）、苯系物（苯、甲苯、乙苯、间-二甲苯、对-二甲苯、苯乙烯、邻-二甲苯、异丙基苯、正-丙苯、1,3,5-三甲基苯、1,2,4-三甲基苯、对-异丙基甲苯、三甲苯、乙基苯）、氟化物、氰化物、重金属（砷、镍、镉、汞、铅、钴、锑、钒、锰、铜）、石油烃（C_{10}～C_{40}）、酚类（苯酚、甲酚、邻甲酚、间甲酚、混二甲酚）		重点关注

<table>
<tr><th>主要单元</th><th>重点场所或者重点设施设备名称</th><th>涉及有毒有害物质的物料</th><th>有毒有害物质</th><th>重点场所或者重点设施设备类型[a]</th><th>重点场所或者重点设施设备关注级别</th></tr>
<tr><td>炼焦单元</td><td>焦炉炼焦系统（焦炉、装煤车、推焦机、拦焦机、熄焦车等）</td><td>荒煤气、炼焦粉尘</td><td rowspan="2">多环芳烃（苯并[a]蒽、苯并[b]荧蒽、苯并[a]芘、茚并[1,2,3-cd]芘、二苯并[a,h]蒽、萘、荧蒽、苯并[k]荧蒽、苊烯、苊、芴、菲、蒽、芘、䓛、苯并[g,h,i]苝）、杂环芳烃（苯乙酮、二苯并呋喃）、苯系物（苯、甲苯、乙苯、间-二甲苯、对-二甲苯、苯乙烯、邻-二甲苯、异丙基苯、正-丙苯、1,3,5-三甲基苯、1,2,4-三甲基苯、对-异丙基甲苯、三甲苯、乙基苯）、氟化物、氰化物、重金属（砷、镍、镉、汞、铅、钴、锑、钒、锰、铜）、石油烃（C_{10}～C_{40}）、酚类（苯酚、甲酚、邻甲酚、间甲酚、混二甲酚）、二噁英</td><td>生产区</td><td>重点关注</td></tr>
<tr><td rowspan="5">熄焦单元</td><td>熄焦泵</td><td>熄焦水</td><td>散装液体转运与厂内运输</td><td>一般关注</td></tr>
<tr><td>熄焦水池、粉焦沉淀池</td><td>熄焦水</td><td>多环芳烃（苯并[a]蒽、苯并[b]荧蒽、苯并[a]芘、茚并[1,2,3-cd]芘、二苯并[a,h]蒽、萘、荧蒽、苯并[k]荧蒽、苊烯、苊、芴、菲、蒽、芘、䓛、苯并[g,h,i]苝）、杂环芳烃（苯乙酮、二苯并呋喃）、苯系物（苯、甲苯、乙苯、间-二甲苯、对-二甲苯、苯乙烯、邻-二甲苯、异丙基苯、正-丙苯、1,3,5-三甲基苯、1,2,4-三甲基苯、对-异丙基甲苯、三甲苯、乙基苯）、氟化物、氰化物、重金属（砷、镍、镉、汞、铅、钴、锑、钒、锰、铜）、石油烃（C_{10}～C_{40}）、酚类（苯酚、甲酚、邻甲酚、间甲酚、混二甲酚）</td><td>液体储存</td><td>重点关注</td></tr>
<tr><td>干熄炉系统</td><td>焦粉、干熄焦炉烟气</td><td rowspan="2">多环芳烃（苯并[a]蒽、苯并[b]荧蒽、苯并[a]芘、茚并[1,2,3-cd]芘、二苯并[a,h]蒽、萘、荧蒽、苯并[k]荧蒽、苊烯、苊、芴、菲、蒽、芘、䓛、苯并[g,h,i]苝）、杂环芳烃（苯乙酮、二苯并呋喃）、苯系物（苯、甲苯、乙苯、间-二甲苯、对-二甲苯、苯乙烯、邻-二甲苯、异丙基苯、正-丙苯、1,3,5-三甲基苯、1,2,4-三甲基苯、对-异丙基甲苯、三甲苯、乙基苯）、氟化物、氰化物、石油烃（C_{10}～C_{40}）、重金属（砷、镍、镉、汞、铅、钴、锑、钒、锰、铜）、酚类（苯酚、甲酚、邻甲酚、间甲酚、混二甲酚）、二噁英</td><td rowspan="2">生产区</td><td rowspan="3">一般关注</td></tr>
<tr><td>干熄焦地面站除尘系统</td><td>除尘灰</td></tr>
<tr><td>焦粉仓（包含熄焦水导流沟、粉焦沥水池等）</td><td>焦粉、熄焦水</td><td>多环芳烃（苯并[a]蒽、苯并[b]荧蒽、苯并[a]芘、茚并[1,2,3-cd]芘、二苯并[a,h]蒽、萘、荧蒽、苯并[k]荧蒽、苊烯、苊、芴、菲、蒽、芘、䓛、苯并[g,h,i]苝）、杂环芳烃（苯乙酮、二苯并呋喃）、苯系物（苯、甲苯、乙苯、间-二甲苯、对-二甲苯、苯乙烯、邻-二甲苯、异丙基苯、正-丙苯、1,3,5-三甲基苯、1,2,4-三甲基苯、对-异丙基甲苯、三甲苯、乙基苯）、氟化物、氰化物、重金属（砷、镍、镉、汞、铅、钴、锑、钒、锰、铜）、石油烃（C_{10}～C_{40}）、酚类（苯酚、甲酚、邻甲酚、间甲酚、混二甲酚）</td><td>液体储存</td></tr>
</table>

主要单元		重点场所或者重点设施设备名称	涉及有毒有害物质的物料	有毒有害物质	重点场所或者重点设施设备类型[a]	重点场所或者重点设施设备关注级别
煤气净化单元	冷鼓系统	水封槽、冷凝液循环槽（离地储罐）	煤气冷凝液、氨水等	多环芳烃（苯并[*a*]蒽、苯并[*b*]荧蒽、苯并[*a*]芘、茚并[1,2,3-*cd*]芘、二苯并[*a,h*]蒽、䓛、荧蒽、苯并[*k*]荧蒽、苊烯、苊、芴、菲、蒽、芘、萘、苯并[*g,h,i*]苝）、杂环芳烃（苯乙酮、二苯并呋喃）、苯系物（苯、甲苯、乙苯、间-二甲苯、对-二甲苯、苯乙烯、邻-二甲苯、异丙基苯、正-丙苯、1,3,5-三甲基苯、1,2,4-三甲基苯、对-异丙基甲苯、三甲苯、乙基苯）、氟化物、氰化物、重金属（砷、镍、镉、汞、铅、钴、锑、钒、锰、铜）、石油烃（C_{10}～C_{40}）、酚类（苯酚、甲酚、邻甲酚、间甲酚、混二甲酚）、苯胺类（苯胺、4-甲基苯胺、3-甲基苯胺、2-甲基苯胺、2,4-二甲基苯胺）、联苯胺类（联苯胺）	液体储存	重点关注
		电捕水封槽、废液收集槽	焦油、煤气冷凝液等			
		焦油氨水分离装置	焦油、氨水、焦油渣			一般关注
		接地储罐区（循环氨水槽、剩余氨水槽、焦油槽等）	氨水、焦油			重点关注
		焦油渣收集槽	焦油、氨水、煤粉、焦粉等			
	脱硫系统	脱硫装置区（包括硫泡沫槽、脱硫塔、再生塔、反应槽、事故槽等）	硫泡沫、脱硫液等	多环芳烃（苯并[*a*]蒽、苯并[*b*]荧蒽、苯并[*a*]芘、茚并[1,2,3-*cd*]芘、二苯并[*a,h*]蒽、䓛、荧蒽、苯并[*k*]荧蒽、苊烯、苊、芴、菲、蒽、芘、萘、苯并[*g,h,i*]苝）、杂环芳烃（苯乙酮、二苯并呋喃）、苯系物（苯、甲苯、乙苯、间-二甲苯、对-二甲苯、苯乙烯、邻-二甲苯、异丙基苯、正-丙苯、1,3,5-三甲基苯、1,2,4-三甲基苯、对-异丙基甲苯、三甲苯、乙基苯）、氟化物、氰化物、重金属（砷、镍、镉、汞、铅、钴、锑、钒、锰、铜）、石油烃（C_{10}～C_{40}）	生产区	重点关注
		硫黄/硫膏堆置区域	硫黄/硫膏及附着盐类（含氰化物、钒、钴等）	多环芳烃（苯并[*a*]蒽、苯并[*b*]荧蒽、苯并[*a*]芘、茚并[1,2,3-*cd*]芘、二苯并[*a,h*]蒽、䓛、荧蒽、苯并[*k*]荧蒽、苊烯、苊、芴、菲、蒽、芘、萘、苯并[*g,h,i*]苝）、杂环芳烃（苯乙酮、二苯并呋喃）、苯系物（苯、甲苯、乙苯、间-二甲苯、对-二甲苯、苯乙烯、邻-二甲苯、异丙基苯、正-丙苯、1,3,5-三甲基苯、1,2,4-三甲基苯、对-异丙基甲苯、三甲苯、乙基苯）、氟化物、氰化物、重金属（砷、镍、镉、汞、铅、钴、锑、钒、锰、铜）、石油烃（C_{10}～C_{40}）、酚类（苯酚、甲酚、邻甲酚、间甲酚、混二甲酚）	货物的储存和运输	

主要单元		重点场所或者重点设施设备名称	涉及有毒有害物质的物料	有毒有害物质	重点场所或者重点设施设备类型[a]	重点场所或者重点设施设备关注级别
煤气净化单元	脱硫系统	脱硫废液地下池	脱硫废液、煤气冷凝液	多环芳烃（苯并[a]蒽、苯并[b]荧蒽、苯并[a]芘、茚并[1,2,3-cd]芘、二苯并[a,h]蒽、萘、荧蒽、苯并[k]荧蒽、苊烯、苊、芴、菲、蒽、芘、䓛、苯并[g,h,i]苝）、杂环芳烃（苯乙酮、二苯并呋喃）、苯系物（苯、甲苯、乙苯、间-二甲苯、对-二甲苯、苯乙烯、邻-二甲苯、异丙基苯、正-丙苯、1,3,5-三甲基苯、1,2,4-三甲基苯、对-异丙基甲苯、三甲苯、乙基苯）、氟化物、氰化物、重金属（砷、镍、镉、汞、铅、钴、锑、钒、锰、铜）、石油烃（C_{10}～C_{40}）	液体储存	重点关注
	脱氨系统	硫铵装置区（包括饱和器、满流槽、母液槽等）	酸焦油、煤气冷凝液、硫酸、硫铵母液等	多环芳烃（苯并[a]蒽、苯并[b]荧蒽、苯并[a]芘、茚并[1,2,3-cd]芘、二苯并[a,h]蒽、萘、荧蒽、苯并[k]荧蒽、苊烯、苊、芴、菲、蒽、芘、䓛、苯并[g,h,i]苝）、杂环芳烃（苯乙酮、二苯并呋喃）、苯系物（苯、甲苯、乙苯、间-二甲苯、对-二甲苯、苯乙烯、邻-二甲苯、异丙基苯、正-丙苯、1,3,5-三甲基苯、1,2,4-三甲基苯、对-异丙基甲苯、三甲苯、乙基苯）、氰化物、重金属（砷、镍、镉、汞、铅、钴、锑、钒、锰、铜）、石油烃（C_{10}～C_{40}）、酚类（苯酚、甲酚、邻甲酚、间甲酚、混二甲酚）	生产区	重点关注
		废液收集槽/池	酸焦油、煤气冷凝液、硫酸等		液体储存	
		酸焦油槽	酸焦油			
		蒸氨装置区（包括蒸氨塔、蒸氨废水罐、蒸氨残渣收集槽）	蒸氨废水、残渣等		生产区	
	脱苯系统	粗苯装置区（包括终冷塔、洗苯塔、脱苯塔、贫油槽、富油槽、粗苯贮槽等）	粗苯、洗油、贫油、富油、终冷排污水等	多环芳烃（苯并[a]蒽、苯并[b]荧蒽、苯并[a]芘、茚并[1,2,3-cd]芘、二苯并[a,h]蒽、萘、荧蒽、苯并[k]荧蒽、苊烯、苊、芴、菲、蒽、芘、䓛、苯并[g,h,i]苝）、杂环芳烃（苯乙酮、二苯并呋喃）、苯系物（苯、甲苯、乙苯、间-二甲苯、对-二甲苯、苯乙烯、邻-二甲苯、异丙基苯、正-丙苯、1,3,5-三甲基苯、1,2,4-三甲基苯、对-异丙基甲苯、三甲苯、乙基苯）、氟化物、氰化物、重金属（砷、镍、镉、汞、铅、钴、锑、钒、锰、铜）、石油烃（C_{10}～C_{40}）		重点关注
		洗油再生渣贮存库	再生渣	多环芳烃（苯并[a]蒽、苯并[b]荧蒽、苯并[a]芘、茚并[1,2,3-cd]芘、二苯并[a,h]蒽、萘、荧蒽、苯并[k]荧蒽、苊烯、苊、芴、菲、蒽、芘、䓛、苯并[g,h,i]苝）、杂环芳烃（苯乙酮、二苯并呋喃）、苯系物（苯、甲苯、乙苯、间-二甲苯、对-二甲苯、苯乙烯、邻-二甲苯、异丙基苯、正-丙苯、1,3,5-三甲基苯、1,2,4-三甲基苯、对-异丙基甲苯、三甲苯、乙基苯）、氟化物、氰化物、重金属（砷、镍、镉、汞、铅、钴、锑、钒、锰、铜）、石油烃（C_{10}～C_{40}）、酚类（苯酚、甲酚、邻甲酚、间甲酚、混二甲酚）	货物的储存和运输	
		地下放空槽	粗苯、粗苯分离水		液体储存	
酚氰废水处理站		集水池/井	酚氰废水			一般关注
		隔油池	酚氰废水			
		调节池	酚氰废水			
		厌氧池	酚氰废水			
		好氧池	酚氰废水			
		污泥脱水间	剩余污泥、压滤废水		其他活动区	
		剩余污泥堆存区	生化污泥			

<table>
<tr><th colspan="2">主要单元</th><th>重点场所或者重点设施设备名称</th><th>涉及有毒有害物质的物料</th><th>有毒有害物质</th><th>重点场所或者重点设施设备类型[a]</th><th>重点场所或者重点设施设备关注级别</th></tr>
<tr><td rowspan="8">其他单元</td><td rowspan="2">储罐系统</td><td>物料储罐</td><td>焦油、洗油、粗苯、硫酸等</td><td>多环芳烃（苯并[a]蒽、苯并[b]荧蒽、苯并[a]芘、茚并[1,2,3-cd]芘、二苯并[a,h]蒽、萘、荧蒽、苯并[k]荧蒽、苊烯、苊、芴、菲、蒽、芘、䓛、苯并[g,h,i]苝）、杂环芳烃（苯乙酮、二苯并呋喃）、苯系物（苯、甲苯、乙苯、间-二甲苯、对-二甲苯、苯乙烯、邻-二甲苯、异丙基苯、正-丙苯、1,3,5-三甲基苯、1,2,4-三甲基苯、对-异丙基甲苯、三甲苯、乙基苯）、氰化物、重金属（砷、镍、镉、汞、铅、钴、锑、钒、锰、铜）、石油烃（C_{10}～C_{40}）、酚类（苯酚、甲酚、邻甲酚、间甲酚、混二甲酚）、苯胺类（苯胺、4-甲基苯胺、3-甲基苯胺、2-甲基苯胺、2,4-二甲基苯胺）、联苯胺类（联苯胺）</td><td>液体储存</td><td>一般关注</td></tr>
<tr><td>地下卸车槽及事故槽</td><td>焦油、洗油、粗苯、硫酸等</td><td>多环芳烃（苯并[a]蒽、苯并[b]荧蒽、苯并[a]芘、茚并[1,2,3-cd]芘、二苯并[a,h]蒽、萘、荧蒽、苯并[k]荧蒽、苊烯、苊、芴、菲、蒽、芘、䓛、苯并[g,h,i]苝）、杂环芳烃（苯乙酮、二苯并呋喃）、酚类（苯酚、甲酚、邻甲酚、间甲酚、混二甲酚）、石油烃（C_{10}～C_{40}）、苯胺类（苯胺、4-甲基苯胺、3-甲基苯胺、2-甲基苯胺、2,4-二甲基苯胺）、联苯胺类（联苯胺）</td><td rowspan="3">其他活动区</td><td>一般关注</td></tr>
<tr><td rowspan="3">雨水收集系统</td><td>雨水排水沟/管</td><td>初期雨水、泄漏的有毒有害物质等</td><td rowspan="6">多环芳烃（苯并[a]蒽、苯并[b]荧蒽、苯并[a]芘、茚并[1,2,3-cd]芘、二苯并[a,h]蒽、萘、荧蒽、苯并[k]荧蒽、苊烯、苊、芴、菲、蒽、芘、䓛、苯并[g,h,i]苝）、杂环芳烃（苯乙酮、二苯并呋喃）、苯系物（苯、甲苯、乙苯、间-二甲苯、对-二甲苯、苯乙烯、邻-二甲苯、异丙基苯、正-丙苯、1,3,5-三甲基苯、1,2,4-三甲基苯、对-异丙基甲苯、三甲苯、乙基苯）、氟化物、氰化物、石油烃（C_{10}～C_{40}）、酚类（苯酚、甲酚、邻甲酚、间甲酚、混二甲酚）</td><td rowspan="3">一般关注</td></tr>
<tr><td>检查井</td><td>初期雨水、泄漏的有毒有害物质等</td></tr>
<tr><td>初期雨水池</td><td>初期雨水</td><td rowspan="2">液体储存</td></tr>
<tr><td>煤气管道冷凝液收集系统</td><td>冷凝液收集罐</td><td>煤气冷凝液</td><td>一般关注</td></tr>
<tr><td rowspan="2">地下管线系统</td><td>废水管线</td><td>酚氰废水等</td><td rowspan="2">其他活动区</td><td>重点关注</td></tr>
<tr><td>检查井</td><td>酚氰废水等</td><td>一般关注</td></tr>
</table>

<table>
<tr><th colspan="2">主要单元</th><th>重点场所或者重点设施设备名称</th><th>涉及有毒有害物质的物料</th><th>有毒有害物质</th><th>重点场所或者重点设施设备类型[a]</th><th>重点场所或者重点设施设备关注级别</th></tr>
<tr><td rowspan="2">其他单元</td><td>装卸平台</td><td>装卸平台</td><td>焦油、粗苯等</td><td>多环芳烃（苯并[a]蒽、苯并[b]荧蒽、苯并[a]芘、茚并[1,2,3-cd]芘、二苯并[a,h]蒽、萘、荧蒽、苯并[k]荧蒽、苊烯、苊、芴、菲、蒽、芘、䓛、苯并[g,h,i]苝）、杂环芳烃（苯乙酮、二苯并呋喃）、酚类（苯酚、甲酚、邻甲酚、间甲酚、混二甲酚）、石油烃（C_{10}～C_{40}）、苯胺类（苯胺、4-甲基苯胺、3-甲基苯胺、2-甲基苯胺、2,4-二甲基苯胺）、联苯胺类（联苯胺）</td><td rowspan="2">其他活动区</td><td>一般关注</td></tr>
<tr><td>危废贮存系统</td><td>危废库</td><td>废催化剂、废油</td><td>多环芳烃（苯并[a]蒽、苯并[b]荧蒽、苯并[a]芘、茚并[1,2,3-cd]芘、二苯并[a,h]蒽、萘、荧蒽、苯并[k]荧蒽、苊烯、苊、芴、菲、蒽、芘、䓛、苯并[g,h,i]苝）、杂环芳烃（苯乙酮、二苯并呋喃）、苯系物（苯、甲苯、乙苯、间-二甲苯、对-二甲苯、苯乙烯、邻-二甲苯、异丙基苯、正-丙苯、1,3,5-三甲基苯、1,2,4-三甲基苯、对-异丙基甲苯、三甲苯、乙基苯）、氰化物、重金属（砷、镍、镉、汞、铅、钴、锑、钒、锰、铜）、石油烃（C_{10}～C_{40}）</td><td>重点关注</td></tr>
</table>

注：[a] 重点场所或者重点设施设备类型参考《重点监管单位土壤污染隐患排查指南（试行）》附录 A 土壤污染隐患排查与整改技术要点确定。

4.3 隐患排查技术要点

根据《重点监管单位土壤污染隐患排查指南（试行）》附录 A 所提出的重点场所或重点设施设备类型，对炼焦行业涉及有毒有害物质的重点场所或者重点设施设备进行全面排查，提出本行业排查要点和整改要点。操作中需根据各企业实际情况进行分析。

炼焦行业的主要单元包括备煤单元、炼焦单元、熄焦单元、煤气净化单元、酚氰废水处理站、其他单元。

备煤单元的煤场排水池/沉淀池、废渣配煤区，炼焦单元的焦炉炼焦系统，熄焦单元的熄焦水池、粉焦沉淀池，煤气净化单元的水封槽、冷凝液循环槽、电捕水封槽、废液收集槽、接地储罐区、焦油渣收集槽、脱硫装置区、硫黄/硫膏堆置区域、脱硫废液地下池、硫铵装置区、废液收集槽/池、酸焦油槽、蒸氨装置区、粗苯装置区、洗油再生渣贮存库、地下放空槽，其他单元的废水管线、危废库属重点关注。

针对上述不同类型的重点场所或者重点设施设备提出隐患排查与整改要点。炼焦行业隐患排查技术要点详见表 4-4。

表 4-4 炼焦行业隐患排查技术要点一览表

主要单元	重点场所或者重点设施设备		排查要点	整改要点
	名称	类型		
备煤单元	煤场排水池/沉淀池（重点关注）	液体储存	多为地下池体，具有隐蔽性，若发生泄漏，易造成土壤污染。可能情形：非防渗池体；池体老化、破损、裂缝造成泄漏、渗漏；池体满溢；日常维护（如及时清理泄漏的污染物，定期检查防渗效果）、日常目视检查（如按操作规程或者交班时，对是否存在泄漏、渗漏等情况进行快速检查）不到位	定期目视检查，重点对池体是否存在泄漏、渗漏、满溢进行检查；对于不适合目视检查、泄漏检查的情况，建议增加通过设置地下水监测井或者土壤气监测井；做好防渗，根据《石油化工工程防渗技术规范》（GB/T 50934—2013）中相关防渗技术标准、设计使用年限等开展隐患排查
	配煤车间	生产区	车间防雨防扬散措施不到位，雨水冲刷原料煤，渗出有毒有害物质进入土壤；无防渗阻隔设施；防渗阻隔系统破损、裂缝造成泄漏、渗漏；日常维护、日常目视检查不到位	定期目视检查区域内是否存在未硬化地面、裂隙等；注意避免雨水冲刷，定期检查如苫盖或者顶棚；定期开展日常巡检，对地面积累的粉尘进行及时处理
	废渣配煤区（重点关注）		掺煤过程中易出现危废抛洒、漫流、下渗；无防渗阻隔设施；防渗阻隔系统破损、裂缝造成泄漏、渗漏；日常维护、日常目视检查不到位	设置重点防渗区，收集暂存废渣，或采用焦油分离、回配装置；设施围堰防止危废渗滤液漫流；设置操作规程标识牌对处置人员进行培训，防止危废暂存转运过程中的遗撒；做好防渗，根据GB/T 50934中相关防渗技术标准、设计使用年限等开展隐患排查
炼焦单元	焦炉炼焦系统（焦炉、装煤车、推焦机、拦焦机、熄焦车等）（重点关注）		焦炉周边炼焦粉尘较多，易发生污染物富集	定期目视检查区域内是否存在未硬化地面、裂隙等；注意避免雨水冲刷，定期检查如苫盖或者顶棚；定期开展日常巡检，对地面积累的粉尘进行及时处理
熄焦单元	熄焦泵	散装液体转运与厂内运输	多为机械泵，可能存在机械密封破损、失效，导致物料渗漏	定期检修泵体密封性；增设应急池或导流槽；对整个泵体或者关键部件设置防滴漏设施
	熄焦水池、粉焦沉淀池（重点关注）	液体储存	非防渗池体；池体老化、破损、裂缝造成泄漏、渗漏；池体满溢；日常维护（如及时清理泄漏的污染物，定期检查防渗效果）、日常目视检查（如按操作规程或者交班时，对是否存在泄漏、渗漏等情况进行快速检查）不到位	针对地下或者半地下储存池需定期检查泄漏检测设施，确保正常运行；日常目视检查；定期检查防渗、密封效果；针对离地储存池还需定期开展防渗效果检查；对于不适合目视检查、泄漏检查的情况，建议增加地下水监测井或者土壤气监测井

主要单元	重点场所或者重点设施设备		排查要点	整改要点
	名称	类型		
熄焦单元	干熄炉系统	生产区	干熄焦装置是密封装置，大量滋生的有害气体积聚；炉体处于高处，周围作业平台处于易腐蚀环境	定期开展日常巡检，对地面积累的粉尘进行及时处理；对系统做全面检查（如定期检查系统的密闭性）；制订检修计划
	干熄焦地面站除尘系统		除尘系统易有粉尘泄漏	定期目视检查，及时清理粉尘；定期巡检区域内是否存在未硬化地面、裂隙等；设置重点防渗区，收集暂存废水、废渣；排查区域内防渗阻隔情况，定期开展防渗效果检查；制订检修计划，定期维护
	焦粉仓（包含熄焦水导流沟、粉焦沥水池等）	液体储存	导流沟或池体老化、破损导致物料渗漏	定期目视检查，重点对池体是否存在泄漏、渗漏、满溢进行检查；对于不适合目视检查、泄漏检查的情况，建议增加地下水监测井或者土壤气监测井
煤气净化单元 冷鼓系统	水封槽、冷凝液循环槽（离地储罐）（重点关注）		储罐内、外腐蚀造成物料泄漏、渗漏；无普通阻隔设施或防渗阻隔系统；普通阻隔设施、防渗阻隔系统破损、裂缝造成泄漏、渗漏；无泄漏检测设施；日常维护、日常目视检查不到位	针对离地储罐，需目视检查外壁是否有泄漏迹象、定期清空防滴漏设施、有效应对泄漏事件（包括完善工作程序，定期开展巡查、检修以预防泄漏事件发生；明确责任人员，开展人员培训；保持充足事故应急物资，确保能及时处理泄漏或者泄漏隐患；处理受污染的土壤等）
	电捕水封槽、废液收集槽（重点关注）		多为地下储罐/储槽，具有隐蔽性，若发生泄漏，易造成土壤污染。可能情形：储罐内、外腐蚀造成物料泄漏、渗漏；无普通阻隔设施或防渗阻隔系统；普通阻隔设施、防渗阻隔系统破损、裂缝造成泄漏、渗漏；无泄漏检测设施；日常维护、日常目视检查不到位	储罐类设施设备需定期维护、定期开展阴极保护有效性检查、定期检查泄漏检测设施，确保正常运行；针对接地储罐，还需定期开展防渗效果检查（如物探检测、注水试验检测等）、定期采用专业设备开展罐体专项检查；针对离地储罐，还需目视检查外壁是否有泄漏迹象、定期清空防滴漏设施、有效应对泄漏事件（包括完善工作程序，定期开展巡查、检修以预防泄漏事件发生；明确责任人员，开展人员培训；保持充足事故应急物资，确保能及时处理泄漏或者泄漏隐患；处理受污染的土壤等）

<table>
<tr><th rowspan="2" colspan="2">主要单元</th><th colspan="2">重点场所或者重点设施设备</th><th rowspan="2">排查要点</th><th rowspan="2">整改要点</th></tr>
<tr><th>名称</th><th>类型</th></tr>
<tr><td rowspan="7">煤气净化单元</td><td rowspan="3">冷鼓系统</td><td>焦油氨水分离装置</td><td rowspan="3">液体储存</td><td>储槽法兰口、导淋及槽顶易有物料渗出或溢出；转运过程中易发生物料泄漏</td><td>定期目视检查储槽以及连接法兰、导淋等设施设备是否存在跑冒滴漏；相关设施设备进行防腐防渗处理</td></tr>
<tr><td>接地储罐区（循环氨水槽、剩余氨水槽、焦油槽等）（重点关注）</td><td rowspan="2">储罐法兰口、导淋及罐顶易有物料渗出或溢出；储罐内、外腐蚀造成物料泄漏、渗漏；无普通阻隔设施或防渗阻隔系统；普通阻隔设施、防渗阻隔系统破损、裂缝造成泄漏、渗漏；无泄漏检测设施；日常维护、日常目视检查不到位</td><td rowspan="2">储罐类设施设备需定期维护、定期开展阴极保护有效性检查、定期检查泄漏检测设施，确保正常运行。针对接地储罐，还需定期开展防渗效果检查（如物探检测、注水试验检测等）、定期采用专业设备开展罐体专项检查</td></tr>
<tr><td>焦油渣收集槽（重点关注）</td></tr>
<tr><td rowspan="3">脱硫系统</td><td>脱硫装置区（包括硫泡沫槽、脱硫塔、再生塔、反应槽、事故槽等）（重点关注）</td><td>生产区</td><td>区域内泵体、槽体、阀门、法兰、导淋等易有物料泄漏、渗漏、溢出</td><td>定期目视检查泵体、槽体、阀门以及连接法兰、导淋等设施设备是否存在跑冒滴漏；相关设施设备等进行防腐防渗处理；日常目视检查区域内是否存在未硬化地面、裂隙等；设置重点防渗区，收集暂存废水、废渣；设置阻隔系统，防止雨水进入，或者及时有效排出雨水；定期开展防渗效果检查</td></tr>
<tr><td>硫黄/硫膏堆置区域（重点关注）</td><td>货物的储存和运输</td><td>若未做好“三防”，附着盐类经雨水淋溶会漫流地表并下渗</td><td>日常目视检查区域内是否存在未硬化地面、裂隙等；设置重点防渗区，收集暂存废水、废渣；设置阻隔系统，防止雨水进入，或者及时有效排出雨水；定期开展防渗效果检查</td></tr>
<tr><td>脱硫废液地下池（重点关注）</td><td>液体储存</td><td>地下池具有隐蔽性，若发生泄漏，易造成土壤污染。可能情形：非防渗池体；池体老化、破损、裂缝造成泄漏、渗漏；池体满溢；日常维护（如及时清理泄漏的污染物，定期检查防渗效果）、日常目视检查（如按操作规程或者交班时，对是否存在泄漏、渗漏等情况进行快速检查）不到位</td><td>定期目视检查，重点对池体是否存在泄漏、渗漏、满溢进行检查；对于不适合目视检查、泄漏检查的情况，建议增加地下水或者土壤气监测井</td></tr>
<tr><td>脱氨系统</td><td>硫铵装置区（包括饱和器、满流槽、母液槽等）（重点关注）</td><td>生产区</td><td>区域内泵体、槽体、阀门、法兰、导淋等易发生物料泄漏、渗漏、溢出</td><td>定期目视检查泵体、槽体、阀门以及连接法兰、导淋等设施设备是否存在跑冒滴漏；相关设施设备等进行防腐防渗处理</td></tr>
</table>

主要单元		重点场所或者重点设施设备		排查要点	整改要点
		名称	类型		
煤气净化单元	脱氨系统	废液收集槽/池（重点关注）	液体储存	多为地下槽体/池体，具有隐蔽性，若发生泄漏，易造成土壤污染。可能情形：池体老化、破损、裂缝造成的泄漏、渗漏；池体满溢；槽体内、外腐蚀造成的泄漏、渗漏	定期目视检查，重点对池体是否存在泄漏、渗漏、满溢进行检查；对于不适合目视检查、泄漏检查的情况，建议增加地下水监测井或者土壤气监测井
		酸焦油槽（重点关注）		储罐内、外腐蚀造成物料泄漏、渗漏；无普通阻隔设施或防渗阻隔系统；普通阻隔设施、防渗阻隔系统破损、裂缝造成泄漏、渗漏；无泄漏检测设施；酸焦油收集、转运易发生泄漏、抛洒；日常维护、日常目视检查不到位	储罐类设施设备需定期维护、定期开展阴极保护有效性检查、定期检查泄漏检测设施，确保正常运行。针对接地储罐，还需定期开展防渗效果检查（如物探检测、注水试验检测等）、定期采用专业设备开展罐体专项检查
		蒸氨装置区（包括蒸氨塔、蒸氨废水罐、蒸氨残渣收集槽）（重点关注）	生产区	区域内泵体、槽体、阀门、法兰、导淋等易发生物料泄漏、渗漏、溢出	定期目视检查泵体、槽体、阀门以及连接法兰、导淋等设施设备是否存在跑冒滴漏；相关设施设备等进行防腐防渗处理
	脱苯系统	粗苯装置区（包括终冷塔、洗苯塔、脱苯塔、贫油槽、富油槽、粗苯贮槽等）（重点关注）			
		洗油再生渣贮存库（重点关注）	货物的储存和运输	再生渣收集贮存过程中易发生泄漏、抛洒	定期目视检查区域内是否存在未硬化地面、裂隙等；排查区域内防渗阻隔情况
		地下放空槽（重点关注）	液体储存	储罐内、外腐蚀造成物料泄漏、渗漏；无普通阻隔设施或防渗阻隔系统；普通阻隔设施、防渗阻隔系统破损、裂缝造成泄漏、渗漏；无泄漏检测设施；日常维护、日常目视检查不到位	储罐类设施设备需定期维护、定期开展阴极保护有效性检查、定期检查泄漏检测设施，确保正常运行。针对接地储罐，还需定期开展防渗效果检查（如物探检测、注水试验检测等）、定期采用专业设备开展罐体专项检查

<table>
<tr><th rowspan="2" colspan="2">主要单元</th><th colspan="2">重点场所或者重点设施设备</th><th rowspan="2">排查要点</th><th rowspan="2">整改要点</th></tr>
<tr><th>名称</th><th>类型</th></tr>
<tr><td rowspan="8" colspan="2">酚氰废水处理站</td><td>集水池/井</td><td rowspan="5">液体储存</td><td rowspan="3">酚氰废水处理起始段，污染物浓度高，且为地下池体，具有隐蔽性，易造成土壤污染。可能情形：非防渗池体；池体老化、破损、裂缝造成泄漏、渗漏；池体满溢；日常维护（如及时清理泄漏的污染物，定期检查防渗效果）、日常目视检查（如按操作规程或者交班时，对是否存在泄漏、渗漏等情况进行快速检查）不到位</td><td rowspan="3">定期目视检查，重点对池体是否存在泄漏、渗漏、满溢进行检查；对于不适合目视检查、泄漏检查的情况，建议增加地下水监测井或者土壤气监测井</td></tr>
<tr><td>隔油池</td></tr>
<tr><td>调节池</td></tr>
<tr><td>厌氧池</td><td rowspan="2">非防渗池体；池体老化、破损、裂缝造成泄漏、渗漏；池体满溢；日常维护（如及时清理泄漏的污染物，定期检查防渗效果）、日常目视检查（如按操作规程或者交班时，对是否存在泄漏、渗漏等情况进行快速检查）不到位</td><td rowspan="2">定期目视检查，重点对池体是否存在泄漏、渗漏、满溢进行检查；对于不适合目视检查、泄漏检查的情况，建议增加地下水监测井或者土壤气监测井</td></tr>
<tr><td>好氧池</td></tr>
<tr><td>污泥脱水间</td><td rowspan="2">其他活动区</td><td>压滤废水污染物浓度高，物料导流槽老化、破损、裂缝易造成泄漏、渗漏</td><td>定期目视检查，重点对池体是否存在泄漏、渗漏、满溢进行检查；对于不适合目视检查、泄漏检查的情况，建议增加地下水监测井或者土壤气监测井</td></tr>
<tr><td>剩余污泥堆存区</td><td>生化污泥在堆存过程中，若区域内防渗、防风、防雨、防晒措施未到达危废贮存要求，易造成土壤污染</td><td>定期目视检查，区域内是否存在未硬化地面、裂隙等；排查区域内防渗阻隔情况</td></tr>
<tr></tr>
<tr><td rowspan="2">其他单元</td><td rowspan="2">储罐系统</td><td>物料储罐</td><td>液体储存</td><td>储罐内、外腐蚀造成物料泄漏、渗漏；无普通阻隔设施或防渗阻隔系统；普通阻隔设施、防渗阻隔系统破损、裂缝造成泄漏、渗漏；无泄漏检测设施；储罐连接法兰、阀门、导淋易出现物料泄漏、渗漏、溢出；日常维护、日常目视检查不到位</td><td>储罐类设施设备需定期维护、定期开展阴极保护有效性检查、定期检查泄漏检测设施，确保正常运行。针对接地储罐，还需定期开展防渗效果检查（如物探检测、注水试验检测等），定期采用专业设备开展罐体专项检查</td></tr>
<tr><td>地下卸车槽及事故槽</td><td>其他活动区</td><td>卸车槽进料接口易发生滴漏；地下储槽具有隐蔽性，若发生泄漏，易造成土壤污染。可能情形：槽体内、外腐蚀造成的泄漏、渗漏</td><td>定期目视检查进料口、进料管道、出料口和溢流收集装置；相关设施设备进行防渗处理</td></tr>
</table>

主要单元		重点场所或者重点设施设备		排查要点	整改要点
		名称	类型		
其他单元	雨水收集系统	雨水排水沟/管	其他活动区	地下排水沟或排水管，具有隐蔽性，若发生泄漏，易造成土壤污染。可能情形：雨水排水沟防渗措施不到位，导致污染物下渗；雨水排水管及接口破损，导致物料渗漏	做好防渗，根据 GB/T 50934 中相关防渗技术标准、设计使用年限等开展隐患排查
		检查井		具有隐蔽性，若发生泄漏，易造成土壤污染。可能情形：检查井防渗措施不到位，导致污染物下渗	定期目视检查，对于防渗措施不到位的检查井进行提标改造
		初期雨水池	液体储存	地下池体，具有隐蔽性，若发生泄漏，易造成土壤污染。可能情形：池体老化、破损、裂缝造成的泄漏、渗漏；池体满溢	定期目视检查，重点对池体是否存在泄漏、渗漏、满溢进行检查；对于不适合目视检查、泄漏检查的情况，建议增加地下水监测井或者土壤气监测井
	煤气管道冷凝液收集系统	冷凝液收集罐		焦化厂内数量较多，运营过程中可能存在情形：储罐内、外腐蚀造成物料泄漏、渗漏；无普通阻隔设施或防渗阻隔系统；普通阻隔设施、防渗阻隔系统破损、裂缝造成泄漏、渗漏；无泄漏检测设施；日常维护、日常目视检查不到位	增加阴极保护装置；定期对储罐进行防渗测试、增涂防渗涂层
	地下管线系统	废水管线（重点关注）	其他活动区	具有隐蔽性，若发生泄漏，易造成土壤污染。可能情形：管道及接口破损，导致物料泄漏	建议进行架空布设，减少地下管线的布设
		检查井		具有隐蔽性，若发生泄漏，易造成土壤污染。可能情形：检查井防渗措施不到位，导致污染物下渗	对于防渗措施不到位的检查井进行提标改造
	装卸平台	装卸平台		出料口易发生物料滴漏；装卸过程中易出现物料的满溢	定期目视检查区域内是否存在未硬化地面、裂隙等；排查区域内防渗阻隔情况
	危废贮存系统	危废库（重点关注）		若区域内防渗、防风、防雨、防晒措施未到达危废贮存要求，易造成土壤污染	设置操作规程标识牌，对处置人员进行培训，防止危废暂存转运过程中的遗撒

4.4 初步采样调查技术要点

结合炼焦行业识别的重点关注的重点场所或设施设备、重点关注的关注污染物以及所在主要单元，提出该行业初步采样调查的重点关注布点位置与涉及的关注污染物，详见表 4-5。识别出的重点场所或者重点设施设备应作为优先布点区域，其他区域应根据国家相关导则规定进行全面梳理，根据地块实际酌情考虑。

4.4.1 点位布设

本章 4.2 节识别的重点场所或者重点设施设备中需要重点关注的，包括煤场排水池/沉淀池、废渣配煤区、焦炉炼焦系统、熄焦水池、粉焦沉淀池、水封槽、冷凝液循环槽、电捕水封槽、废液收集槽、接地储罐区、焦油渣收集槽、脱硫装置区、硫黄/硫膏堆置区域、脱硫废液地下池、硫铵装置区、废液收集槽/池、酸焦油槽、蒸氨装置区、粗苯装置区、洗油再生渣贮存库、地下放空槽、废水管线、危废库等，应优先考虑布点，其他建议的重点关注布点位置及其对应的关注污染物见表 4-5。现场布点应结合实际情况，布设在重点场所或者重点设施设备最有可能污染的位置，同时结合现场颜色气味异常、污染痕迹、硬化地面裂缝、污染物的迁移途径等因素综合考虑布点，如当前或历史上有裸露地面的区域（如绿化带）、历史上为工业企业的生产区域、污染泄漏区、历史监测超标区、颜色（如黄绿色）气味异常区域、周边地块关注污染物可能影响的本地块内区域等也应纳入布点考虑。

表 4-5 炼焦行业重点关注布点位置及涉及关注污染物一览表

主要单元	重点关注布点位置	涉及物料	涉及关注污染物
备煤单元	煤场排水池/沉淀池（重点关注）	喷淋水、初期雨水、车辆冲洗水等	多环芳烃（苯并[*a*]蒽、苯并[*b*]荧蒽、苯并[*a*]芘、茚并[1,2,3-*cd*]芘、二苯并[*a,h*]蒽、萘、荧蒽、苯并[*k*]荧蒽、苊烯、苊、芴、菲、蒽、芘、䓛、苯并[*g,h,i*]苝）、杂环芳烃（苯乙酮、二苯并呋喃）、氟化物、重金属（砷、镍、镉、汞、铅、钴、锑、钒、锰、铜）
	废渣配煤区（重点关注）	危险废物（脱硫废液、再生渣、焦油渣、酸焦油、剩余污泥、蒸氨残渣）	多环芳烃（苯并[*a*]蒽、苯并[*b*]荧蒽、苯并[*a*]芘、茚并[1,2,3-*cd*]芘、二苯并[*a,h*]蒽、萘、荧蒽、苯并[*k*]荧蒽、苊烯、苊、芴、菲、蒽、芘、䓛、苯并[*g,h,i*]苝）、杂环芳烃（苯乙酮、二苯并呋喃）、苯系物（苯、甲苯、乙苯、间-二甲苯、对-二甲苯、苯乙烯、邻-二甲苯、异丙基苯、正-丙苯、1,3,5-三甲基苯、1,2,4-三甲基苯、对-异丙基甲苯、三甲苯、乙基苯）、氟化物、氰化物、重金属（砷、镍、镉、汞、铅、钴、锑、钒、锰、铜）、石油烃（C_{10}～C_{40}）、酚类（苯酚、甲酚、邻甲酚、间甲酚、混二甲酚）

<table>
<tr><th colspan="2">主要单元</th><th>重点关注布点位置</th><th>涉及物料</th><th>涉及关注污染物</th></tr>
<tr><td colspan="2">炼焦单元</td><td>焦炉炼焦系统（焦炉、装煤车、推焦机、拦焦机、熄焦车等）（重点关注）</td><td>荒煤气、炼焦粉尘</td><td>多环芳烃（苯并[a]蒽、苯并[b]荧蒽、苯并[a]芘、茚并[1,2,3-cd]芘、二苯并[a,h]蒽、萘、荧蒽、苯并[k]荧蒽、苊烯、苊、芴、菲、蒽、芘、䓛、苯并[g,h,i]苝）、杂环芳烃（苯乙酮、二苯并呋喃）、苯系物（苯、甲苯、乙苯、间-二甲苯、对-二甲苯、苯乙烯、邻-二甲苯、异丙基苯、正-丙苯、1,3,5-三甲基苯、1,2,4-三甲基苯、对-异丙基甲苯、三甲苯、乙基苯）、氟化物、氰化物、重金属（砷、镍、镉、汞、铅、钴、锑、钒、锰、铜）、石油烃（C_{10}～C_{40}）、酚类（苯酚、甲酚、邻甲酚、间甲酚、混二甲酚）、二噁英</td></tr>
<tr><td colspan="2">熄焦单元</td><td>熄焦水池、粉焦沉淀池（重点关注）</td><td>熄焦水</td><td>多环芳烃（苯并[a]蒽、苯并[b]荧蒽、苯并[a]芘、茚并[1,2,3-cd]芘、二苯并[a,h]蒽、萘、荧蒽、苯并[k]荧蒽、苊烯、苊、芴、菲、蒽、芘、䓛、苯并[g,h,i]苝）、杂环芳烃（苯乙酮、二苯并呋喃）、苯系物（苯、甲苯、乙苯、间-二甲苯、对-二甲苯、苯乙烯、邻-二甲苯、异丙基苯、正-丙苯、1,3,5-三甲基苯、1,2,4-三甲基苯、对-异丙基甲苯、三甲苯、乙基苯）、氟化物、氰化物、重金属（砷、镍、镉、汞、铅、钴、锑、钒、锰、铜）、石油烃（C_{10}～C_{40}）、酚类（苯酚、甲酚、邻甲酚、间甲酚、混二甲酚）</td></tr>
<tr><td rowspan="5">煤气净化单元</td><td rowspan="4">冷鼓系统</td><td>水封槽、冷凝液循环槽（离地储罐）（重点关注）</td><td>煤气冷凝液、氨水等</td><td rowspan="4">多环芳烃（苯并[a]蒽、苯并[b]荧蒽、苯并[a]芘、茚并[1,2,3-cd]芘、二苯并[a,h]蒽、萘、荧蒽、苯并[k]荧蒽、苊烯、苊、芴、菲、蒽、芘、䓛、苯并[g,h,i]苝）、杂环芳烃（苯乙酮、二苯并呋喃）、苯系物（苯、甲苯、乙苯、间-二甲苯、对-二甲苯、苯乙烯、邻-二甲苯、异丙基苯、正-丙苯、1,3,5-三甲基苯、1,2,4-三甲基苯、对-异丙基甲苯、三甲苯、乙基苯）、氟化物、氰化物、重金属（砷、镍、镉、汞、铅、钴、锑、钒、锰、铜）、石油烃（C_{10}～C_{40}）、酚类（苯酚、甲酚、邻甲酚、间甲酚、混二甲酚）、苯胺类（苯胺、4-甲基苯胺、3-甲基苯胺、2-甲基苯胺、2,4-二甲基苯胺）、联苯胺类（联苯胺）</td></tr>
<tr><td>电捕水封槽、废液收集槽（重点关注）</td><td>焦油、煤气冷凝液等</td></tr>
<tr><td>接地储罐区（循环氨水槽、剩余氨水槽、焦油槽等）（重点关注）</td><td>氨水、焦油</td></tr>
<tr><td>焦油渣收集槽（重点关注）</td><td>焦油、氨水、煤粉、焦粉等</td></tr>
<tr><td>脱硫系统</td><td>脱硫装置区（包括硫泡沫槽、脱硫塔、再生塔、反应槽、事故槽等）（重点关注）</td><td>硫泡沫、脱硫液等</td><td>多环芳烃（苯并[a]蒽、苯并[b]荧蒽、苯并[a]芘、茚并[1,2,3-cd]芘、二苯并[a,h]蒽、萘、荧蒽、苯并[k]荧蒽、苊烯、苊、芴、菲、蒽、芘、䓛、苯并[g,h,i]苝）、杂环芳烃（苯乙酮、二苯并呋喃）、苯系物（苯、甲苯、乙苯、间-二甲苯、对-二甲苯、苯乙烯、邻-二甲苯、异丙基苯、正-丙苯、1,3,5-三甲基苯、1,2,4-三甲基苯、对-异丙基甲苯、三甲苯、乙基苯）、氟化物、氰化物、重金属（砷、镍、镉、汞、铅、钴、锑、钒、锰、铜）、石油烃（C_{10}～C_{40}）</td></tr>
</table>

主要单元		重点关注布点位置	涉及物料	涉及关注污染物
煤气净化单元	脱硫系统	硫黄/硫膏堆置区域（重点关注）	硫黄/硫膏及附着盐类（含氰化物、钒、钴等）	多环芳烃（苯并[*a*]蒽、苯并[*b*]荧蒽、苯并[*a*]芘、茚并[1,2,3-*cd*]芘、二苯并[*a,h*]蒽、萘、荧蒽、苯并[*k*]荧蒽、苊烯、苊、芴、菲、蒽、芘、䓛、苯并[*g,h,i*]苝）、杂环芳烃（苯乙酮、二苯并呋喃）、苯系物（苯、甲苯、乙苯、间-二甲苯、对-二甲苯、苯乙烯、邻-二甲苯、异丙基苯、正-丙苯、1,3,5-三甲基苯、1,2,4-三甲基苯、对-异丙基甲苯、三甲苯、乙基苯）、氟化物、氰化物、重金属（砷、镍、镉、汞、铅、钴、锑、钒、锰、铜）、石油烃（C_{10}～C_{40}）、酚类（苯酚、甲酚、邻甲酚、间甲酚、混二甲酚）
		脱硫废液地下池（重点关注）	脱硫废液、煤气冷凝液	多环芳烃（苯并[*a*]蒽、苯并[*b*]荧蒽、苯并[*a*]芘、茚并[1,2,3-*cd*]芘、二苯并[*a,h*]蒽、萘、荧蒽、苯并[*k*]荧蒽、苊烯、苊、芴、菲、蒽、芘、䓛、苯并[*g,h,i*]苝）、杂环芳烃（苯乙酮、二苯并呋喃）、苯系物（苯、甲苯、乙苯、间-二甲苯、对-二甲苯、苯乙烯、邻-二甲苯、异丙基苯、正-丙苯、1,3,5-三甲基苯、1,2,4-三甲基苯、对-异丙基甲苯、三甲苯、乙基苯）、氟化物、氰化物、重金属（砷、镍、镉、汞、铅、钴、锑、钒、锰、铜）、石油烃（C_{10}～C_{40}）
	脱氨系统	硫铵装置区（包括饱和器、满流槽、母液槽等）（重点关注）	酸焦油、煤气冷凝液、硫酸、硫铵母液等	多环芳烃（苯并[*a*]蒽、苯并[*b*]荧蒽、苯并[*a*]芘、茚并[1,2,3-*cd*]芘、二苯并[*a,h*]蒽、萘、荧蒽、苯并[*k*]荧蒽、苊烯、苊、芴、菲、蒽、芘、䓛、苯并[*g,h,i*]苝）、杂环芳烃（苯乙酮、二苯并呋喃）、苯系物（苯、甲苯、乙苯、间-二甲苯、对-二甲苯、苯乙烯、邻-二甲苯、异丙基苯、正-丙苯、1,3,5-三甲基苯、1,2,4-三甲基苯、对-异丙基甲苯、三甲苯、乙基苯）、氰化物、重金属（砷、镍、镉、汞、铅、钴、锑、钒、锰、铜）、石油烃（C_{10}～C_{40}）、酚类（苯酚、甲酚、邻甲酚、间甲酚、混二甲酚）
		废液收集槽/池（重点关注）	酸焦油、煤气冷凝液、硫酸等	
		酸焦油槽（重点关注）	酸焦油	
		蒸氨装置区（包括蒸氨塔、蒸氨废水罐、蒸氨残渣收集槽）（重点关注）	蒸氨废水、残渣等	
	脱苯系统	粗苯装置区（包括终冷塔、洗苯塔、脱苯塔、贫油槽、富油槽、粗苯贮槽等）（重点关注）	粗苯、洗油、贫油、富油、终冷排污水等	多环芳烃（苯并[*a*]蒽、苯并[*b*]荧蒽、苯并[*a*]芘、茚并[1,2,3-*cd*]芘、二苯并[*a,h*]蒽、萘、荧蒽、苯并[*k*]荧蒽、苊烯、苊、芴、菲、蒽、芘、䓛、苯并[*g,h,i*]苝）、杂环芳烃（苯乙酮、二苯并呋喃）、苯系物（苯、甲苯、乙苯、间-二甲苯、对-二甲苯、苯乙烯、邻-二甲苯、异丙基苯、正-丙苯、1,3,5-三甲基苯、1,2,4-三甲基苯、对-异丙基甲苯、三甲苯、乙基苯）、氟化物、氰化物、重金属（砷、镍、镉、汞、铅、钴、锑、钒、锰、铜）、石油烃（C_{10}～C_{40}）

主要单元		重点关注布点位置	涉及物料	涉及关注污染物
煤气净化单元	脱苯系统	洗油再生渣贮存库（重点关注）	再生渣	多环芳烃（苯并[*a*]蒽、苯并[*b*]荧蒽、苯并[*a*]芘、茚并[1,2,3-*cd*]芘、二苯并[*a,h*]蒽、萘、荧蒽、苯并[*k*]荧蒽、苊烯、苊、芴、菲、蒽、芘、䓛、苯并[*g,h,i*]苝）、杂环芳烃（苯乙酮、二苯并呋喃）、苯系物（苯、甲苯、乙苯、间-二甲苯、对-二甲苯、苯乙烯、邻-二甲苯、异丙基苯、正-丙苯、1,3,5-三甲基苯、1,2,4-三甲基苯、对-异丙基甲苯、三甲苯、乙基苯）、氟化物、氰化物、重金属（砷、镍、镉、汞、铅、钴、锑、钒、锰、铜）、石油烃（C_{10}～C_{40}）、酚类（苯酚、甲酚、邻甲酚、间甲酚、混二甲酚）
		地下放空槽（重点关注）	粗苯、粗苯分离水	
其他单元	地下管线系统	废水管线（重点关注）	酚氰废水等	多环芳烃（苯并[*a*]蒽、苯并[*b*]荧蒽、苯并[*a*]芘、茚并[1,2,3-*cd*]芘、二苯并[*a,h*]蒽、萘、荧蒽、苯并[*k*]荧蒽、苊烯、苊、芴、菲、蒽、芘、䓛、苯并[*g,h,i*]苝）、杂环芳烃（苯乙酮、二苯并呋喃）、苯系物（苯、甲苯、乙苯、间-二甲苯、对-二甲苯、苯乙烯、邻-二甲苯、异丙基苯、正-丙苯、1,3,5-三甲基苯、1,2,4-三甲基苯、对-异丙基甲苯、三甲苯、乙基苯）、氟化物、氰化物、石油烃（C_{10}～C_{40}）、酚类（苯酚、甲酚、邻甲酚、间甲酚、混二甲酚）
	危废贮存系统	危废库（重点关注）	废催化剂、废油	多环芳烃（苯并[*a*]蒽、苯并[*b*]荧蒽、苯并[*a*]芘、茚并[1,2,3-*cd*]芘、二苯并[*a,h*]蒽、萘、荧蒽、苯并[*k*]荧蒽、苊烯、苊、芴、菲、蒽、芘、䓛、苯并[*g,h,i*]苝）、杂环芳烃（苯乙酮、二苯并呋喃）、苯系物（苯、甲苯、乙苯、间-二甲苯、对-二甲苯、苯乙烯、邻-二甲苯、异丙基苯、正-丙苯、1,3,5-三甲基苯、1,2,4-三甲基苯、对-异丙基甲苯、三甲苯、乙基苯）、氰化物、重金属（砷、镍、镉、汞、铅、钴、锑、钒、锰、铜）、石油烃（C_{10}～C_{40}）

4.4.2　检测指标

炼焦行业的检测指标建议包含《土壤环境质量 建设用地土壤污染风险管控标准（试行）》（GB 36600—2018）中表 1 基本 45 项及污染识别阶段识别出的关注污染物，以及地块可能存在的其他污染物。原则上应当本着保守原则，将地块内可能存在的污染物及其在环境中转化或降解产物均应当考虑纳入检测指标。土壤和地下水的检测指标具体建议如下。

4.4.2.1　土壤

土壤样品检测指标包括但不限于：

（1）《土壤环境质量 建设用地土壤污染风险管控标准（试行）》（GB 36600—2018）表 1 基本 45 项和 pH。

（2）地块关注污染物：重点关注的关注污染物主要为多环芳烃，包含苯并[*a*]蒽、苯并[*b*]荧蒽、苯并[*a*]芘、茚并[1,2,3-*cd*]芘、二苯并[*a,h*]蒽等；石油烃（C_{10}～C_{40}）、苯系物、氰化物；氟化物、砷、镍、镉、汞、铅、钴、锑等；二噁英等；其他见 4.2.1.2 节。

（3）经资料分析确定的地块利用历史和周边企业可能影响本地块的其他污染物。

（4）现场快速检测结果异常的其他污染物。

4.4.2.2 地下水

地下水样品检测指标包括但不限于：

（1）《地下水质量标准》（GB/T 14848—2017）常规指标中的“感官性状及一般化学指标”和“毒理学指标”。

（2）地块关注污染物：重点关注的关注污染物主要为多环芳烃，包含苯并[*a*]蒽、苯并[*b*]荧蒽、苯并[*a*]芘、茚并[1,2,3-*cd*]芘、二苯并[*a,h*]蒽等；石油烃（C_{10}～C_{40}）、苯、氰化物；氟化物、砷、镍、镉、汞、铅、钴、锑等；二噁英等。其他见 4.2.1.2 节。

（3）考虑地块所在地区地下水功能用途及周边工业企业的影响，酌情增加选测项目。

（4）经资料收集与分析确定的地块使用历史上可能存在的其他相关污染物。

4.4.3 采样要求

除满足国家调查相关技术规定的各项要求外，考虑到炼焦行业的关注污染物的特性，建议如下：

（1）行业重金属、多环芳烃等污染较典型，实际采样过程中要结合现场快筛数据、土壤颜色和气味的变化，综合判断选择合适部位采集样品。

（2）地下池体较多且具有隐蔽性，采样深度要满足大于或等于最大的池体深度，同时要做好现场采样点位确认工作。

参考文献

[1] 智红梅．焦化工业与环境保护[J]．科技情报开发与经济，2005（24）：119-121.

[2] 赵世芬，郭建文，王双燕，等．焦化行业苯并芘排放量与厂界达标预测分析[J]．环境与可持续发展，2014，39（3）：177-179.

[3] 薛勋．焦化行业大气环境风险评价体系及应用的研究[J]．石化技术，2019，26（5）：336，339.

[4] 韦朝海，朱家亮，吴超飞，等．焦化行业废水水质变化影响因素及污染控制[J]．化工进展，2011，30（1）：225-232.

[5] 李超，郑文华．我国焦化行业近况、展望及应对[J]．河北冶金，2018（1）：1-5.

[6] 郑文华．我国焦化行业运行及对未来焦炭需求预测[C]//第十二届中国钢铁年会论文集——大会特邀报告&分会场特邀报告，2019：55.

[7] 李晓哲，李成海．中国焦化行业发展现状与竞争态势分析[J]．中国市场，2005（50）：202-203.

[8] 马安妮．中国焦化行业发展现状与竞争态势分析[J]．中国国际财经（中英文），2017（8）：31.

5

化学农药制造行业隐患排查和初步采样调查技术要点

山东省是农药生产和使用大省，农药生产企业和登记产品数量在全国占据重要地位。根据《山东统计年鉴 2022》，2021 年山东省规模以上化学原料和化学制品制造业的企业单位数量为 2 481 家，规模以上工业化学农药原药（折有效成分 100%）、杀虫剂原药、杀菌剂原药、除草剂原药产量分别为 29.2 万 t、6.5 万 t、1.1 万 t、17.3 万 t。根据《国民经济行业分类》（GB/T 4754—2017），化学原料和化学制品制造业（26）细分为农药制造（263），基础化学原料制造（261），肥料制造（262），涂料、油墨、颜料及类似产品制造（264）等 8 个中类；化学农药制造（2631），生物化学农药及微生物农药制造（2632）等 38 个小类。综合考虑各细分中类、小类行业的污染程度和现有调查成果丰富程度等，本章选取山东省数量多、污染重、前期调查成果相对丰富的化学农药制造行业（2631）作为代表，开展隐患排查和初步采样调查技术要点的梳理。根据山东省生态环境厅网站公布的《山东省 2022 年土壤污染重点监管单位名录》，全省 1 924 家土壤污染重点监管单位中有 49 家属于化学农药制造行业。

化学农药制造行业原辅材料种类多且多为有毒有害物质，工艺过程复杂，涉及氧化、烷基化、氯化、光化、胺化、磺化、重氮化、加氢、氟化、硝化等十几种化学工艺，副产品及副反应多，生产过程中产生的“三废”成分复杂、毒性强，属于重污染行业。生产流程通常包括化学合成、分离、制剂加工等主要步骤。本章选择山东省化学农药制造行业主要工艺进行介绍，并梳理了该行业的“三个清单”与“两项要点”。

5.1 典型工艺

5.1.1 主要工艺流程

化学农药制造行业典型工艺流程可分为三个阶段：化学合成阶段、分离阶段、制剂加工阶段。各阶段分别涉及以下过程：

（1）化学合成阶段涉及酯化、氯化、氧化、还原、烷基化、缩合等单元反应；

（2）提纯分离阶段涉及分相、洗涤、萃取、蒸馏、重结晶、过滤、精馏等单元操作；

（3）制剂加工阶段涉及复配、混合定型、产品包装等过程，其中混合定型涉及粉碎、浓缩、干燥、过滤和成型（颗粒剂、水溶性粒剂造粒）等。

化学农药制造行业典型生产工艺流程见图 5-1。

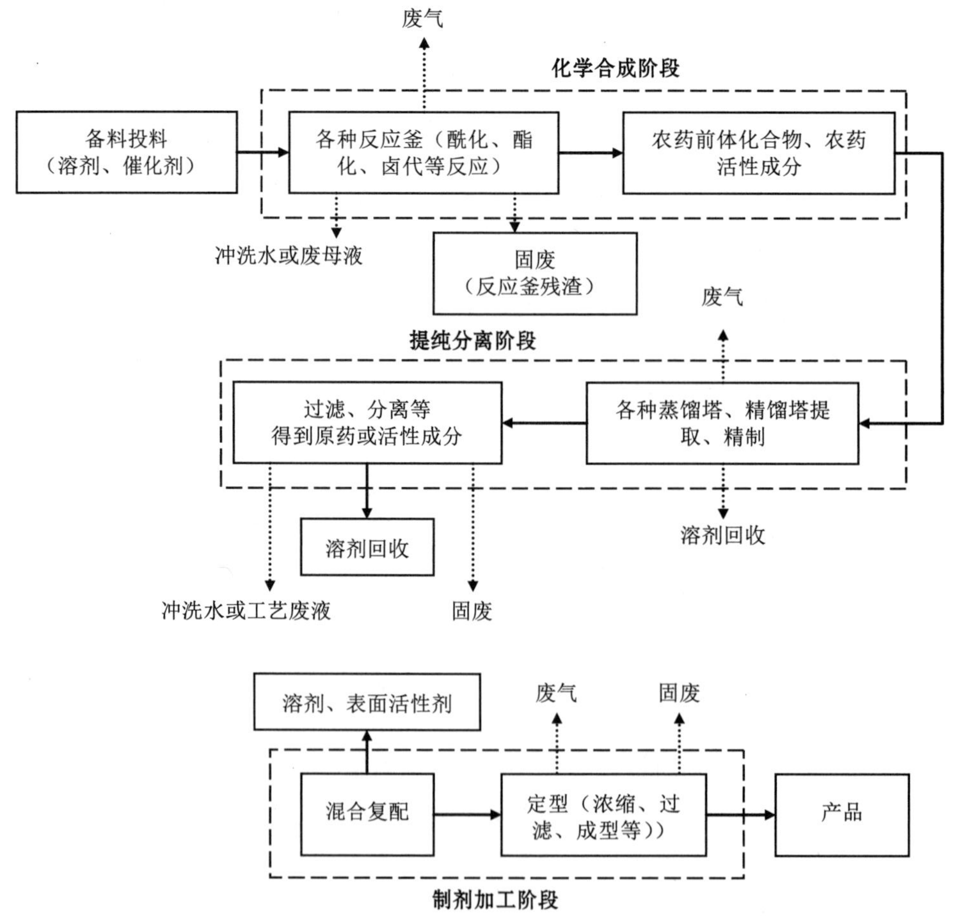

图 5-1　化学农药制造行业典型生产工艺流程

5.1.2 主要原辅材料和产品

由于化学农药制造行业工业产品种类多、工艺路线比较长、化学反应种类多，且生产不同种类农药原药使用的原辅料重复性不高，分散度较大，因此所需原辅料（包括溶剂、催化剂和燃料）庞杂，几乎涉及所有精细化工使用的原料，具体需根据企业实际情况进行识别。

化学农药制造行业生产原药所涉及的主要原辅材料有醇类、酚类、醚类、酸类、醛类、酯类、酮类、酐类、醚类、酰胺类、酰氯类、腈类、胺类、烷烃类、烯烃类、卤代烃类、苯系物、杂环化合物、有机氯化合物、有机磷化合物、溴、含钙化合物、含氮化合物、含氯化合物、含磷无机物、含硫化合物、氰化物、磷化物、硫化物、乙酸盐、硫酸盐、硫醇盐类、硫代硫酸盐、铵盐、氯酸盐、硫氰酸盐、碳酸氢盐等。主要产品可分为九类化学农药原药：有机磷类农药、拟除虫菊酯类农药、有机硫类农药、苯氧羧酸类农药、磺酰脲类农药、酰胺类农药、有机氯类农药、杂环类农药、氨基甲酸酯类农药等。

农药制剂加工与复配所用主要原辅材料为化学农药原药及各类溶剂、乳化剂、助剂，根据产品类别不同，选用不同的原辅材料。山东省常见的农药制剂类型有：乳油、微乳剂、可溶液剂、水乳剂、可湿性粉剂、水分散粒剂、悬浮剂等。

化学农药制造行业主要原辅材料及产品清单见表 5-1。

表 5-1 化学农药制造行业主要原辅材料及产品清单

化学农药制造	类别	常见主要农药产品名称	主要原辅材料名称
化学农药原药	有机磷类	草甘膦	多聚甲醛、甘氨酸、亚磷酸二甲酯、氢氰酸、六次甲基四胺、甲醛、亚氨基二乙腈、二乙醇胺、其他
		毒死蜱	三氯乙酰氯、丙烯腈、乙基氯化物、四氯吡啶、其他
		丙溴磷	邻氯酚、溴素、乙基氯化物、溴丙烷、二甲胺、其他
		乙酰甲胺磷	甲醇、三氯硫磷、精胺、乙酸酐、其他
		敌百虫	亚磷酸二甲酯、三氯乙醛、其他
		三乙膦酸铝	三氯化磷、乙醇、硫酸铝、其他
		三唑磷	盐酸苯肼、脲、甲酸、乙基氯化物、其他
	拟除虫菊酯类	氯氰菊酯	间甲苯酚、氯苯、贲亭酸甲酯、氯化亚砜、其他
		氯氟氰菊酯	间甲苯酚、氯苯、贲亭酸甲酯、三氟三氯乙烷、氰醇、其他
		烯丙菊酯	菊酸乙酯、液碱、三氯化磷、丙烯醇酮、乙醇、其他
		氰戊菊酯	对氯氰苄、间苯氧基甲醛、氰化钠、其他
		甲氰菊酯	2,2,3,3-四甲基环丙烷甲酰氯、正庚烷、间苯氧基苯甲醛、氰化钠、其他

化学农药制造	类别	常见主要农药产品名称	主要原辅材料名称
化学农药原药	有机硫类	代森锰锌	乙二胺、二硫化碳、氢氧化钠、硫酸锰、硫酸锌、其他
		杀虫单	二甲胺、氯丙烯、氯气、硫代硫酸钠、其他
		杀虫双	二甲胺、氯丙烯、氯气、硫代硫酸钠、其他
		杀螟丹	杀虫双、氰化钠、甲醇、氯化氢、其他
	苯氧羧酸类	2,4-滴系列	苯酚、氯乙酸、氯气、二氧化硫、氯乙酸钠、液碱、其他
		2-甲-4-氯系列	邻甲酚、氯乙酸、氯气、其他
		麦草畏	1,2,4-三氯苯、氢氧化钠、甲醇、2,5-二氯苯胺、氢氧化钾、二氧化碳、氯甲烷、硫酸二甲酯、其他
	磺酰脲类	烟嘧磺隆	2-氯烟酸、氯化亚砜、二甲胺、硫化钠、氯甲酸乙酯、氯气、嘧啶胺、其他
		氯磺隆	邻氯苯胺、氨水、氢氧化钠、硝酸钠、乙酰氯、正丁胺、其他
		苄嘧磺隆	硝酸胍、丙二酸二乙酯、乙醇、乙醇钠、三氯氧磷、氨水、甲醇钠、邻甲基苯甲酸、三氯化磷、氯气、硫脲、异氰酸正丁酯、二甲苯、1-氯丁烷、其他
		氯嘧磺隆	乙醇、二氯甲烷、碳酸钠、碳酸氢钠、4,6-二羟基嘧啶、糖精钠、2,4-二氯嘧啶、4,6-二氯嘧啶、甲醇钠的甲醇溶液、嘧啶异氰酸、其他
		苯磺隆	二甲苯、双氰胺、二甲酯、邻甲酸甲酯苯磺酰胺、三嗪 B、其他
	酰胺类	乙草胺	2-甲基-6-乙基苯胺、氯乙酰氯、甲醛、乙醇、其他
		丙草胺	2,6-二乙基苯胺、乙醇、氯乙酰氯、溴丙烷、其他
		丁草胺	2,6-二乙基苯胺、氯乙酰氯、甲醛、乙醇、其他
		异丙甲草胺	甲氧基丙醇、2-甲基-6-乙基苯胺、氯乙酰氯、其他
		氟磺胺草醚	3,4-二氯三氟甲苯、间羟基苯甲酸、三氯氧磷、硝酸、甲基磺酰胺、其他
	有机氯类	百菌清	间-二甲苯、氯气、氨、其他
		对二氯苯	苯、氯气、其他
		敌草隆	3,4-二氯苯胺、二甲胺、光气、其他
	杂环类	莠去津	三聚氯氰、乙胺、异丙胺、其他
		百草枯	吡啶、氯甲烷、氯气、其他
		多菌灵	液氯、甲醇、石灰氮、邻苯二胺、光气、硫化碱、其他
		吡虫啉	双环戊二烯、咪唑烷、2-氯-5-氯甲基吡啶、其他
		噻嗪酮	叔丁醇、硫氰酸铵、硫脲、*N*-甲基苯胺、光气、氯气、其他
		甲基硫菌灵	邻苯二胺、硫氰化钠、氯甲酸甲酯、其他
		吡蚜酮	水合肼、乙酸乙酯、光气、氯丙酮、碳酸氢钠、氢气、其他
		嗪草酮	二氯频那酮、水合肼、氯气、二硫化碳、溴甲烷、其他
		苯嗪草酮	乙酸乙酯、水合肼、苯甲酰甲酸乙酯、其他
		灭草松	苯酐、次氯酸钠、异丙胺、2-甲基吡啶、三氧化硫、三氯氧磷、氯磺酸、其他

<table>
<tr><th>化学农药制造</th><th>类别</th><th>常见主要农药产品名称</th><th>主要原辅材料名称</th></tr>
<tr><td rowspan="12">化学农药原药</td><td rowspan="7">杂环类</td><td>莠灭净</td><td>莠去津、甲硫醇钠、其他</td></tr>
<tr><td>啶虫脒</td><td>乙腈、甲醇、乙醇、氯化氢、单氰胺、2-氯-5-氯甲基吡啶、氰基乙酯、氰基甲酯、其他</td></tr>
<tr><td>扑草净</td><td>扑灭净、甲硫醇钠、其他</td></tr>
<tr><td>嘧菌酯</td><td>邻羟基苯乙酸、甲醇、4,6-二氯嘧啶、邻羟基苯腈、原甲酸三甲酯、硫酸二甲酯、其他</td></tr>
<tr><td>丙环唑</td><td>2,4-二氯苯乙酮、溴、1,2-戊二醇、三氮唑、其他</td></tr>
<tr><td>戊唑醇</td><td>对氯甲苯醛、频那酮、三氮唑、其他</td></tr>
<tr><td>咪鲜胺</td><td>三氯苯酚、二氯乙烷、丙胺、三氯甲基碳酸酯、咪唑、其他</td></tr>
<tr><td rowspan="4">氨基甲酸酯类</td><td>克百威</td><td>异丁烯、液氯、邻苯二酚、异氰酸甲酯、其他</td></tr>
<tr><td>灭多威</td><td>盐酸羟胺、乙醛、氯气、甲硫醇钠、甲基异氰酸酯、其他</td></tr>
<tr><td>异丙威</td><td>三乙胺、一甲胺、甲萘威、丙腈、苯酯、N-甲基氨基甲酸乙酯、异氰酸甲酯、其他</td></tr>
<tr><td>仲丁威</td><td>苯酯、氯甲酸薄荷酯、其他</td></tr>
<tr><td>其他类</td><td>磷化铝</td><td>铝粉、赤磷、其他</td></tr>
<tr><td>农药制剂</td><td colspan="2">固态制剂（可湿性粉剂、水分散粒剂、可溶性粉剂、颗粒剂、粉剂、水溶性粒剂、饵剂、烟剂等）、半固态制剂（悬浮剂、可分散油悬剂、悬浮种衣剂、悬乳剂等）、液态制剂（乳油、水剂、水乳剂、微乳剂、可溶性液剂等）</td><td>化学农药原药及各类溶剂、乳化剂、助剂，根据产品类别不同，选用不同的原辅材料</td></tr>
</table>

注：不同企业原辅材料会有变化，应结合企业实际情况具体分析。

5.2 污染识别

5.2.1 有毒有害物质及关注污染物

根据国家有关规定，对化学农药制造行业典型工艺原辅材料、产品及“三废”进行排查，结合历史调查数据及污染物的毒性大小、超标率，梳理出有毒有害物质及关注污染物清单，详见表 5-2。其中重点关注的有毒有害物质及关注污染物使用*进行标注。操作中应结合企业实际情况具体分析。

5.2.1.1 有毒有害物质

根据《重点监管单位土壤污染隐患排查指南（试行）》（生态环境部公告 2021 年第 1 号）排查要求，化学农药制造行业涉及的有毒有害物质主要有：醇类、酚类、醚类、酸类、醛类、酮类、酯类、酐类、酸酐类、酰胺类、酰氯类、腈类、胺类、烷烃类、烯烃类、卤代烃类、苯系物、杂环化合物、有机磷化合物、溴、含钙化合物、含氮化合物、含氯无机物、含磷无机物、含硫化合物、氰化物、磷化物、硫化物、乙酸盐、硫酸盐、硫醇盐类、硫代硫酸盐、铵盐、氯酸盐、硫氰酸盐、碳酸氢盐、农乳助剂、石油烃（C_{10}～C_{40}）、化学农药原药等类别，详见表 5-2。

表 5-2 化学农药制造行业主要有毒有害物质及关注污染物清单

序号	物料类型	物质类别		主要有毒有害物质	主要关注污染物
1	原辅材料	有机物	醇类	甲醇、乙醇、正丁醇、异丙醇、叔丁醇、异戊烯醇、1,2-戊二醇、甲氧基丙醇等	甲醇、乙醇、正丁醇、异丙醇、叔丁醇、异戊烯醇、1,2-戊二醇、甲氧基丙醇等
2			酚类	邻甲酚、邻仲丁基酚、邻氯酚等	邻甲酚、邻仲丁基酚、邻氯酚等
3			醚类	乙醚、二甲硫醚等	乙醚、二甲硫醚等
4			酸类	甲酸、乙酸、邻羟基苯乙酸、氯乙酸、二氯盐酸、氨酸、间羟基苯甲酸、*O*,*O*-二甲基硫代磷酸、3,6-二氯水杨酸*等	甲酸、乙酸、邻羟基苯乙酸、氯乙酸、二氯盐酸、氨酸、间羟基苯甲酸、*O*,*O*-二甲基硫代磷酸、3,6-二氯水杨酸*等
5			醛类	甲醛、正丙醛、多聚甲醛、三氯乙醛、丙烯醛*、对氯甲苯醛、5-降冰片烯-2-甲醛等	甲醛、正丙醛、多聚甲醛、三氯乙醛、丙烯醛*、对氯甲苯醛、5-降冰片烯-2-甲醛等
6			酮类	丙酮、丁酮、氯丙酮、二氯频那酮、2,4-二氯苯乙酮、频那酮、1-甲氧基-2-丙酮等	丙酮、丁酮、氯丙酮、二氯频那酮、2,4-二氯苯乙酮、频那酮、1-甲氧基-2-丙酮等
7			酯类	正丁酯、乙酸乙酯、甲基异氰酸酯、异氰酸甲酯、异氰酸正丁酯、氯甲酸甲酯、氯甲酸乙酯、氯甲酸邻仲丁基苯酯、氯甲酸间甲基苯酯、氰基甲酯、氰基乙酯、碳酸甲酯、原甲酸三甲酯、原甲酸三乙酯、亚硝酸二甲酯、亚磷酸二甲酯、亚硝酸异丙酯、硫酸单甲酯、硫酸二甲酯、丙烯酸甲酯*、三氯甲基碳酸酯、丙二酸二乙酯、*D*-2-氯丙酸乙酯等、乙酰乙酸甲酯、马来酸二乙酯、责亭酸甲酯、苯甲酰甲酸甲酯等	正丁酯、乙酸乙酯、甲基异氰酸酯、异氰酸甲酯、异氰酸正丁酯、氯甲酸甲酯、氯甲酸乙酯、氯甲酸邻仲丁基苯酯、氯甲酸间甲基苯酯、氰基甲酯、氰基乙酯、碳酸甲酯、原甲酸三甲酯、原甲酸三乙酯、亚硝酸二甲酯、亚磷酸二甲酯、亚硝酸异丙酯、硫酸单甲酯、硫酸二甲酯、丙烯酸甲酯*、三氯甲基碳酸酯、丙二酸二乙酯、*D*-2-氯丙酸乙酯等、乙酰乙酸甲酯、马来酸二乙酯、责亭酸甲酯、苯甲酰甲酸甲酯等
8			酐类	苯酐等	苯酐等
9			醚类	乙醚、氯甲基丁基醚等	乙醚、氯甲基丁基醚等
10			酸酐类	乙酸酐等	乙酸酐等
11			酰胺类	尿素、甲基磺酰胺、丙烯酰胺*、二甲基甲酰胺、三氯乙酰氯、乙基氯化物、*O*-甲基硫代磷酰二氯等	甲基磺酰胺、丙烯酰胺*、二甲基甲酰胺、三氯乙酰氯、乙基氯化物、*O*-甲基硫代磷酰二氯等

序号	物料类型	物质类别		主要有毒有害物质	主要关注污染物
12			酰氯类	碳酰氯、甲氨基甲酰氯、氯乙酰氯等	碳酰氯、甲氨基甲酰氯、氯乙酰氯等
13			腈类	乙腈、邻羟基苯腈、间苯二甲腈、亚氨基二乙腈、丙烯腈、异丁腈等、氰醇等	乙腈、邻羟基苯腈、间苯二甲腈、亚氨基二乙腈、丙烯腈、异丁腈等、氰醇等
14			胺类	一甲胺、二甲胺、三乙胺、乙二胺、异丙胺、苄胺、盐酸羟胺、单氰胺、乙醇胺*、三乙烯二胺、嘧啶胺、六次甲基四胺、二乙醇胺*、精胺等	一甲胺、二甲胺、三乙胺、乙二胺、异丙胺、苄胺、盐酸羟胺、单氰胺、乙醇胺*、三乙烯二胺、嘧啶胺、六次甲基四胺、二乙醇胺*、精胺等
15			烷烃类	石油醚、正己烷、环己烷等	石油醚、正己烷、环己烷等
16			烯烃类	异丁烯、1-正丁烯、异戊二烯、氯丙烯*、氯代异戊烯等	异丁烯、1-正丁烯、异戊二烯、氯丙烯*、氯代异戊烯等
17			卤代烃类	二氯甲烷*、三氯甲烷*、四氯化碳*、三氯乙烷*、氯乙烷、1,2-二氯乙烷*、三氯乙烯*、溴乙烷、溴丙烷、三氟三氯乙烷等	二氯甲烷*、三氯甲烷*、四氯化碳*、三氯乙烷*、氯乙烷、1,2-二氯乙烷*、三氯乙烯*、溴乙烷、溴丙烷、三氟三氯乙烷等
18	原辅材料	有机物	苯系物	苯*、甲苯*、二甲苯*、硝基*、苯酚、间甲苯酚、对苯二酚、三氯苯酚*、2,5-二氯苯酚*、氯苯*、2,6-二氯甲苯等、二氯苯、2-硝基甲苯*、1,2,4-三氯甲苯、1,2,4-三氯苯、2,4,5-三氯硝基苯等、3,4-二氯三氟甲苯、*N*-甲基苯胺*、邻苯二胺*、邻甲苯胺、3,4 二氯苯胺、2,5-二氯苯胺、3-氯-2-甲基苯胺等、2-甲基-6-乙基苯胺、2,6-二乙基苯胺、盐酸苯肼等	苯*、甲苯*、二甲苯*、硝基苯*、苯酚、间甲苯酚、对苯二酚、2,4,6-三氯苯酚*、三氯苯酚*、2,5-二氯苯酚*、氯苯*、2,6-二氯甲苯等、二氯苯、2-硝基甲苯*、1,2,4-三氯甲苯、1,2,4-三氯苯、2,4,5-三氯硝基苯等、3,4-二氯三氟甲苯、*N*-甲基苯胺*、邻苯二胺*、邻甲苯胺*、3,4 二氯苯胺、2,5-二氯苯胺、3-氯-2-甲基苯胺等、2-甲基-6-乙基苯胺、2,6-二乙基苯胺、盐酸苯肼等
19			杂环化合物	吡啶*、2-氯-5-氯-甲基吡啶、2-甲基吡啶、3-甲基吡啶、吡啶、3-氰基吡啶、氯甲基吡啶、四氯吡啶、吡啶酮、三氮唑、咪唑、咪唑烷、咪唑啉、吗啉、*N*-氰基-*N′*-甲基乙脒、二甲基亚砜、二氧六环、4,6-二氯嘧啶、单氰胺、双氰胺、三聚氯氰、四氢呋喃、2-异丙基-6-甲基-4-羟基嘧啶、盐酸苯肼等	吡啶*、2-氯-5-氯-甲基吡啶、2-甲基吡啶、3-甲基吡啶、吡啶、3-氰基吡啶、氯甲基吡啶、四氯吡啶、吡啶酮、三氮唑、咪唑、咪唑烷、咪唑啉、吗啉、*N*-氰基-*N′*-甲基乙脒、二甲基亚砜、二氧六环、4,6-二氯嘧啶、单氰胺、双氰胺、三聚氯氰、四氢呋喃、2-异丙基-6-甲基-4-羟基嘧啶、盐酸苯肼等
21			有机磷化合物	甲胺磷*等	甲胺磷*等
			石油烃	石油烃（C_{10}～C_{40}）	石油烃（C_{10}～C_{40}）

序号	物料类型	物质类别		主要有毒有害物质	主要关注污染物
22	原辅材料	无机物	溴	溴素等	溴等
23			含钙化合物	石灰氮、二硫化碳、三氧化硫等	—
24			含氮化合物	水合肼等	水合肼等
25			含氯无机物	氯气、液氯等	—
26			含磷无机物	三氯氧磷等	三氯氧磷等
27			含硫化合物	二硫化碳等	—
28			氰化物	氢氰酸、氰化钠等	氰化物*
29			磷化物	三氯硫磷、三氯化磷等	三氯硫磷、三氯化磷等
30			硫化物	硫化钠、硫化碱等	硫化物
31			乙酸盐	氯乙酸钠等	氯乙酸钠等
32			硫酸盐	硫酸铝、硫酸锰、硫酸锌等	—
33			硫醇盐类	甲硫醇钠等	—
34			硫代硫酸盐	硫代硫酸钠等	—
35			铵盐	硫氰酸铵等	—
36			氯酸盐	次氯酸盐等	—
37			硫氰酸盐	硫氰化钠等	—
38			碳酸氢盐	碳酸氢钠等	—
39		农乳助剂		农乳 500#（十二烷基苯磺酸钙）、农乳 600#（苯乙烯基苯酚聚氧乙烯醚）、农乳 700#（烷基酚甲醛树脂聚氧乙烯醚）、农乳 2201#、1500#溶剂油、表面活性剂（十二烷基硫酸钠）、分散剂（羧甲基纤维素）、白炭黑等	十二烷基苯磺酸钙、苯乙烯基苯酚聚氧乙烯醚、烷基酚甲醛树脂聚氧乙烯醚、十二烷基硫酸钠、羧甲基纤维素等
41	产品	有机磷类农药		草甘膦*、毒死蜱*、乙酰甲胺磷*、三乙膦酸铝*、马拉硫磷*、二嗪磷*等	草甘膦*、毒死蜱*、乙酰甲胺磷*、三乙膦酸铝*、马拉硫磷*、二嗪磷*等
42		拟除虫菊酯类农药		氯氰菊酯*、氯氟氰菊酯*、联苯菊酯*等	氯氰菊酯*、氯氟氰菊酯*、联苯菊酯*等
43		有机硫类		代森锰锌*等	代森锰锌*等
44		苯氧羧酸类农药		2,4-滴*、麦草畏*等	2,4-滴*、麦草畏*等
45		磺酰脲类农药		苯磺隆*等	苯磺隆*等
46		酰胺类农药		乙草胺*、异丙甲草胺*、氟磺胺草醚*等	乙草胺*、异丙甲草胺*、氟磺胺草醚*等
47		有机氯类农药		百菌清*、对二氯苯*、敌草隆*、五氯硝基苯*等	百菌清*、对二氯苯*、敌草隆*、五氯硝基苯*等

序号	物料类型	物质类别	主要有毒有害物质	主要关注污染物
48	产品	杂环类农药	百草枯*、甲基硫菌灵*、咪鲜胺*、灭草松*、莠去津*、莠灭净*、嗪草酮*、西玛津*、扑草净*、戊唑醇*、丙环唑*等	百草枯*、甲基硫菌灵*、咪鲜胺*、灭草松*、莠去津*、莠灭净*、嗪草酮*、西玛津*、扑草净*、戊唑醇*、丙环唑*等
49		氨基甲酸酯类农药	克百威*、灭多威*等	克百威*、灭多威*等
51	废气	溶剂挥发（备料）	挥发性有机物等	挥发性有机物等
52		pH 调整废气	挥发性有机物等	挥发性有机物等
53		反应废气	挥发性有机物等	挥发性有机物等
54		溶剂挥发气（精制/溶剂回收）	挥发性有机物等	挥发性有机物等
55		蒸馏精馏产生的不凝气	挥发性有机物等	挥发性有机物等
56		溶剂挥发（分离）	挥发性有机物等	挥发性有机物等
57		提取尾气	挥发性有机物等	挥发性有机物等
58		真空干燥废气	挥发性有机物等	挥发性有机物等
59		烘干废气	挥发性有机物等	挥发性有机物等
60		呼吸口废气	挥发性有机物、氯气、氯化氢等	挥发性有机物等
61		各类物料、装卸、转运废气	挥发性有机物等	挥发性有机物等
62		供热系统烟气	氮氧化物等	—
63		废水处理废气	挥发性有机物、硫化氢等	挥发性有机物等
64		危险废物暂存废气	挥发性有机物等	挥发性有机物等
65		焚烧炉烟气	氮氧化物、氟化物*、镉、砷*、镍*、铅*、铬、锡、铜、锰*等	氮氧化物、氟化物*、镉、砷*、镍*、铅*、铬、锡、铜、锰*等
66	废水	反应废水	醇类、酚类、醚类、酸类、醛类、酯类、酮类、酐类、胺类、腈类、酰胺类、烷烃类、烯烃类、卤代烃类、苯系物、杂环化合物、有机氯化合物、有机磷化合物、含氯无机物、含硫化合物、氰化物、有机硫类农药、拟除虫菊酯类农药、苯氧羧酸类农药、磺酰脲类农药、有机氯类农药、杂环类农药、氨基甲酸酯类农药、氨氮等	醇类、酚类、醚类、酸类、醛类、酯类、酮类、酐类、胺类、腈类、酰胺类、烷烃类、烯烃类、卤代烃类、苯系物、杂环化合物、有机氯化合物、有机磷化合物、含氯无机物、含硫化合物、氰化物、有机硫类农药、拟除虫菊酯类农药、苯氧羧酸类农药、磺酰脲类农药、有机氯类农药、杂环类农药、氨基甲酸酯类农药、氨氮等
67		洗涤水		
68		分离水相母液		
69		车间清洗废水		
70		设备清洗废水		
71	固废	生产废渣		
72		废包装袋		

注：*为重点关注的有毒有害物质及关注污染物。

结合历史调查数据结果分析，其中重点关注的有毒有害物质主要为：烯烃类（如氯丙烯等）、卤代烃类（如二氯甲烷、三氯甲烷、四氯化碳、1,2-二氯乙烷、三氯乙烷等）、氯代烯烃类（如三氯乙烯等）、醛类（如丙烯醛等）、酸类（如 3,6-二氯水杨酸等）、酯类

（如丙烯酸甲酯等）、胺类（如乙醇胺、二乙醇胺等）、酰胺类（如丙烯酰胺等）、苯系物（如苯、甲苯、间-二甲苯、对-二甲苯、邻-二甲苯、氯苯、硝基苯、2-硝基甲苯、2,4,6-三氯苯酚、2,5-二氯苯酚、邻苯二胺、*N*-甲基苯胺等）、有机磷化合物（如甲胺磷等）、杂环化合物（如吡啶等）、氟化物、氰化物、重金属（锰、铅、镍、砷等）、化学农药原药等。

5.2.1.2 关注污染物

经梳理分析原辅材料、产品、生产工艺等，化学农药制造行业涉及的关注污染物主要有：醇类、酚类、醚类、酸类、醛类、酮类、酯类、酐类、酸酐类、酰胺类、酰氯类、腈类、胺类、烷烃类、烯烃类、卤代烃类、苯系物、杂环化合物、有机磷化合物、溴、含氮化合物、含磷无机物、氰化物、磷化物、硫化物、石油烃（C_{10}～C_{40}）、化学农药原药、氨氮等类别，详见表 5-2。

结合历史调查数据结果分析，其中，重点关注的关注污染物主要为：烯烃类（如氯丙烯等）、卤代烃类（如二氯甲烷、三氯甲烷、四氯化碳、1,2-二氯乙烷、三氯乙烷等）、氯代烯烃类（如三氯乙烯等）、醛类（如丙烯醛等）、酸类（如 3,6-二氯水杨酸等）、酯类（如丙烯酸甲酯等）、胺类（如乙醇胺、二乙醇胺等）、酰胺类（如丙烯酰胺等）、苯系物（如苯、甲苯、间-二甲苯、对-二甲苯、邻-二甲苯、氯苯、硝基苯、2-硝基甲苯、2,4,6-三氯苯酚、2,5-二氯苯酚、邻苯二胺、*N*-甲基苯胺等）、有机磷化合物（如甲胺磷等）、杂环化合物（如吡啶等）、氟化物、氰化物、重金属（锰、铅、镍、砷等）、化学农药原药等。

5.2.2 重点场所或者重点设施设备

根据国家隐患排查及调查相关技术规定，结合历史调查数据，对化学农药制造行业重点场所或者重点设施设备进行排查，梳理出重点场所或者重点设施设备清单，详见表 5-3。

重点场所或者重点设施设备包括备料单元（配料设施）、反应单元（反应釜、反应器、反应床等）、精制/溶剂回收单元（蒸馏釜、精馏釜、蒸馏塔、精馏塔、薄膜蒸发器、洗涤釜、中和釜、脱色釜、脱色罐等）、分离单元（萃取设备、分层罐、结晶设备、离心过滤机、真空抽滤机、板框压滤机、“三合一”过滤机等）、干燥单元（真空干燥器、烘箱等）、制剂加工（粉碎机、混合机、研磨机、过滤器、造粒机等）、物料储存系统（原料储存罐、中间母液罐、产品储存罐等，液氯钢瓶、液氨钢瓶、氯化氢钢瓶等）、输送系统（槽车、鹤管等）、干物料储存和输送系统（物料储存系统中的干物料储存和输送系统中的槽车输送）、供热系统（锅炉、导热油炉、加热炉等）、废水处理系统（三效蒸发器、MVR 蒸发器、调节池、水解酸化池、厌氧池、好氧池、中间池、污泥浓缩池、污泥脱水间、污泥暂存间、风机、泵等）、固废处理处置系统（危险废物暂存间、残渣暂存间、废包装储存间等，危险废物焚烧炉等）、雨水收集系统（初期雨水池等）等。

表 5-3 化学农药制造行业主要重点场所或者重点设施设备清单

主要单元	重点场所或者重点设施设备名称	涉及有毒有害物质的物料	有毒有害物质	重点场所或者重点设施设备类型[a]	重点场所或者重点设施设备关注级别
备料	配料设施	挥发溶剂、pH调整废气、物料破碎粉尘	烷烃类、烯烃类、卤代烃类、氯代烯烃类、醇类、酚类、醚类、醛类、酮类、酸类、酯类、酐类、腈类、胺类、酰胺类、胍类、多环芳烃、苯系物、有机氯化合物、有机磷化合物、杂环化合物、石油烃（C_{10}～C_{40}）、氟化物、氰化物、氯化物、含氯无机物、含硫化合物、重金属等	生产区	重点关注
反应	反应釜、反应器、反应床等	反应废气、反应废水	烷烃类、烯烃类、卤代烃类、氯代烯烃类、醇类、酚类、醚类、醛类、酮类、酸类、酯类、酐类、腈类、胺类、酰胺类、胍类、多环芳烃、苯系物、有机氯化合物、有机磷化合物、杂环化合物、石油烃、氟化物、氰化物、氯化物、含氯无机物、含硫化合物、有机硫类农药、拟除虫菊酯类农药、苯氧羧酸类农药、磺酰脲类农药、有机氯类农药、杂环类农药、氨基甲酸酯类农药等	生产区	重点关注
精制/溶剂回收	蒸馏釜、精馏釜、蒸馏塔、精馏塔、薄膜蒸发器、洗涤釜、中和釜、脱色釜、脱色罐等	挥发溶剂、蒸馏精馏产生的不凝气、回收溶剂、洗涤水	烷烃类、烯烃类、卤代烃类、氯代烯烃类、醇类、酚类、醚类、醛类、酮类、酸类、酯类、酐类、腈类、胺类、酰胺类、胍类、多环芳烃、苯系物、有机氯化合物、有机磷化合物、杂环化合物、石油烃、氟化物、氰化物、氯化物、含氯无机物、含硫化合物、有机硫类农药、拟除虫菊酯类农药、苯氧羧酸类农药、磺酰脲类农药、有机氯类农药、杂环类农药、氨基甲酸酯类农药等	生产区	重点关注
分离	萃取设备、分层罐、结晶设备、离心过滤机、真空抽滤机、板框压滤机、“三合一”过滤机等	挥发溶剂、提取尾气、分离水相母液	烷烃类、烯烃类、卤代烃类、氯代烯烃类、醇类、酚类、醚类、醛类、酮类、酸类、酯类、酐类、腈类、胺类、酰胺类、胍类、多环芳烃、苯系物、有机氯化合物、有机磷化合物、杂环化合物、石油烃、氟化物、氰化物、氯化物、含氯无机物、含硫化合物、有机硫类农药、拟除虫菊酯类农药、苯氧羧酸类农药、磺酰脲类农药、有机氯类农药、杂环类农药、氨基甲酸酯类农药等	生产区	重点关注

主要单元		重点场所或者重点设施设备名称	涉及有毒有害物质的物料	有毒有害物质	重点场所或者重点设施设备类型[a]	重点场所或者重点设施设备关注级别
干燥		真空干燥器、烘箱等	真空干燥废气、烘干废气	烷烃类、烯烃类、卤代烃类、氯代烯烃类、醇类、酚类、醚类、醛类、酮类、酸类、酯类、酐类、腈类、胺类、酰胺类、胍类、多环芳烃、苯系物、有机氯化合物、有机磷化合物、杂环化合物、石油烃、氟化物、氰化物、氯化物、含氯无机物、含硫化合物、有机硫类农药、拟除虫菊酯类农药、苯氧羧酸类农药、磺酰脲类农药、有机氯类农药、杂环类农药、氨基甲酸酯类农药等	生产区	重点关注
制剂加工		粉碎机、混合机、研磨机、过滤器、造粒机等	制剂加工废气、过滤废液、设备清洗废水、地面清洗水、真空泵运行废水、废包装物等	各类农药原药、各类乳化剂、溶剂、助剂、填料、臭气、二甲苯等	生产区	重点关注
其他单元	物料储存系统	原料储存罐、中间母液罐、产品储存罐等	各类物料、呼吸口废气	烷烃类、烯烃类、卤代烃类、氯代烯烃类、醇类、酚类、醚类、醛类、酮类、酸类、酯类、酐类、腈类、胺类、酰胺类、胍类、多环芳烃、苯系物、有机氯化合物、有机磷化合物、杂环化合物、石油烃、氟化物、氰化物、氯化物、含氯无机物、含硫化合物、有机硫类农药、拟除虫菊酯类农药、苯氧羧酸类农药、磺酰脲类农药、有机氯类农药、杂环类农药、氨基甲酸酯类农药等	液体储存	重点关注
其他单元	物料储存系统	液氯钢瓶、液氨钢瓶、氯化氢钢瓶等	呼吸口废气	液氯、氯化氢等	液体储存	重点关注
其他单元	输送系统	槽车、鹤管等	各类物料、装卸、转运废气	烷烃类、烯烃类、卤代烃类、氯代烯烃类、醇类、酚类、醚类、醛类、酮类、酸类、酯类、酐类、腈类、胺类、酰胺类、胍类、多环芳烃、苯系物、有机氯化合物、有机磷化合物、杂环化合物、石油烃、氟化物、氰化物、氯化物、含氯无机物、含硫化合物、有机硫类农药、拟除虫菊酯类农药、苯氧羧酸类农药、磺酰脲类农药、有机氯类农药、杂环类农药、氨基甲酸酯类农药等	散装液体转运与厂内运输	重点关注

主要单元		重点场所或者重点设施设备名称	涉及有毒有害物质的物料	有毒有害物质	重点场所或者重点设施设备类型[a]	重点场所或者重点设施设备关注级别
其他单元	干物料储存和输送系统	物料储存系统中的干物料储存和输送系统中的槽车输送	各类物料、装卸、转运废气	烷烃类、烯烃类、卤代烃类、氯代烯烃类、醇类、酚类、醚类、醛类、酮类、酸类、酯类、酐类、腈类、胺类、酰胺类、胍类、多环芳烃、苯系物、有机氯化合物、有机磷化合物、杂环化合物、石油烃、氟化物、氰化物、氯化物、含氯无机物、含硫化合物、有机硫类农药、拟除虫菊酯类农药、苯氧羧酸类农药、磺酰脲类农药、有机氯类农药、杂环类农药、氨基甲酸酯类农药等	货物的储存和传输	重点关注
	供热系统	锅炉、导热油炉、加热炉等	供热系统烟气	氮氧化物等	其他活动区	重点关注
	废水处理系统	三效蒸发器、MVR 蒸发器、调节池、水解酸化池、厌氧池、好氧池、中间池、污泥浓缩池、污泥脱水间、污泥暂存间、风机、泵等	车间清洗废水、设备清洗废水、废水处理废气	烷烃类、烯烃类、卤代烃类、氯代烯烃类、醇类、酚类、醚类、醛类、酮类、酸类、酯类、酐类、腈类、胺类、酰胺类、胍类、多环芳烃、苯系物、有机氯化合物、有机磷化合物、杂环化合物、石油烃、氟化物、氰化物、氯化物、含氯无机物、含硫化合物、有机硫类农药、拟除虫菊酯类农药、苯氧羧酸类农药、磺酰脲类农药、有机氯类农药、杂环类农药、氨基甲酸酯类农药等		重点关注
	固废处理处置系统	危险废物暂存间、残渣暂存间、废包装储存间等	危险废物暂存废气、生产废渣、废包装袋	烷烃类、烯烃类、卤代烃类、氯代烯烃类、醇类、酚类、醚类、醛类、酮类、酸类、酯类、酐类、腈类、胺类、酰胺类、胍类、多环芳烃、苯系物、有机氯化合物、有机磷化合物、杂环化合物、石油烃、氟化物、氰化物、氯化物、含氯无机物、含硫化合物、有机硫类农药、拟除虫菊酯类农药、苯氧羧酸类农药、磺酰脲类农药、有机氯类农药、杂环类农药、氨基甲酸酯类农药等		重点关注
		危险废物焚烧炉	焚烧炉烟气	氮氧化物、氟化物、镉、砷、镍、铅、铬、锡、铜、锰		重点关注
	雨水收集系统	初期雨水池	初期雨水	烷烃类、烯烃类、卤代烃类、氯代烯烃类、醇类、酚类、醚类、醛类、酮类、酸类、酯类、酐类、腈类、胺类、酰胺类、胍类、多环芳烃、苯系物、有机氯化合物、有机磷化合物、杂环化合物、石油烃、氟化物、氰化物、氯化物、含氯无机物、含硫化合物、有机硫类农药、拟除虫菊酯类农药、苯氧羧酸类农药、磺酰脲类农药、有机氯类农药、杂环类农药、氨基甲酸酯类农药等	液体储存	一般关注

注：[a] 重点场所或者重点设施设备类型参考《重点监管单位土壤污染隐患排查指南（试行）》附录 A 土壤污染隐患排查与整改技术要点确定。

其中，需要重点关注的有：备料单元（配料设施）、反应单元（反应釜、反应器、反应床等）、精制/溶剂回收单元（蒸馏釜、精馏釜、蒸馏塔、精馏塔、薄膜蒸发器、洗涤釜、中和釜、脱色釜、脱色罐等）、分离单元（萃取设备、分层罐、结晶设备、离心过滤机、真空抽滤机、板框压滤机、“三合一”过滤机等）、干燥单元（真空干燥器、烘箱等）、制剂加工（粉碎机、混合机、研磨机、过滤器、造粒机等）、物料储存系统（原料储存罐、中间母液罐、产品储存罐、液氯钢瓶、液氨钢瓶、氯化氢钢瓶等）、输送系统（槽车、鹤管等）、干物料储存和输送系统（物料储存系统中的干物料储存和输送系统中的槽车输送）、供热系统（锅炉、导热油炉、加热炉等）、废水处理系统（三效蒸发器、MVR 蒸发器、调节池、水解酸化池、厌氧池、好氧池、中间池、污泥浓缩池、污泥脱水间、污泥暂存间、风机、泵等）、固废处理处置系统（危险废物暂存间、残渣暂存间、废包装储存间、危险废物焚烧炉等）等。

5.3 隐患排查技术要点

根据《重点监管单位土壤污染隐患排查指南（试行）》附录 A 所提出的场所或设施设备类型，对化学农药制造行业涉及有毒有害物质的重点场所或者重点设施设备进行全面排查，提出本行业排查要点和整改要点。操作中需根据各企业实际情况进行分析。

化学农药制造行业的主要单元包括备料单元、反应单元、精制/溶剂回收单元、分离单元、干燥单元、制剂加工单元、物料储存系统、输送系统、干物料储存和输送系统、供热系统、废水处理系统、固废处理处置系统、雨水收集系统等。其中，备料单元、反应单元、精制/溶剂回收单元、分离单元、干燥单元、制剂加工单元的重点场所或者重点设施设备均属于生产区；物料储存系统、雨水收集系统的重点场所或者重点设施设备属于液体类储存设施；输送系统的重点场所或者重点设施设备属于散装液体转运与厂内运输；干物料储存和输送系统的重点场所或者重点设施设备类型属于货物的储存和传输；供热系统、废水处理系统、固废处理处置系统的重点场所或者重点设施设备类型属于其他活动区。除雨水收集系统外，上述主要单元的重点场所或者重点设施设备均为重点关注的。

针对上述不同类型的重点场所或者重点设施设备提出隐患排查与整改要点。化学农药制造行业隐患排查技术要点详见表 5-4。

表 5-4 化学农药制造行业隐患排查技术要点一览表

主要单元	重点场所或重点设施设备		排查要点	整改要点
	名称	类型		
备料	配料设施（重点关注）	生产区	属于密闭设备，可能出现的情形：①尾气负压回收系统密闭性差，存在漏气点；②管道与设备之间的连接处不耐压，容易发生“跑冒滴漏”；③气流粉碎后尾气粉尘处理环节，水幕除尘意外停机，可能存在的隐患：①设备运行过程中易发生“跑冒滴漏”，且涉及污染物种类多、用量大、毒性高；②设备及车间清洗废水易出现残留，若车间防渗措施不到位，车间喷淋水可能会导致污染物下渗，存在污染土壤和地下水的风险；③高压塔安全阀起跳；④精馏塔塔底重组分渗漏外溢；⑤不凝气太多导致系统压力太高，分离困难	①在设施设备容易发生泄漏、渗漏的地方设置防滴漏设施，及时排空防滴漏设施中的雨水；②定期清空防滴漏设施；③设置防渗阻隔系统，防止雨水进入，或及时有效排出雨水；④渗漏、流失的液体能得到有效收集并定期清理；⑤定期开展防渗效果检查（如物探检测、注水试验检测等，下同）；⑥日常目视检查；⑦日常维护；⑧定期巡检区域内是否存在未硬化地面、裂隙等；⑨设置操作规程标识牌，对处置人员进行培训，防止物料及危废暂存转运过程中的遗撒；⑩制定严格的操作规程，及时泄压；⑪塔底修建存储池
反应	反应釜、反应器、反应床等（重点关注）	生产区	①液体/固体原辅料在计量、加注、填充等过程中流失、扬散或者遗撒；②设备运行过程中易发生“跑冒滴漏”，且涉及污染物种类多、用量大、毒性高；③设备及车间清洗废水易出现残留，若车间防渗措施不到位，车间喷淋水可能会导致污染物下渗，存在污染土壤和地下水的风险	①在设施设备容易发生泄漏、渗漏的地方设置防滴漏设施，及时排空防滴漏设施中的雨水；②定期清空防滴漏设施；③设置防渗阻隔系统，防止雨水进入，或及时有效排出雨水；④渗漏、流失的液体能得到有效收集并定期清理；⑤定期开展防渗效果检查；⑥日常目视检查；⑦日常维护；⑧定期巡检区域内是否存在未硬化地面、裂隙等；⑨设置操作规程标识牌，对处置人员进行培训，防止物料及危废暂存转运过程中的遗撒
精制/溶剂回收	蒸馏釜、精馏釜、蒸馏塔、精馏塔、薄膜蒸发器、洗涤釜、中和釜、脱色釜、脱色罐等（重点关注）	生产区	①液体/固体原辅料在计量、加注、填充等过程中流失、扬散或者遗撒；②设备运行过程中易发生“跑冒滴漏”，且涉及污染物种类多、用量大、毒性高；③设备及车间清洗废水易出现残留，若车间防渗措施不到位，车间喷淋水可能会导致污染物下渗，存在污染土壤和地下水的风险；④高压塔安全阀起跳；⑤精馏塔塔底重组分渗漏外溢；⑥不凝气太多导致系统压力太高，分离困难	①在设施设备容易发生泄漏、渗漏的地方设置防滴漏设施，及时排空防滴漏设施中的雨水；②定期清空防滴漏设施；③设置防渗阻隔系统，防止雨水进入，或及时有效排出雨水；④渗漏、流失的液体能得到有效收集并定期清理；⑤定期开展防渗效果检查；⑥日常目视检查；⑦日常维护；⑧定期巡检区域内是否存在未硬化地面、裂隙等；⑨设置操作规程标识牌，对处置人员进行培训，防止物料及危废暂存转运过程中的遗撒；⑩制定严格的操作规程，及时泄压；⑪塔底修建存储池

主要单元	重点场所或重点设施设备		排查要点	整改要点
	名称	类型		
分离	萃取设备、分层罐、结晶设备、离心过滤机、真空抽滤机、板框压滤机、“三合一”过滤机等（重点关注）	生产区	①液体/固体原辅料在计量、加注、填充等过程中流失、扬散或者遗撒；②设备运行过程中易发生“跑冒滴漏”，且涉及污染物种类多、用量大、毒性高；③设备及车间清洗废水易出现残留，若车间防渗措施不到位，车间喷淋水可能会导致污染物下渗，存在污染土壤和地下水的风险；④离心机工作时，溶剂大量挥发；⑤压滤机滤饼四处扬散；⑥油水分离时，中间层污染设备	①在设施设备容易发生泄漏、渗漏的地方设置防滴漏设施，及时排空防滴漏设施中的雨水；②定期清空防滴漏设施；③设置防渗阻隔系统，防止雨水进入，或及时有效排出雨水；④渗漏、流失的液体能得到有效收集并定期清理；⑤定期开展防渗效果检查；⑥日常目视检查；⑦日常维护；⑧定期巡检区域内是否存在未硬化地面、裂隙等；⑨设置操作规程标识牌，对处置人员进行培训，防止物料及危废暂存转运过程中的遗撒；⑩密闭空间操作，换气系统良好；⑪滤饼进行饼布分离时，车间地面要固化处理；⑫中间层物料进行专桶回收
干燥	真空干燥器、烘箱等（重点关注）	生产区	半开放设备，可能出现的情形：①液体/固体原辅料在计量、加注、填充等过程中流失、扬散或者遗撒；②设备运行过程中易发生“跑冒滴漏”，且涉及污染物种类多、用量大、毒性高；③设备及车间清洗废水易出现残留，若车间防渗措施不到位，车间喷淋水可能会导致污染物下渗，存在污染土壤和地下水的风险；④离心机工作时，溶剂大量挥发；⑤压滤机滤饼四处扬散；⑥油水分离时，中间层污染设备；⑦烘干废气中粉尘量大	①在设施设备容易发生泄露、渗漏的地方设置防滴漏设施，及时排空防滴漏设施中的雨水；②定期清空防滴漏设施；③设置防渗阻隔系统，防止雨水进入，或及时有效排出雨水；④渗漏、流失的液体能得到有效收集并定期清理；⑤定期开展防渗效果检查；⑥日常目视检查；⑦日常维护；⑧定期巡检区域内是否存在未硬化地面、裂隙等；⑨密闭空间操作，换气系统良好；⑩滤饼进行饼布分离时，车间地面要固化处理；⑪中间层物料进行专桶回收；⑫连接负压尾气回收系统；⑬除尘布袋滤袋处理
制剂加工	粉碎机、混合机、研磨机、过滤器、造粒机等（重点关注）	生产区	①液体/固体原辅料在计量、加注、填充等过程中流失、扬散或者遗撒；②设备运行过程中易发生“跑冒滴漏”，且涉及污染物种类多、用量大、毒性高；③设备及车间清洗废水易出现残留，若车间防渗措施不到位，车间喷淋水可能会导致污染物下渗，存在污染土壤和地下水的风险	①定期巡检区域内是否存在未硬化地面、裂隙等；②排查区域内防渗阻隔情况，防止雨水进入阻隔设施；③设置重点防渗区，收集暂存废水、废渣，定期巡检回配装置；⑤设置操作规程标识牌，对处置人员进行培训，防止物料及危废暂存转运过程中的遗撒；⑥定期开展防渗效果检查；⑦在设施设备容易发生泄漏、渗漏的地方设置防滴漏设施，及时排空防滴漏设施中的雨水，防止雨水造成防滴漏设施满溢；⑧相关设施设备进行防腐防渗处理

主要单元		重点场所或重点设施设备		排查要点	整改要点
		名称	类型		
其他单元	物料储存系统	原料储存罐、中间母液罐、产品储存罐等（重点关注）	液体储存	主要是接地储罐，若发生泄漏，易造成土壤污染。可能情形：①罐体内、外腐蚀造成液体物料泄漏、渗漏；②罐体未做防腐防渗处理；③日常维护（如及时清理泄漏的污染物，定期检查防渗效果）及日常目视检查（如按操作规程或者交班时，对是否存在泄漏、渗漏等情况进行快速检查）不到位；④呼吸口废气大量挥发溢出	①定期开展阴极保护有效性检查；②定期目视检查，重点对罐体及连接法兰、阀门等是否存在泄漏、渗漏、满溢进行检查；③定期检查泄漏检测设施，确保正常运行；④定期开展防渗效果检查；⑤定期采用专业设备开展罐体专项检查；⑥对于不适合目视检查、泄漏检查的情况，建议增加设置地下水监测井或者土壤气监测井，定期开展地下水或者土壤气监测；⑦进行日常维护（如及时解决泄漏问题，及时清理泄漏的污染物），渗漏、流失的液体能得到有效收集并定期清理；⑧相关设施设备进行防腐防渗处理；⑨设置并定期巡检防渗阻隔系统，防止雨水进入，或者及时有效排出雨水；⑩货物采用合适的包装材料；⑪做好防渗工作，根据《石油化工工程防渗技术规范》（GB/T 50934—2013）中相关防渗技术标准、设计使用年限等开展隐患排查；⑫采用内浮顶罐的，应符合《石油化工企业设计防火规范》（GB 50160—2008）要求
		液氯钢瓶、液氨钢瓶、氯化氢钢瓶等（重点关注）		钢瓶法兰、阀门易出现泄漏	①储存仓库应符合建筑设计防火规范；②钢瓶仓库必须由掌握气瓶安全知识的专人负责相关工作，并对入/出库及使用情况、是否有泄漏或异样做好相应记录；③储存不同物质的钢瓶需分开放置、不得混放；④附近应避开放射源，腐蚀气体，瓶内气体接触能引起燃烧、爆炸、产生毒物的气体；⑤定期巡检钢瓶以及连接法兰、阀门等是否存在“跑冒滴漏”
	输送系统	槽车、鹤管等（重点关注）	散装液体转运与厂内运输	可能情形有：①液体物料的满溢；②装卸完成后，出料口及相关配件中残余液体物料的滴漏；③管道的内、外腐蚀；④输送泵存在泄漏或故障停机	①设置防渗阻隔系统，防止雨水进入，或及时有效排出雨水；②出料口放置处底部设置防滴漏设施；③定期清空防滴漏设施；④设置溢流保护装置；⑤日常目视检查；⑥设置清晰的灌注和抽出说明标识牌；⑦有效应对泄漏事件，渗漏、流失的液体能得到有效收集并定期清理；⑧定期检测管道渗漏情况（内检测、外检测及其他专项检测），根据管道检测结果，制定并落实管道维护方案；⑨定期巡检区域内是否存在未硬化地面、裂隙，注意设施设备的连接处等；⑩用屏蔽泵代替传统离心泵或齿轮泵

主要单元		重点场所或重点设施设备		排查要点	整改要点
		名称	类型		
其他单元	干物料储存和输送系统	物料储存系统中的干物料储存和输送系统中的槽车输送（重点关注）	货物的储存和传输	可能存在的隐患：①散装干货物因雨水或者防尘喷淋水冲刷进入土壤；②散装湿货物因雨水冲刷，以及渗出有毒有害液体物质进入土壤；③包装材质不合适造成货物渗漏、流失或者扬散；④系统过载；⑤粉状物料扬散等	①设置阻隔设施；②日常目视检查；③定期巡检区域内是否存在未硬化地面、裂隙；④排查区域内防渗阻隔情况；⑤有效应对泄漏事件；⑥按照《危险废物贮存污染控制标准》（GB 18597—2023）的要求开展排查和整改
	供热系统	锅炉、导热油炉、加热炉等（重点关注）	其他活动区	①多为密闭设备，区域内温度较高，或燃料燃烧烟气易出现密集和污染，②若车间防渗措施不到位，车间喷淋水可能会导致污染物下渗，存在污染土壤和地下水的风险；③燃烧不充分，尾气超标；④燃烧剩余油污洒入土壤	①定期巡检区域内是否存在未硬化地面、裂隙等；②定期对锅炉进行日常性维修保养和检修，按照有关规定要求，对锅炉进行定期检验；③严格按照操作规程和安全措施操作；④组织员工进行故障的应急处理知识、技能培训和应急演习；⑤改天然气炉或电加热炉；⑥油污定点回收
	废水处理系统	三效蒸发器、MVR 蒸发器、调节池、水解酸化池、厌氧池、好氧池、中间池、污泥浓缩池、污泥脱水间、污泥暂存间、风机、泵等（重点关注）		废水处理系统多为地下池体，具有隐蔽性，且区域内污染物种类多、浓度高、毒性大、易造成土壤污染。可能情形：①池体老化、破损、裂缝造成的泄漏、渗漏；②池体满溢	①防渗设计和建设；②注意排水沟、污泥收集设施、油水分离设施、设施连接处和有关涵洞、排水口等，防止渗漏；③定期开展密封、防渗效果检查，或者制订检修计划；④定期巡检，重点对池体是否存在泄漏、渗漏、满溢进行检查；⑤对于不适合目视检查、泄漏检查的情况，建议增加设置地下水监测井或者土壤气监测井，定期开展地下水或者土壤气监测；⑥定期检查泄漏检测设施，确保正常运行；⑦日常维护
	固废处理处置系统	危险废物暂存间、残渣暂存间、废包装储存间等（重点关注）		①若区域内防渗、防风、防雨、防晒措施未到达危废贮存要求，易造成土壤和地下水污染；②堆放时存在释放有害气体；③固废、危化物随雨水流入地下	①设置操作规程标识牌，对处置人员进行培训，防止危废暂存转运过程中的遗撒；②定期检查泄漏检测设施，确保正常运行；③日常维护（如及时解决泄漏问题，及时清理泄漏的污染物）；④排查区域内防渗阻隔情况；⑤设置并定期巡检防渗阻隔系统，防止雨水进入，或者及时有效排出雨水；⑥定期巡检区域内是否存在未硬化地面、裂隙等；⑦按照 GB 18597 和《一般工业固体废物贮存和填埋污染控制标准》（GB 18599—2020）的要求开展排查和整改；⑧固废室做尾气回收；⑨堆放时不可密度过大；⑩防雨措施到位

主要单元		重点场所或重点设施设备		排查要点	整改要点
		名称	类型		
其他单元	固废处理处置系统	危险废物焚烧炉（重点关注）	其他活动区	焚烧炉周边燃烧粉尘、烟气较多，若车间防渗措施不到位，地面残留及车间喷淋水可能会导致污染物下渗，存在污染土壤和地下水的风险	①定期开展日常巡检，对地面积累的粉尘进行及时处理；②定期巡检区域内是否存在未硬化地面、裂隙等；③日常维护；④排查区域内防渗阻隔情况；⑤设置并定期巡检防渗阻隔系统，防止雨水进入，或者及时有效排出雨水；⑥固废室做尾气回收；⑦堆放时不可密度过大；⑧防雨措施到位
	雨水收集系统	初期雨水池	液体储存	雨水池多为地下槽体/池体，具有隐蔽性，若发生泄漏，易造成土壤污染。可能情形：①池体老化、破损、裂缝造成的泄漏、渗漏；②池体满溢	①防渗设计和建设；②定期开展密封、防渗效果检查；③制订检修计划；④定期巡检，重点对池体是否存在泄漏、渗漏、满溢进行检查；⑤对于不适合目视检查、泄漏检查的情况，建议增加设置地下水监测井或者土壤气监测井，定期开展地下水或者土壤气监测；⑥定期检查泄漏检测设施，确保正常运行；⑦日常维护

5.4 初步采样调查技术要点

结合化学农药制造行业识别的重点关注的重点场所或重点设施设备、重点关注的关注污染物以及所在主要单元，提出该行业初步采样调查的重点关注布点位置与涉及的关注污染物，详见表 5-5。识别出的重点场所或者重点设施设备应作为优先布点区域，其他区域应根据国家相关导则规定进行全面梳理，根据地块实际酌情考虑。

5.4.1 点位布设

本章 5.2 节识别的重点场所或者重点设施设备中需要重点关注的，包括备料单元（配料设施）、反应单元（反应釜、反应器、反应床等）、精制/溶剂回收单元（蒸馏釜、精馏釜、蒸馏塔、精馏塔、薄膜蒸发器、洗涤釜、中和釜、脱色釜、脱色罐等）、分离单元（萃取设备、分层罐、结晶设备、离心过滤机、真空抽滤机、板框压滤机、“三合一”过滤机等）、干燥单元（真空干燥器、烘箱等）、制剂加工（粉碎机、混合机、研磨机、过滤器、造粒机等）、物料储存系统（原料储存罐、中间母液罐、产品储存罐、液氯钢瓶、液氨钢瓶、氯化氢钢瓶等）、输送系统（槽车、鹤管等）、干物料储存和输送系统（物料储存系统中的干物料储存和输送系统中的槽车输送）、供热系统（锅炉、导热油炉、加热炉等）、废水处理系统（三效蒸发器、MVR 蒸发器、调节池、水解酸化池、厌氧池、好氧池、中间池、污泥浓缩池、污泥脱水间、污泥暂存间、风机、泵等）、固废处理处置系统（危险废物暂存间、残渣暂存间、废包装储存间、危险废物焚烧炉等）等，应优先考虑布点，其他建议的重点关注布点位置及其对应的关注污染物见表 5-5。现场布点应结合实际情况，布设在重点场所或者重点设施设备最有可能污染的位置，同时结合现场颜色气味异常、污染痕迹、硬化地面裂缝、污染物的迁移途径等因素综合考虑布点，如当前或历史上有裸露地面的区域（如绿化带）、历史上为工业企业的生产区域、污染泄漏区、历史监测超标区、颜色（如黄绿色）气味异常区域、周边地块关注污染物可能影响的本地块内区域等也应纳入布点考虑。

表 5-5　化学农药制造行业重点关注布点位置及涉及关注污染物一览表

主要单元	重点关注布点位置	涉及物料	涉及关注污染物
备料	配料设施（重点关注）	溶剂挥发、pH 调整废气、物料破碎粉尘	烯烃类：三氯乙烯、氯丙烯等；卤代烃类：二氯甲烷、三氯甲烷、1,2-二氯乙烷、1,1,2-三氯乙烷、1,1,1,2-四氯乙烷、1,2-二氯丙烷、溴甲烷等；氯代烯烃类：1,1-二氯乙烯、三氯乙烯等；醛类：丙烯醛等；酸类：3,6-二氯水杨酸等；酯类：丙烯酸甲酯等；胺类：乙醇胺、二乙醇胺等；酰胺类：丙烯酰胺等；多环芳烃：苯并[*a*]芘；苯系物：苯、甲苯、乙苯、间-二甲苯、对-二甲苯、邻-二甲苯、氯苯、硝基苯、2-硝基甲苯、2,4,6-三氯苯酚、2,5-二氯苯酚、邻苯二胺、*N*-甲基苯胺等；有机氯化合物：四氯化碳等；有机磷化合物：甲胺磷等；杂环化合物：吡啶等；无机物：氟化物、氰化物、氯化物等
反应	反应釜、反应器、反应床等（重点关注）	反应废气、反应废水	烯烃类：三氯乙烯、氯丙烯等；卤代烃类：二氯甲烷、三氯甲烷、1,2-二氯乙烷、1,1,2-三氯乙烷、1,1,1,2-四氯乙烷、1,2-二氯丙烷、溴甲烷等；氯代烯烃类：1,1-二氯乙烯、三氯乙烯等；醛类：丙烯醛等；酸类：3,6-二氯水杨酸等；酯类：丙烯酸甲酯等；胺类：乙醇胺、二乙醇胺等；酰胺类：丙烯酰胺等；多环芳烃：苯并[*a*]芘；苯系物：苯、甲苯、乙苯、间-二甲苯、对-二甲苯、邻二甲苯、氯苯、硝基苯、2-硝基甲苯、2,4,6-三氯苯酚、2,5-二氯苯酚、邻苯二胺、*N*-甲基苯胺等；有机氯化合物：四氯化碳等；有机磷化合物：甲胺磷等；杂环化合物：吡啶等；化学农药原药：敌草快、毒死蜱、百草枯等；无机物：氟化物、氰化物、氯化物等

主要单元	重点关注布点位置	涉及物料	涉及关注污染物
精制/溶剂回收	蒸馏釜、精馏釜、蒸馏塔、精馏塔、薄膜蒸发器、洗涤釜、中和釜、脱色釜、脱色罐等（重点关注）	溶剂挥发、蒸馏精馏产生的不凝气、回收溶剂、洗涤水	烯烃类：三氯乙烯、氯丙烯等；卤代烃类：二氯甲烷、三氯甲烷、1,2-二氯乙烷、1,1,2-三氯乙烷、1,1,1,2-四氯乙烷、1,2-二氯丙烷、溴甲烷等；氯代烯烃类：1,1-二氯乙烯、三氯乙烯等；醛类：丙烯醛等；酸类：3,6-二氯水杨酸等；酯类：丙烯酸甲酯等；胺类：乙醇胺、二乙醇胺等；酰胺类：丙烯酰胺等；多环芳烃：苯并[*a*]芘；苯系物：苯、甲苯、乙苯、间-二甲苯、对-二甲苯、邻-二甲苯、氯苯、硝基苯、2-硝基甲苯、2,4,6-三氯苯酚、2,5-二氯苯酚、邻苯二胺、*N*-甲基苯胺等；有机氯化合物：四氯化碳等；有机磷化合物：甲胺磷等；杂环化合物：吡啶等；化学农药原药：敌草快、毒死蜱、百草枯等；无机物：氟化物、氰化物、氯化物等
分离	萃取设备、分层罐、结晶设备、离心过滤机、真空抽滤机、板框压滤机、“三合一”过滤机等（重点关注）	挥发溶剂、提取尾气、分离水相母液	烯烃类：三氯乙烯、氯丙烯等；卤代烃类：二氯甲烷、三氯甲烷、1,2-二氯乙烷、1,1,2-三氯乙烷、1,1,1,2-四氯乙烷、1,2-二氯丙烷、溴甲烷等；氯代烯烃类：1,1-二氯乙烯、三氯乙烯等；醛类：丙烯醛等；酸类：3,6-二氯水杨酸等；酯类：丙烯酸甲酯等；胺类：乙醇胺、二乙醇胺等；酰胺类：丙烯酰胺等；多环芳烃：苯并[*a*]芘；苯系物：苯、甲苯、乙苯、间-二甲苯、对-二甲苯、邻-二甲苯、氯苯、硝基苯、2-硝基甲苯、2,4,6-三氯苯酚、2,5-二氯苯酚、邻苯二胺、*N*-甲基苯胺等；有机氯化合物：四氯化碳等；有机磷化合物：甲胺磷等；杂环化合物：吡啶等；化学农药原药：敌草快、毒死蜱、百草枯等；无机物：氟化物、氰化物、氯化物等
干燥	真空干燥器、烘箱等（重点关注）	真空干燥废气、烘干废气	烯烃类：三氯乙烯、氯丙烯等；卤代烃类：二氯甲烷、三氯甲烷、1,2-二氯乙烷、1,1,2-三氯乙烷、1,1,1,2-四氯乙烷、1,2-二氯丙烷、溴甲烷等；氯代烯烃类：1,1-二氯乙烯、三氯乙烯等；醛类：丙烯醛等；酸类：3,6-二氯水杨酸等；酯类：丙烯酸甲酯等；胺类：乙醇胺、二乙醇胺等；酰胺类：丙烯酰胺等；多环芳烃：苯并[*a*]芘；苯系物：苯、甲苯、乙苯、间-二甲苯、对-二甲苯、邻-二甲苯、氯苯、硝基苯、2-硝基甲苯、2,4,6-三氯苯酚、2,5-二氯苯酚、邻苯二胺、*N*-甲基苯胺等；有机氯化合物：四氯化碳等；有机磷化合物：甲胺磷等；杂环化合物：吡啶等；化学农药原药：敌草快、毒死蜱、百草枯等；无机物：氟化物、氰化物、氯化物等
制剂加工	粉碎机、混合机、研磨机、过滤器、造粒机等（重点关注）	制剂加工废气、过滤废液、设备清洗废水、地面清洗水、真空泵运行废水、废包装物等	各类农药原药、各类乳化剂、溶剂、助剂、填料、臭气、二甲苯等

主要单元		重点关注布点位置	涉及物料	涉及关注污染物
其他单元	物料储存系统	原料储存罐、中间母液罐、产品储存罐等（重点关注）	各类物料、呼吸口废气	烯烃类：三氯乙烯、氯丙烯等；卤代烃类：二氯甲烷、三氯甲烷、1,2-二氯乙烷、1,1,2-三氯乙烷、1,1,1,2-四氯乙烷、1,2-二氯丙烷、溴甲烷等；氯代烯烃类：1,1-二氯乙烯、三氯乙烯等；醛类：丙烯醛等；酸类：3,6-二氯水杨酸等；酯类：丙烯酸甲酯等；胺类：乙醇胺、二乙醇胺等；酰胺类：丙烯酰胺等；多环芳烃：苯并[*a*]芘；苯系物：苯、甲苯、乙苯、间-二甲苯、对-二甲苯、邻-二甲苯、氯苯、硝基苯、2-硝基甲苯、2,4,6-三氯苯酚、2,5-二氯苯酚、邻苯二胺、*N*-甲基苯胺等；有机氯化合物：四氯化碳等；有机磷化合物：甲胺磷等；杂环化合物：吡啶等；化学农药原药：敌草快、毒死蜱、百草枯等；无机物：氟化物、氰化物、氯化物等
		液氯钢瓶、液氨钢瓶、氯化氢钢瓶等（重点关注）	呼吸口废气	氨氮等
	输送系统	槽车、鹤管等（重点关注）	各类物料、装卸、转运废气	烯烃类：三氯乙烯、氯丙烯等；卤代烃类：二氯甲烷、三氯甲烷、1,2-二氯乙烷、1,1,2-三氯乙烷、1,1,1,2-四氯乙烷、1,2-二氯丙烷、溴甲烷等；氯代烯烃类：1,1-二氯乙烯、三氯乙烯等；醛类：丙烯醛等；酸类：3,6-二氯水杨酸等；酯类：丙烯酸甲酯等；胺类：乙醇胺、二乙醇胺等；酰胺类：丙烯酰胺等；多环芳烃：苯并[*a*]芘；苯系物：苯、甲苯、乙苯、间-二甲苯、对-二甲苯、邻-二甲苯、氯苯、硝基苯、2-硝基甲苯、2,4,6-三氯苯酚、2,5-二氯苯酚、邻苯二胺、*N*-甲基苯胺等；有机氯化合物：四氯化碳等；有机磷化合物：甲胺磷等；杂环化合物：吡啶等；化学农药原药：敌草快、毒死蜱、百草枯等；无机物：氟化物、氰化物、氯化物等
	供热系统	锅炉、导热油炉、加热炉等（重点关注）	供热系统烟气	氯代烃类：1,2-二氯乙烷等；氯代烯烃类：三氯乙烯等；苯系物：苯等；无机物：氯化物等
	废水处理系统	三效蒸发器、MVR 蒸发器、调节池、水解酸化池、厌氧池、好氧池、中间池、污泥浓缩池、污泥脱水间、污泥暂存间、风机、泵等（重点关注）	车间清洗废水、设备清洗废水、废水处理废气	烯烃类：三氯乙烯、氯丙烯等；卤代烃类：二氯甲烷、三氯甲烷、1,2-二氯乙烷、1,1,2-三氯乙烷、1,1,1,2-四氯乙烷、1,2-二氯丙烷、溴甲烷等；氯代烯烃类：1,1-二氯乙烯、三氯乙烯等；醛类：丙烯醛等；酸类：3,6-二氯水杨酸等；酯类：丙烯酸甲酯等；胺类：乙醇胺、二乙醇胺等；酰胺类：丙烯酰胺等；多环芳烃：苯并[*a*]芘；苯系物：苯、甲苯、乙苯、间-二甲苯、对-二甲苯、邻-二甲苯、氯苯、硝基苯、2-硝基甲苯、2,4,6-三氯苯酚、2,5-二氯苯酚、邻苯二胺、*N*-甲基苯胺等；有机氯化合物：四氯化碳等；有机磷化合物：甲胺磷等；杂环化合物：吡啶等；化学农药原药：敌草快、毒死蜱、百草枯等；无机物：氟化物、氰化物、氯化物等

主要单元		重点关注布点位置	涉及物料	涉及关注污染物
其他单元	固废处理处置系统	危险废物暂存间、残渣暂存间、废包装储存间等（重点关注）	危险废物暂存废气、生产废渣、废包装袋	烯烃类：三氯乙烯、氯丙烯等；卤代烃类：二氯甲烷、三氯甲烷、1,2-二氯乙烷、1,1,2-三氯乙烷、1,1,1,2-四氯乙烷、1,2-二氯丙烷、溴甲烷等；氯代烯烃类：1,1-二氯乙烯、三氯乙烯等；醛类：丙烯醛等；酸类：3,6-二氯水杨酸等；酯类：丙烯酸甲酯等；胺类：乙醇胺、二乙醇胺等；酰胺类：丙烯酰胺等；多环芳烃：苯并[*a*]芘；苯系物：苯、甲苯、乙苯、间-二甲苯、对-二甲苯、邻-二甲苯、氯苯、硝基苯、2-硝基甲苯、2,4,6-三氯苯酚、2,5-二氯苯酚、邻苯二胺、*N*-甲基苯胺等；有机氯化合物：四氯化碳等；有机磷化合物：甲胺磷等；杂环化合物：吡啶等；化学农药原药：敌草快、毒死蜱、百草枯等；无机物：氟化物、氰化物、氯化物等
		危险废物焚烧炉（重点关注）	焚烧炉烟气	苯系物：甲苯等；氯代烃类：二氯乙烷等；多环芳烃类：苯并（*a*）芘等；无机物：重金属（砷等）
	雨水收集系统	初期雨水池	初期雨水	烯烃类：三氯乙烯、氯丙烯等；卤代烃类：二氯甲烷、三氯甲烷、1,2-二氯乙烷、1,1,2-三氯乙烷、1,1,1,2-四氯乙烷、1,2-二氯丙烷、溴甲烷等；氯代烯烃类：1,1-二氯乙烯、三氯乙烯等；醛类：丙烯醛等；酸类：3,6-二氯水杨酸等；酯类：丙烯酸甲酯等；胺类：乙醇胺、二乙醇胺等；酰胺类：丙烯酰胺等；多环芳烃：苯并[*a*]芘；苯系物：苯、甲苯、乙苯、间-二甲苯、对-二甲苯、邻-二甲苯、氯苯、硝基苯、2-硝基甲苯、2,4,6-三氯苯酚、2,5-二氯苯酚、邻苯二胺、*N*-甲基苯胺等；有机氯化合物：四氯化碳等；有机磷化合物：甲胺磷等；杂环化合物：吡啶等；化学农药原药：敌草快、毒死蜱、百草枯等；无机物：氟化物、氰化物、氯化物等

5.4.2 检测指标

化学农药制造行业的检测指标建议包含《土壤环境质量 建设用地土壤污染风险管控标准（试行）》（GB 36600—2018）中表 1 基本 45 项及污染识别阶段识别出的关注污染物，以及地块可能存在的其他污染物。原则上应当本着保守原则，将地块内可能存在的污染物及其在环境中转化或降解产物均纳入检测指标。土壤和地下水的检测指标具体建议如下。

5.4.2.1 土壤

土壤样品检测指标包括但不限于：

（1）《土壤环境质量 建设用地土壤污染风险管控标准（试行）》（GB 36600—2018）表 1 基本 45 项和 pH。

（2）地块关注污染物：重点关注的关注污染物主要为烯烃类（如氯丙烯等）、卤代烃类（如二氯甲烷、三氯甲烷、四氯化碳、1,2-二氯乙烷、1,1,2-三氯乙烷等）、氯代烯烃类（如三氯乙烯等）、醛类（如丙烯醛等）、酸类（如3,6-二氯水杨酸等）、酯类（如丙烯酸甲酯等）、胺类（如乙醇胺、二乙醇胺等）、酰胺类（如丙烯酰胺等）、苯系物（如苯、甲苯、乙苯、间-二甲苯、对-二甲苯、邻-二甲苯、氯苯、硝基苯、2-硝基甲苯、2,4,6-三氯苯酚、2,5-二氯苯酚、邻苯二胺、*N*-甲基苯胺等）、有机磷化合物（如甲胺磷等）、杂环化合物（如吡啶等）、氟化物、氰化物、重金属（如锰、铅、镍、砷等）、化学农药原药等。其他关注污染物见5.2.1.2节。

（3）经资料分析确定的地块利用历史和周边企业可能影响本地块的其他污染物。

（4）现场快速检测结果异常的其他污染物。

（5）考虑到对周边敏感目标的影响，必要时建议考虑增加臭气浓度的检测。

（6）必要时，建议考虑增加土壤异味的识别。

5.4.2.2 地下水

地下水样品检测指标包括但不限于：

（1）《地下水质量标准》（GB/T 14848—2017）常规指标中的“感官性状及一般化学指标”和“毒理学指标”。

（2）地块关注污染物：重点关注的关注污染物主要为烯烃类（如氯丙烯等）、卤代烃类（如二氯甲烷、三氯甲烷、四氯化碳、1,2-二氯乙烷、1,1,2-三氯乙烷等）、氯代烯烃类（如三氯乙烯等）、醛类（如丙烯醛等）、酸类（如3,6-二氯水杨酸等）、酯类（如丙烯酸甲酯等）、胺类（如乙醇胺、二乙醇胺等）、酰胺类（如丙烯酰胺等）、苯系物（如苯、甲苯、乙苯、间-二甲苯、对-二甲苯、邻-二甲苯、氯苯、硝基苯、2-硝基甲苯、2,4,6-三氯苯酚、2,5-二氯苯酚、邻苯二胺、*N*-甲基苯胺等）、有机磷化合物（如甲胺磷等）、杂环化合物（如吡啶等）、氟化物、氰化物、重金属（如锰、铅、镍、砷等）、化学农药原药等。其他关注污染物见5.2.1.2节。

（3）考虑地块所在地区地下水功能用途及周边工业企业的影响，酌情增加选测项目。

（4）经资料收集与分析确定的地块使用历史上可能存在的其他相关污染物。

5.4.3 采样要求

除满足国家调查相关技术规定的各项要求外，考虑到化学农药制造行业的关注污染物的复杂性，建议如下：

（1）采集潜在典型污染样品，进行有机污染物组成分析，并筛选判断潜在异味物质，开展异味分布区域识别和异味物质组成识别等。

（2）土壤采样时要首先判断是否为挥发性有机物浓度较高的样品，并依据选用分析方法中规定的采样要求进行样品采集。

（3）挥发性有机物浓度较高的样品装瓶后应密封在塑料袋中，避免交叉污染，应通过运输空白样来控制运输和保存过程中交叉污染的情况。

（4）现场采样时，根据重点关注的关注污染物的理化性质，关注非水溶性有机物存在的可能性。

（5）对于低密度非水溶性有机物污染，采样深度设置在含水层顶部；对于高密度非水溶性有机物污染，采样深度设置在含水层底部，且地下水井的滤水管长度不宜大于 3 m。

（6）根据地块实际水文地质条件，综合分析氯代烃等的迁移范围及深度，判断其在地块深层地下水或厂界外污染的可能性。有条件的情况下，对明显迁移到厂界外的区域进行布点采样，确定污染范围，或通过开展地下水污染模拟预测评估，分析其扩散趋势。

（7）必要时可增加土壤气的监测，为开展深层次风险评估提供数据基础。

参考文献

[1] 周彤彤．两类典型农药对土壤微生物群落组成、功能和结构的影响[D]．泰安：山东农业大学，2021.

[2] 宗和．山东成为最大农药主产省[J]．中国农资，2013（35）：25.

[3] 本报讯．山东强化农药化肥污染源头防治[J]．中国农资，2018（31）：1.

[4] 信洪波，牛建群，张耀中，等．山东省近期农药产品登记分析与展望[J]．农药科学与管理，2021，42（12）：8-15.

[5] 杨久涛，刘刚，李敏敏，等．山东省农药包装废弃物回收处置工作模式创新与探索[J]．农药科学与管理，2021，42（3）：8-11.

[6] 张耀中，迟归兵，张荣全．山东省农药工业现状及发展对策[J]．农药科学与管理，2019，40（10）：1-5.

[7] 金敏．山东省微生物肥料产业高质量发展的对策研究[D]．济南：山东师范大学，2021.

[8] 刘玉灿，董金坤，秦昊，等．水中有机农药的去除方法研究进展[J]．中国给水排水，2020，36（24）：45-53.

6

金冶炼行业隐患排查和初步采样调查技术要点

山东是我国重要的黄金生产基地之一。根据《山东统计年鉴 2022》，2021 年山东省规模以上有色金属冶炼及压延加工业企业单位数量为 534 家。根据《国民经济行业分类》（GB/T 4754—2017），有色金属冶炼和压延加工业（32）细分为常用有色金属冶炼（321）、贵金属冶炼（322）、稀有稀土金属冶炼（323）、有色金属合金制造（324）、有色金属压延加工（325）5 个种类，铜冶炼（3211）、铅锌冶炼（3212）、金冶炼（3221）、钨钼冶炼（3231）、铜压延加工（3251）、铝压延加工（3252）等 21 个小类。综合考虑各细分小类行业的污染程度和现有调查成果丰富程度等，本章选取山东省数量多、污染重、前期调查成果相对丰富的金冶炼行业（3221）作为代表，开展隐患排查和初步采样调查技术要点的梳理。根据山东省生态环境厅网站公布的《山东省 2022 年土壤污染重点监管单位名录》，全省 1 924 家土壤污染重点监管单位中有 9 家属于金冶炼行业。

金冶炼行业工艺成熟，主要包括预处理工段、浸取工段、回收工段、精炼工段四个工段，其中预处理的方法主要有焙烧氧化法、化学氧化法、微生物氧化法，浸取方法主要分为物理方法和化学方法，溶解金的回收包括锌置换沉淀法、炭吸附法、离子交换法及其他回收方法，精炼主要有全湿法、火法、湿法-火法联合法。本章选择山东省历史调查工作中发现的超标数量多、污染程度相对严重的“焙烧氧化+氰化浸出+锌粉置换+全湿法精炼”工艺作为金冶炼行业典型工艺进行介绍，并梳理了金冶炼行业的“三个清单”与“两项要点”。

6.1 典型工艺

6.1.1 主要工艺流程

金冶炼工艺流程一般分为预处理、浸取、回收、精炼四个工段。

预处理的方法主要有焙烧氧化法、化学氧化法、微生物氧化法等，去除金精矿中砷、锑硫化物等杂质。其中焙烧氧化法是国内黄金冶炼行业处理复杂金精矿主要采用的预处理方法。

浸取分为物理方法、化学方法两大类，对金精矿中的金进行提取。其中，物理方法分为混汞法、浮选法、重选法；化学方法分为氰化法（又分氰化助浸工艺、堆浸工艺）与非氰化法（又分硫脲法、硫代硫酸盐法、多硫化物法、氯化法、石硫合剂法、硫氰酸盐法、溴化法、碘化法、其他无氰提金法）。

通过对溶解金的回收进一步提取提纯金元素，采用的方法分为锌置换沉淀法、炭吸附法、离子交换法以及其他回收方法。

精炼主要有全湿法，包括电解法、王水法、液氯法、氯化法、还原法，火法、湿法-火法联合法。

金冶炼行业的典型生产工艺流程见图 6-1。

6.1.2 主要原辅材料和产品

金冶炼工艺涉及的主要原材料为金精矿等，辅料主要包括浸取所需的汞、丁铵黑药、戊基黄药等捕获剂，过氧化氢、高锰酸钾、氰化钠、锌粉、亚硫酸钠、二氧化硫等浸取所需药剂，精炼所需的盐酸、硫酸、硝酸等。其中“焙烧氧化+氰化浸出+锌粉置换+全湿法精炼”为山东省金冶炼行业的典型工艺，涉及的主要原材料为金精矿，辅料主要包括氰化钠、盐酸、硫酸、硝酸、二氧化硫等。

金冶炼行业典型工艺主要原辅材料及产品清单见表 6-1。

除表 6-1 中的主要原辅材料外，还涉及其他原辅材料等，具体根据企业实际情况进行识别。

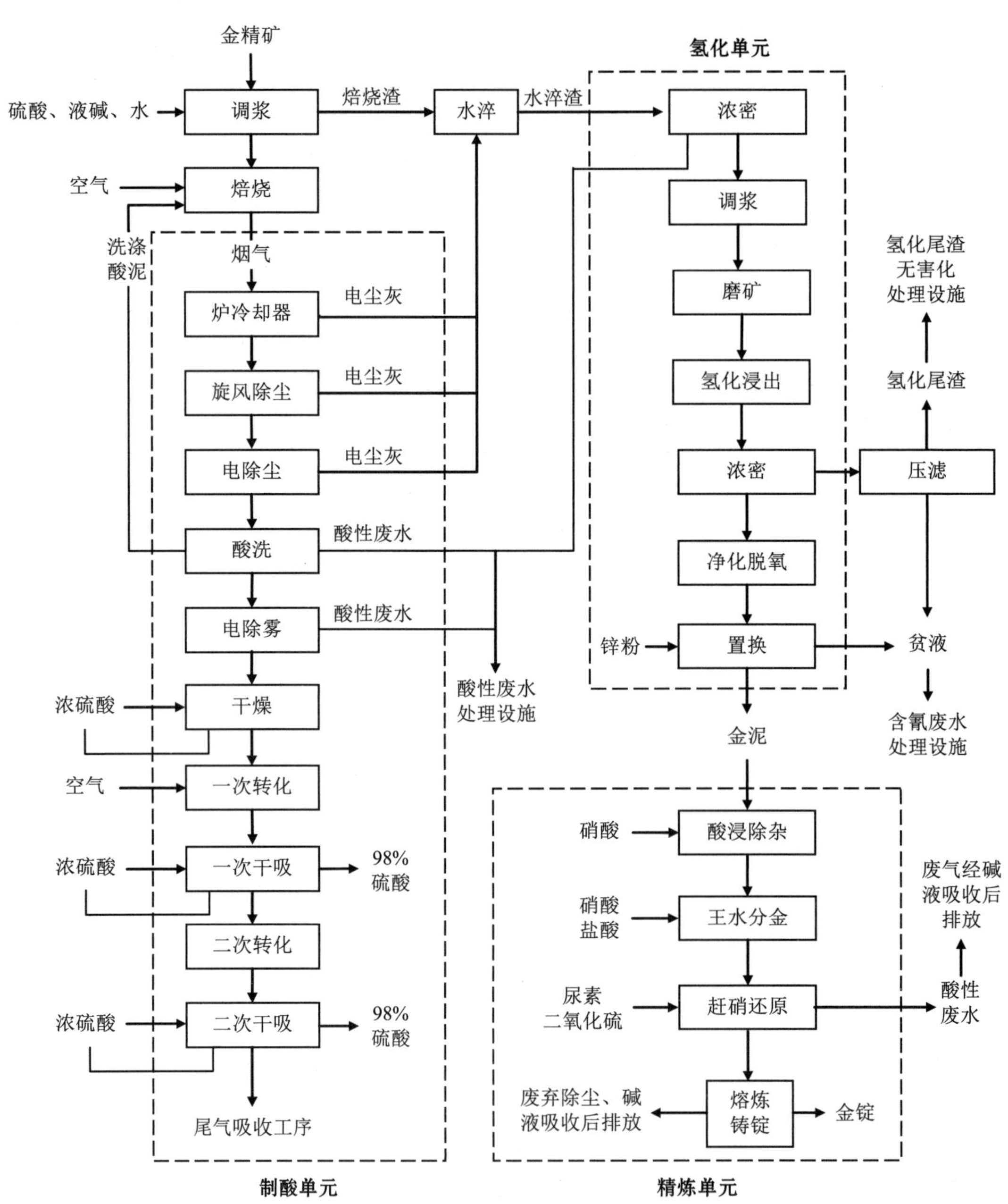

图 6-1 金冶炼行业典型生产工艺流程

表 6-1 金冶炼行业典型工艺主要原辅材料及产品清单

序号	物料类别	物料名称	主要组成
1	产品	金锭	—
2	副产品	银锭、阴极铜、铋锭、铅锭、铁精矿、铅精矿、铜精矿、硫精矿、硫酸等	—
3	原辅材料	复杂金精矿	Au、Ag、Cu、Al、Fe、As、Sb、Pb 等
4		二氧化硫	SO_2
		硫黄	S
5		硫化钠	Na_2S
6		硫氢化钠	NaHS
7		氰化钠	NaCN
8		氯气	Cl_2
9		氯酸钾	$KClO_3$
10		尿素	$CO(NH_2)_2$
11		石灰粉	CaO
12		食盐	NaCl
13		石英石	SiO_2
14		铁屑	Fe
15		双氧水	H_2O_2
16		硫酸	H_2SO_4
17		盐酸	HCl
18		硝酸	HNO_3
19		液碱	NaOH
20		片碱	NaOH
21		纯碱	Na_2CO_3
22		熟石灰	$Ca(OH)_2$
23		锰矿粉	Mn
24		锌粉	Zn
25		柴油	柴油
26		氧气	O_2
27		液化天然气	—

注：不同企业原辅材料会有变化，应结合企业实际情况具体分析。

6.2 污染识别

6.2.1 有毒有害物质及关注污染物

根据国家有关规定，对金冶炼行业典型工艺原辅材料、产品及“三废”进行排查，结合历史调查数据及污染物的毒性大小、超标率，梳理出有毒有害物质及关注污染物清单，详见表 6-2。其中重点关注的有毒有害物质及关注污染物使用*进行标注。操作中应结合企业实际情况具体分析。

表 6-2 金冶炼行业典型工艺主要有毒有害物质及关注污染物清单

序号	物料类别	物料名称	有毒有害物质	关注污染物
1	原辅材料	金精矿	重金属*、氰化物等	砷*、镉、汞、铅、钴、锑、铜、锌、铁、镍、氰化物等
2		氰化钠	氰化物*	氰化物*
3		硫酸	硫酸	硫酸
4		锌粉	锌等	锌等
5		钢球	—	—
6		石灰	氧化钙等	—
7		液碱	氢氧化钠	氢氧化钠
8		盐酸	盐酸	盐酸
9		硝酸	硝酸	硝酸
10		纯碱	碳酸钠	碳酸钠
11		硼砂	硼	硼等
12		石英石	—	—
13		尿素	尿素	尿素
14		二氧化硫	硫化物	硫化物
15		双氧水	过氧化氢等	—
16		催化剂	五氧化二钒	钒
17	产品	金锭	—	—
18		贵金属合金	—	—
19		硫酸	硫酸	硫酸
20	废水	酸性废水（焙烧工艺）	重金属*、氰化物等	砷*、镉、汞、铅、钴、锑、铜、锌、铁、镍、氰化物等
21		脱硫废水（焙烧工艺）	重金属*、氰化物等	砷*、镉、汞、铅、钴、锑、铜、锌、铁、镍、氰化物等
22		洗涤废水（水淬工艺）	重金属*、氰化物等	砷*、镉、汞*、铅、钴、锑、铜、锌、铁、镍、氰化物等
23		酸性废水（制酸净化工段）	重金属*、氰化物等	砷*、镉、锰、铅、汞*、锑、钴、硒、铜、镍、锌、铁、氰化物等
24		酸性废水（制酸干吸工段）	重金属*、氰化物等	砷*、镉、锰、铅、汞*、钴、锑、硒、镍、铜、锌、铁、氰化物等

序号	物料类别	物料名称	有毒有害物质	关注污染物
25		洗涤废水（氰化浓密工艺）	重金属*等	砷*、锑、铅、汞*、镉、钴、铜、镍、锌、铁等
26		磨矿废水	重金属*等	砷*、锑、铅、汞*、镉、钴、铜、镍、锌、铁、锰、钼等
27		洗涤废水（氰化浸出洗涤工艺）	重金属*、氟化物、氰化物*、氯气等	砷*、锑、汞*、镉、钴、铜、铅、镍、锌、铁、氟化物、氰化物*、氯气等
28		氰化废水	重金属*、氰化物*、氟化物等	砷*、锑、汞*、镉、钴、铜、铅、镍、锌、铁、氟化物、氰化物*、氯气等
29		贫液	重金属*、氰化物*等	砷*、锑、铅、汞*、镉、钴、铜、镍、锌、铁、氰化物*等
30		氰渣压滤废水（氰化工艺）	重金属*、氟化物、氰化物*、氯气等	砷*、锑、汞*、镉、钴、铜、铅、镍、锌、铁、氟化物、氰化物*、氯气等
31		酸浸废水	重金属*、氰化物*等	汞*、砷*、铅、镉、钴、锑、铜、钒、锌、铁、镍、氰化物*等
32		酸性废水（王水分金工艺）	重金属*、氟化物、氰化物*、氯气等	汞*、砷*、铅、镉、钴、锑、铜、钒、锌、铁、镍、铅、氰化物*、氟化物、氯气等
33	废水	酸性废水（还原工艺）	重金属*、氟化物等	汞*、砷*、镉、钴、锑、汞*、铜、钒、锌、铁、镍、铅、氟化物等
34		氰渣压滤废水（氰渣无害化处理工艺）	重金属*、氰化物*、氟化物等	砷*、铅、汞*、锑、镉、钴、钒、铜、锌、铁、镍、氰化物*、氟化物等
35		洗涤废水（氰渣无害化处理工艺）	重金属*、氰化物*、氟化物等	砷*、铅、汞*、锑、镉、钴、钒、铜、锌、铁、镍、氟化物等
36		脱硫废水（湿法黄金冶炼废渣无害化处理）	重金属*、氰化物*等	镉、砷*、铅、锑、锌、铜、铋、氰化物*等
37		含氰废水（废水处理）	重金属*、氟化物等	砷*、铅、汞*、镉、锑、钴、铜、镍、钒、锌、铁、氟化物等
38		酸性废水（废水处理）	重金属*等	镉、砷*、铅、锑、锌、铜、铋等
39		洗车水	重金属*、氰化物*、氟化物等	重金属*、氰化物*、氟化物等
40		初期雨水	重金属*、氟化物、氰化物*等	砷*、锑、铅、汞*、镉、铜、镍、钒、氟化物、氰化物*等
41		生活污水	氨氮等	氨氮等
42		焙烧烟气	重金属*、氟化物等	砷*、镉、汞*、铅、钴、锑、铜、锌、铁、镍、氟化物等
43		制酸尾气	重金属*、氟化物等	砷*、镉、锰、铅、汞*、锑、钴、硒、铜、镍、锌、铁、氟化物等
44	废气	含硫尾气（制酸转化工段）	重金属*、氟化物等	砷*、镉、锰、铅、汞*、钴、锑、硒、钒、镍、铜、锌、铁、氟化物等
45		氰化废气	重金属*、氟化物、氯气、氰化物*等	砷*、锑、汞*、镉、钴、铜、铅、镍、锌、铁、氟化物、氰化物*、氯气等
46		酸浸废气	重金属*、氰化物*等	汞、砷*、铅、镉、钴、锑、铜、钒、锌、铁、镍、氰化物、pH 等
47		王水分金废气	重金属*、氟化物、氯气、氰化物*等	汞、砷*、铅、镉、钴、锑、铜、钒、锌、铁、镍、铅、氰化物*、氟化物、氯气等

序号	物料类别	物料名称	有毒有害物质	关注污染物
48	废气	赶硝还原废气	重金属*、氟化物等	汞*、砷*、镉、钴、锑、汞、铜、钒、锌、铁、镍、铅、氟化物等
49		熔炼铸锭废气	重金属*、硼等	汞*、砷*、铅、镉、钴、锑、铜、钒、锌、铁、镍、硼等
50		氰化尾渣无害化处理废气	重金属*、氟化物等	砷*、铅、汞*、锑、镉、钒、铜、锌、铁、镍、氟化物等
51		生产烟气	重金属*、氰化物等	镉、砷*、铅、锑、锌、铜、铋、氰化物*等
52		脱杂烟气	重金属*、氰化物等	镉、砷*、铅、锑、锌、铜、铋、氰化物*等
53		环集烟气	重金属*、氰化物等	镉、砷*、铅、锑、锌、铜、铋、氰化物*等
54		水处理废气	重金属*、氟化物、氰化物*等	砷*、锑、铅、汞*、镉、钴、铜、镍、钒、锌、铁、氰化物*、氟化物等
55	固废	焙烧渣	重金属*、氟化物等	砷*、镉、汞*、铅、钴、锑、铜、锌、铁、镍、氟化物等
56		脱硫过滤渣（焙烧工艺）	重金属*、氟化物等	砷*、镉、汞*、铅、钴、锑、铜、锌、铁、镍、氟化物等
57		洗涤酸泥	重金属*、氟化物等	砷*、镉、锰、铅、汞*、锑、钴、硒、铜、镍、锌、铁、氟化物等
58		废催化剂	钒等	钒
59		含氰滤布	重金属*、氟化物、氰化物*等	砷*、锑、汞*、镉、钴、铜、铅、镍、锌、铁、氟化物、氰化物*、氯气等
60		氰化尾渣	重金属*、氟化物、氰化物*等	砷*、锑、汞*、镉、钴、铜、铅、镍、锌、铁、氟化物、氰化物*、氯气等
61		置换滤渣	重金属*、氰化物*等	砷*、锑、铅、汞*、镉、钴、铜、镍、锌、铁、氰化物*等
62		中和沉淀污泥	重金属*、氟化物等	汞*、砷*、镉、钴、锑、汞、铜、钒、锌、铁、镍、铅、氟化物等
63		熔炼铸锭废料	重金属*、硼等	汞*、砷*、铅、镉、钴、锑、铜、钒、锌、铁、镍、硼等
64		脱氰尾渣	重金属*、氟化物等	砷*、铅、汞*、锑、镉、钴、钒、铜、锌、铁、镍、氟化物等
65		氰化尾渣无害化处理沉淀物	重金属*、氟化物等	砷*、铅、汞*、锑、镉、钴、钒、铜、锌、铁、镍、氟化物等
66		铜渣	重金属*、氟化物等	砷*、铅、汞*、锑、镉、钴、钒、铜、锌、铁、镍、氟化物等
67		湿法黄金冶炼废渣	重金属*、氰化物*等	镉、砷*、铅、锑、锌、铜、铋、氰化物*等
68		脱硫过滤渣（湿法黄金冶炼废渣无害化处理工艺）	重金属*、氰化物*等	镉、砷*、铅、锑、锌、铜、铋、氰化物*等
69		熔炼渣	重金属*、氟化物、氰化物*等	铅、汞*、砷*、锌、铜、镉、镍、氟化物、氰化物*等

注：有毒有害物质及关注污染物应结合企业实际情况具体分析。

6.2.1.1 有毒有害物质

根据《重点监管单位土壤污染隐患排查指南（试行）》（生态环境部公告 2021 年第 1 号）排查要求，金冶炼行业涉及的有毒有害物质主要有：重金属（砷、铅、汞、锑、镉、钴、钒、铜、锌、铁、镍、锑、铋、锰、钼等）、氟化物、氰化物等。结合历史调查数据结果分析，其中重点关注的有毒有害物质为：重金属（砷、汞）、氰化物等。

6.2.1.2 关注污染物

经梳理分析原辅材料、产品、生产工艺等，金冶炼行业涉及的关注污染物主要有：重金属（砷、铅、汞、锑、镉、钴、钒、铜、锌、铁、镍、锑、铋、锰、钼等）、氟化物、氰化物等。结合历史调查数据结果分析，重点关注的关注污染物为：重金属（砷、汞）、氰化物等。

6.2.2 重点场所或重点设施设备

根据国家隐患排查及调查相关技术规定，结合历史调查数据，对金冶炼行业典型工艺重点场所或者重点设施设备进行排查，梳理出重点场所或者重点设施设备清单，详见表 6-3。

表 6-3 金冶炼行业典型工艺主要重点场所或者重点设施设备清单

主要单元或工序		重点场所或者重点设施设备名称	涉及有毒有害物质的物料	有毒有害物质	重点场所或者重点设施设备类型 [a]	重点场所或者重点设施设备关注级别
预处理单元	原料矿浆制备工序	造浆槽、调浆槽	金精矿、浆料	砷、镉、汞、铅、钴、锑、铜、锌、铁、镍、氟化物等	生产区	重点关注
	焙烧工序	沸腾焙烧炉	矿浆；焙烧烟气、焙烧渣	砷、镉、汞、铅、钴、锑、铜、锌、铁、镍、氟化物等		一般关注
		除尘脱硫工段（旋风除尘器、电场高温电收尘器、冷却器、湿式除尘器、排气筒、离子液循环吸收脱硫塔）	焙烧烟气；酸性废水（焙烧工艺）、脱硫废液、脱硫过滤渣	砷、镉、汞、铅、钴、锑、铜、锌、铁、镍、氟化物等		一般关注
		水淬槽	焙烧渣；洗涤废水（水淬工艺）、水淬渣	砷、镉、汞、铅、钴、锑、铜、锌、铁、镍、氟化物等		一般关注

主要单元或工序		重点场所或者重点设施设备名称	涉及有毒有害物质的物料	有毒有害物质	重点场所或者重点设施设备类型[a]	重点场所或者重点设施设备关注级别
预处理单元	制酸工序	净化工段（文氏管、净化洗涤塔等）	焙烧烟气；洗涤酸泥（制酸净化工段）、酸性废水（制酸净化工段）、制酸尾气	砷、镉、锰、铅、汞、锑、钴、硒、铜、镍、锌、铁、氟化物等	生产区	重点关注
		干吸工段（干燥塔、除雾器、干燥塔循环槽、干燥塔酸冷却器、吸收塔、吸收塔循环槽、吸收塔酸冷却器等）	酸性废水（制酸干吸工段）	砷、镉、锰、铅、汞、钴、锑、硒、镍、铜、锌、铁、氟化物等		重点关注
		转化工段（换热器、转化器）	催化剂、含硫尾气（制酸转化工段）	砷、镉、锰、铅、汞、钴、锑、硒、钒、镍、铜、锌、铁、氟化物等		重点关注
		尾气吸收工段	制酸尾气	砷、镉、锰、铅、汞、钴、锑、氟化物、硒、钒、镍、铜、锌、铁等		重点关注
氰化单元	浓密洗涤工序	浓密机	水淬渣；洗涤废水（氰化浓密工艺）	砷、锑、铅、汞、镉、钴、铜、镍、锌、铁等		重点关注
	磨矿分级工序	调浆槽、矿浆泵、球磨机、磨矿泵池	磨矿矿浆；磨矿废水	砷、锑、铅、汞、镉、钴、铜、镍、锌、铁、锰、钼等		重点关注
	浸出洗涤工序	浓密机、气力搅拌浸出槽、立式压滤机	氰化物、磨矿矿浆；洗涤废水（氰化浸出洗涤工艺）、氰化废水、氰渣压滤废水（氰化工艺）、含氰滤布、氰化尾渣、氰化废气	砷、锑、汞、镉、钴、铜、铅、镍、锌、铁、氟化物、氰化物、氯气等		重点关注
	锌粉置换工序	净化过滤槽、脱氧塔、清贵液池、贫液池	锌粉、石灰；贵液、贫液、金泥、置换滤渣	砷、锑、铅、汞、镉、钴、铜、镍、锌、铁、氰化物等		重点关注
精炼单元	硝酸酸浸除杂工序	酸浸槽	金泥、硝酸；酸浸废水、酸浸废气	汞、砷、铅、镉、钴、锑、铜、钒、锌、铁、镍、氰化物、pH 等		重点关注
	王水分金工序	王水分金槽	硝酸渣、盐酸、硝酸；酸性废水（王水分金工艺）、酸性废气（王水分金工艺）	汞、砷、铅、镉、钴、锑、铜、钒、锌、铁、镍、铅、氰化物、氟化物、氯气等		重点关注

主要单元或工序		重点场所或者重点设施设备名称	涉及有毒有害物质的物料	有毒有害物质	重点场所或者重点设施设备类型[a]	重点场所或者重点设施设备关注级别
精炼单元	赶硝还原工序	钛罐	王水浸出滤液、二氧化硫、氢氧化钠；酸性废水（还原工艺）、赶硝还原废气、中和沉淀污泥	汞、砷、镉、钴、锑、汞、铜、钒、锌、铁、镍、铅、氟化物等	生产区	重点关注
	熔炼铸锭工序	高温烘干箱、中频炉（其他场所）	金粉、硼砂；熔炼铸锭废气、熔炼铸锭废料	汞、砷、铅、镉、钴、锑、铜、钒、锌、铁、镍、硼等		一般关注
氰化尾渣无害化处理单元	浓密压滤工序	浓缩机、滤液槽	氰化尾渣；氰渣压滤废水（氰渣无害化处理工艺）；氰化尾渣矿浆	砷、铅、汞、锑、镉、钴、钒、铜、锌、铁、镍、氰化物、氟化物等		重点关注
	破氰预处理工序	矿浆破氰预处理反应槽	氰化尾渣矿浆、二氧化硫；脱氰矿浆、氰化尾渣无害化处理废气	砷、铅、汞、锑、镉、钒、铜、锌、铁、镍、氟化物等		重点关注
	压滤洗涤工序	板式压滤机	脱氰矿浆；压滤滤液、洗涤废水（氰渣无害化处理工艺）、脱氰尾渣、洗涤滤液	砷、铅、汞、锑、镉、钴、钒、铜、锌、铁、镍、氟化物等		一般关注
	无害化处理	无害化反应槽	洗涤滤液；无害化反应压滤滤液、铜渣、氢氧化钠、氰化尾渣无害化处理沉淀物	砷、铅、汞、锑、镉、钴、钒、铜、锌、铁、镍、氟化物等		一般关注
	尾气吸收系统	碱液吸收塔	氰化尾渣无害化处理废气、碱液	氰化物等		一般关注
湿法黄金冶炼废渣无害化处理单元		富氧侧吹熔炉	次贵金属合金、石英石、脱杂烟气、脱杂炉渣、贵金属合金（其他场所）	镉、砷、铅、锑、锌、铜、铋、氰化物等		一般关注
		回转式脱杂炉	生产烟气、脱杂烟气、环集烟气；脱硫废液（湿法黄金冶炼废渣无害化处理）、脱硫过滤渣（湿法黄金冶炼废渣无害化处理）（其他场所）	镉、砷、铅、锑、锌、铜、铋、氰化物等		一般关注
		余热锅炉、电收尘器、离子液循环吸收脱硫塔（其他场所）	酸性废水（废水处理）（其他场所）	镉、砷、铅、锑、锌、铜、铋等		一般关注

主要单元或工序		重点场所或者重点设施设备名称	涉及有毒有害物质的物料	有毒有害物质	重点场所或者重点设施设备类型[a]	重点场所或者重点设施设备关注级别
废水处理单元		酸性废水处理系统	含氰废水（废水处理）（其他场所）	砷、铅、汞、镉、锑、钴、铜、镍、钒、锌、铁、氟化物等	其他活动区	重点关注
		含氰废水处理系统	水处理废气、碱液（其他场所）	砷、锑、铅、汞、镉、钴、铜、镍、钒、锌、铁、氰化物、氟化物等		重点关注
		尾气吸收系统	尾气	氰化物、氟化物等		一般关注
其他单元	矿仓	矿仓	金矿石	砷、铅、汞、镉、钴、锑、铜、锌、铁、镍、钒、氟化物等	货物的储存和传输	一般关注
	原料堆场	原料堆场	氰化钠、硫酸、锌粉、石灰、氢氧化钠、盐酸、硝酸、纯碱、硼砂、石英石、尿素、二氧化硫、双氧水、催化剂	砷、锑、铅、汞、钴、钒、铜、镍、镉、锌、铁、氰化物、氟化物等		一般关注
	氰渣堆场	氰渣堆放场	氰渣、氰渣渗滤液、堆场粉尘	砷、铅、汞、锑、镉、钴、钒、铜、镍、锌、铁、氰化物、氟化物等	其他活动区	重点关注
	硫酸储存系统	硫酸储罐	硫酸	硫酸	液体储存	重点关注
	危废贮存库	危废库	废催化剂、污水站废盐、废包装袋、废机油	钒、氰化物、氟化物等	其他活动区	重点关注
	输送系统	装卸台、鹤管	金矿石、氰化尾渣	重金属、氰化物、氟化物等	散装液体转运与厂内运输	重点关注
	车辆清洗设施	喷淋装置、洗车台	金矿石、氰化尾渣、洗车水	重金属、氰化物、氟化物等	其他活动区	一般关注
	废水管线	废水管线	生产废水	重金属、氰化物、氟化物等		重点关注
	雨水收集系统	初期雨水池	初期雨水	砷、锑、铅、汞、镉、铜、镍、钒、氟化物、氰化物等	液体储存	重点关注

注：[a] 重点场所或者重点设施设备类型参考《重点监管单位土壤污染隐患排查指南（试行）》附录A土壤污染隐患排查与整改技术要点确定。

重点场所或者重点设施设备包括预处理单元的造浆槽、调浆槽、水淬槽等，氰化单元的浓密机、调浆槽、磨矿泵池、浸出槽、清贵液池、贫液池等，精炼单元的酸浸槽、王水分金槽等，氰化尾渣无害化处理单元的浓缩机、滤液槽、矿浆破氰预处理反应槽等，废水处理单元的酸性废水处理系统、含氰废水处理系统等，以及其他单元的初期雨水池、废水管线、危废贮存库、原料堆场、氰渣堆放场等。其中，需要重点关注的有：预处理单元的造浆槽、调浆槽、文氏管、净化洗涤塔、干燥塔、除雾器、干燥塔循环槽、干燥塔酸冷却器、吸收塔、吸收塔循环槽、吸收塔酸冷却器、换热器、转化器等，氰化单元的浓密机、调浆槽、矿浆泵、球磨机、磨矿泵池、浓密机、气力搅拌浸出槽、立式压滤机、净化过滤槽、脱氧塔、清贵液池、贫液池，精炼单元的酸浸槽、王水分金槽、钛罐，氰化尾渣无害化处理单元的浓缩机、滤液槽、矿浆破氰预处理反应槽，废水处理单元的酸性废水处理系统、含氰废水处理系统，以及其他单元的氰渣堆放场、硫酸储罐、危废库、装卸台、鹤管、废水管线、初期雨水池等。

在重点场所和设施中的硫酸储罐、各种反应池、废水管线以及废水处理区等，可能为地下构筑物，具有隐蔽性，若发生泄漏，易造成土壤污染。在隐患排查以及初步采样调查时应特别注意。

6.3 隐患排查技术要点

根据《重点监管单位土壤污染隐患排查指南（试行）》附录 A 所提出的场所或设施设备类型，对金冶炼行业典型工艺涉及有毒有害物质的重点场所或者重点设施设备进行全面排查，提出本行业排查要点和整改要点。操作中需根据各企业实际情况进行分析。

金冶炼行业典型工艺的主要单元包括预处理单元、氰化单元、精炼单元、氰化尾渣无害化处理单元、湿法黄金冶炼废渣无害化处理单元、废水处理单元及其他单元。其中，预处理单元的重点场所或者重点设施设备包括原料矿浆制备、焙烧、制酸工序的重点场所或重点设施设备，氰化单元的重点场所或者重点设施设备包括浓密洗涤、磨矿分级、浸出洗涤、锌粉置换工序的重点场所或重点设施设备，精炼单元的重点场所或者重点设施设备包括硝酸酸浸除杂、王水分金、赶硝还原、熔炼铸锭工序的重点场所或重点设施设备，氰化尾渣无害化处理单元的重点场所或者重点设施设备包括浓密压滤、破氰预处理、压滤洗涤、无害化处理、尾气吸收工序的重点场所或重点设施设备，湿法黄金冶炼废渣无害化处理单元的重点场所或者重点设施设备包括富氧侧吹熔炉、回转式脱杂炉、余热锅炉、电收尘器、离子液循环吸收脱硫塔，上述 5 个单元的重点场所或设施设备类型属于生产区。其中原料矿浆制备工序、制酸工序、浓密洗涤工序、磨矿分级工序、浸出洗涤工序、锌粉置换工序、硝酸酸浸除杂工序、王水分金工序、赶硝还原工序、浓密压滤工序、破氰预处理工序为重点关注的重点场所或者重点设施设备。

废水处理区的重点场所或者重点设施设备包括酸性废水处理系统、含氰废水处理系统和尾气吸收系统，类型属于其他活动区，其中酸性废水处理系统、含氰废水处理系统为重点关注。其他单元的重点场所或者重点设施设备包括矿仓、原料堆场、氰渣堆场、硫酸储存系统、危废贮存库、输送系统、车辆清洗设施、雨水收集系统，其中矿仓、原料堆场类型属于货物的储存和运输，氰渣堆场、车辆清洗设施、危废贮存库属于其他活动区，硫酸储存系统、雨水收集系统属于液体储存，输送系统属于散装液体转运与厂内运输。氰渣堆场、硫酸储存系统、危废贮存库、输送系统、雨水收集系统为重点关注的重点场所或者重点设施设备。

针对上述不同类型的重点场所或者重点设施设备提出隐患排查与整改要点。金冶炼行业典型工艺的隐患排查技术要点详见表 6-4。

表 6-4　金冶炼行业典型工艺隐患排查技术要点一览表

主要单元		重点场所或者重点设施设备		排查要点	整改要点
		名称	类型		
预处理单元	原料矿浆制备工序（重点关注）	造浆槽、调浆槽	生产区	造浆槽、调浆槽多为半开放式，可能出现的情形：①液体/固体原辅料在计量、加注、填充等过程中流失、扬散或者遗撒；②设备运行过程中易发生跑冒滴漏；③设备及车间清洗废水易出现残留，若车间防渗措施不到位，车间喷淋水可能会导致污染物下渗，存在污染土壤和地下水的风险	①在设施设备容易发生泄漏、渗漏的地方设置防滴漏设施，及时排空防滴漏设施中的雨水；②定期清空防滴漏设施；③设置防渗阻隔系统，防止雨水进入，或及时有效排出雨水；④渗漏、流失的液体能得到有效收集并定期清理；⑤定期开展防渗效果检查（如物探检测、注水试验检测等，下同）；⑥日常目视检查；⑦日常维护；⑧定期巡检区域内是否存在未硬化地面、裂隙等
	焙烧工序	沸腾焙烧炉		焙烧炉周边可能存在燃烧粉尘、烟气；焙烧炉为密闭设备，在正常运行管理期间无须打开，土壤污染隐患较低	①定期开展日常巡检，对地面积累的粉尘进行及时处理；②对系统做全面检查（如定期检查系统的密闭性）；③制订检修计划
		除尘脱硫工段（旋风除尘器、电场高温电收尘器、冷却器、湿式除尘器、排气筒、离子液循环吸收脱硫塔）		设备连接法兰、阀门易出现滴漏现象，导致烟气、废液等泄漏、溢出；设备若存在腐蚀现象，会造成液体物料泄漏、渗漏	①日常目视巡检储罐以及连接法兰、阀门等设施是否存在跑冒滴漏现象；②在设施设备易发生泄漏、渗漏处设置防滴漏设施；③定期清空防滴漏设施
		水淬槽		设备若存在腐蚀老化现象，会造成液体物料泄漏、渗漏	①日常目视巡检；②定期维护、定期开展阴极保护有效性；③定期检查泄漏检测设施，确保正常运行

主要单元		重点场所或者重点设施设备		排查要点	整改要点
		名称	类型		
预处理单元	制酸工序（重点关注）	净化工段（文氏管、净化洗涤塔等）	生产区	设备易发生腐蚀，运行过程中可能存在跑冒滴漏现象；车间内有较多传输泵、法兰接口等易发生故障的零部件；车间清洗废水 pH 较低，若出现残留或渗漏，易造成土壤及地下水污染	①定期巡检区域内是否存在未硬化地面、裂隙等；②设置重点防渗区，收集暂存废水、废渣；③排查区域内防渗阻隔情况，定期开展防渗效果检查；④制订检修计划，定期维护
		干吸工段（干燥塔、除雾器、干燥塔循环槽、干燥塔酸冷却器、吸收塔、吸收塔循环槽、吸收塔酸冷却器等）			
		转化工段（换热器、转化器）			
		尾气吸收工段			
氰化单元	浓密洗涤工序（重点关注）	浓密机		浓密机为开放式设备，可能情形：①物料在设备中易出现泄漏、渗漏；②设备及车间清洗废水易出现残留，若车间防渗措施不到位，车间喷淋水可能会导致污染物下渗，存在污染土壤和地下水的风险	①设置防渗阻隔系统，防止雨水进入，或及时有效排出雨水；②渗漏、流失的液体能得到有效收集并及时清理；③定期开展防渗效果检查；④日常目视检查；⑤日常维护；⑥有效应对泄漏事件；⑦定期巡检区域内是否存在未硬化地面、裂隙等
	磨矿分级工序（重点关注）	调浆槽、矿浆泵、球磨机、磨矿泵池		多为密闭或半开放式设备。调浆槽为半开放式，液体/固体原辅料在计量、加注、填充等过程中流失、扬散或者遗撒；设备运行过程中易发生跑冒滴漏等。矿浆泵、传输泵驱动轴或者配件的密封处可能发生堵塞、腐蚀、泄漏等。球磨机为密闭设备，发生磨损易泄漏。磨矿泵池多为半地下槽体/池体，具有隐蔽性，可能情形：①池体老化、破损、裂缝造成的泄漏、渗漏；②池体满溢；③设备及车间清洗废水易出现残留，若车间防渗措施不到位，车间喷淋水可能会导致污染物下渗，存在污染土壤和地下水的风险	①注意车间内传输泵、易发生故障的零部件、检测样品采集点等位置；②制订检修计划；③对系统做全面检查（如定期检查系统密闭性等）；④定期开展防渗效果检查；⑤在设施设备容易发生泄漏、渗漏的地方设置防滴漏设施，及时排空防滴漏设施中的雨水，定期清空防滴漏设施；⑥设置防渗阻隔系统，防止雨水进入，或及时有效排出雨水；⑦渗漏、流失的液体能得到有效收集并定期清理；⑧日常目视检查，日常维护；⑨定期巡检区域内是否存在未硬化地面、裂隙等；⑩设置操作规程标识牌，对处置人员进行培训，防止物料及危废暂存转运过程中的遗撒

主要单元		重点场所或者重点设施设备		排查要点	整改要点
		名称	类型		
氰化单元	浸出洗涤工序（重点关注）	浓密机、气力搅拌浸出槽、立式压滤机	生产区	多为半开放、开放式设备，可能情形：①液体/固体原辅料在计量、加注、填充等过程中流失、扬散或者遗撒；②设备运行过程中易发生跑冒滴漏；③设备及车间清洗废水易出现残留，若车间防渗措施不到位，车间喷淋水可能会导致污染物下渗，存在污染土壤和地下水的风险	①在设施设备容易发生泄漏、渗漏的地方设置防滴漏设施，及时排空防滴漏设施中的雨水，定期清空防滴漏设施；②设置防渗阻隔系统，防止雨水进入，或及时有效排出雨水；③渗漏、流失的液体能得到有效收集并定期清理；④日常目视检查，日常维护；⑤定期巡检区域内是否存在未硬化地面、裂隙等；⑥设置操作规程标识牌，对处置人员进行培训，防止物料及危废暂存转运过程中的遗撒
	锌粉置换工序（重点关注）	净化过滤槽、脱氧塔、清贵液池、贫液池		多为半开放、开放式设备，清贵液池、贫液池多为半地下槽体/池体，具有隐蔽性，若发生泄漏，易造成土壤污染。可能情形：①池体老化、破损、裂缝造成的泄漏、渗漏；②池体满溢；③液体/固体原辅料在计量、加注、填充等过程中流失、扬散或者遗撒；④设备运行过程中易发生跑冒滴漏，且涉及污染物种类多、用量大、毒性高；⑤设备及车间清洗废水易出现残留，若车间防渗措施不到位，车间喷淋水可能会导致污染物下渗，存在污染土壤和地下水的风险	
精炼单元	硝酸酸浸除杂工序（重点关注）	酸浸槽		一般为开放式设备，可能情形：①槽内涉及物料具有强腐蚀性，可能造成设备腐蚀；②液体/固体原辅料在计量、加注、填充等过程中流失、扬散或者遗撒；③设备运行过程中易发生跑冒滴漏；④设备及车间清洗废水易出现残留，若车间防渗措施不到位，车间喷淋水可能会导致污染物下渗，存在污染土壤和地下水的风险	①设置防渗阻隔系统，防止雨水进入，及时有效排出雨水；②渗漏、流失的液体能得到有效收集并定期清理；③定期防渗效果检查；④有效应对泄漏事件；⑤日常目视检查；⑥日常维护；⑦定期巡检区域内是否存在未硬化地面、裂隙等
	王水分金工序（重点关注）	王水分金槽			
	赶硝还原工序（重点关注）	钛罐			
	熔炼铸锭工序	高温烘干箱、中频炉			

<table>
<tr><th rowspan="2" colspan="2">主要单元</th><th colspan="2">重点场所或者重点设施设备</th><th rowspan="2">排查要点</th><th rowspan="2">整改要点</th></tr>
<tr><th>名称</th><th>类型</th></tr>
<tr><td rowspan="5">氰化尾渣无害化处理单元</td><td>浓密压滤工序（重点关注）</td><td>浓缩机、滤液槽</td><td rowspan="8">生产区</td><td>滤液槽多为半地下槽体/池体，具有隐蔽性，若发生泄漏，易造成土壤污染。可能情形：①池体老化、破损、裂缝造成的泄漏、渗漏；②池体满溢</td><td>①定期巡检，重点对池体是否存在泄漏、渗漏、满溢进行目视检查；②排查区域内防渗阻隔情况</td></tr>
<tr><td>破氰预处理工序（重点关注）</td><td>矿浆破氰预处理反应槽</td><td>氰化尾渣矿浆转运易发生泄漏、抛洒</td><td>①配置渗漏检测装置；②配置溢流收集装置；③定期清空防溢流装置</td></tr>
<tr><td>压滤洗涤工序</td><td>板式压滤机</td><td>设备运行过程中可能存在跑冒滴漏现象</td><td>①定期巡检区域内是否存在未硬化地面、裂隙等；②设置重点防渗区，收集暂存废水、废渣；③排查区域内防渗阻隔情况，定期开展防渗效果检查；④制订检修计划，定期维护</td></tr>
<tr><td>无害化处理</td><td>无害化反应槽</td><td>池体老化、破损、裂缝造成的泄漏、渗漏等；池体满溢可能导致土壤污染</td><td>①若为地下或者半地下储存池，须定期检查泄漏检测设施，确保正常运行；②日常目视检查；③定期检查防渗、密封效果，若为离地储存池还需定期开展防渗效果检查</td></tr>
<tr><td>尾气吸收系统</td><td>碱液吸收塔</td><td>运行过程中可能存在跑冒滴漏现象</td><td>①定期巡检区域内是否存在未硬化地面、裂隙等；②排查区域内防渗阻隔情况，定期开展防渗效果检查；③制订检修计划，定期维护</td></tr>
<tr><td rowspan="3" colspan="2">湿法黄金冶炼废渣无害化处理单元</td><td>富氧侧吹熔炉</td><td>周边粉尘较多，易发生污染物富集</td><td>①按照有关规定要求，进行定期检验；②定期开展日常巡检，对地面积累的粉尘及时进行处理</td></tr>
<tr><td>回转式脱杂炉</td><td>周边粉尘较多，易发生污染物富集；物料收集贮存过程中易发生泄漏、抛洒</td><td>①按照有关规定要求，进行定期检验；②定期开展日常巡检，对地面积累的粉尘及时进行处理</td></tr>
<tr><td>余热锅炉、电收尘器、离子液循环吸收脱硫塔</td><td>周边粉尘较多，易发生污染物富集；物料收集贮存过程中易发生泄漏、抛洒；设备管道腐蚀可能引起废液渗漏；设备连接处烟气易泄漏</td><td>①定期开展日常巡检，对地面积累的粉尘进行及时处理；②定期检测管道渗漏情况（内检测、外检测及其他专项检测）；③根据管道检测结果，制定并落实管道维护方案</td></tr>
<tr><td colspan="2">废水处理单元</td><td>酸性废水处理系统（重点关注）</td><td>其他活动区</td><td>废水处理系统多为地下池体，具有隐蔽性，且区域内污染物种类多、浓度高、毒性大、易造成土壤污染。可能情形：①池体老化、破损、裂缝造成的泄漏、渗漏；②池体满溢</td><td>①防渗设计和建设；②注意排水沟、污泥收集设施、油水分离设施、设施连接处和有关涵洞、排水口等，防止渗漏；③定期开展密封、防渗效果检查，或者制订检修计划；④定期巡检，重点对池体是否存在泄漏、渗漏、满溢进行检查；⑤对于不适合目视检查、泄漏检查的情况，建议设置地下水监测井或者土壤气监测井，定期开展地下水或者土壤气监测；⑥定期检查泄漏检测设施，确保正常运行；⑦日常维护</td></tr>
</table>

主要单元		重点场所或者重点设施设备		排查要点	整改要点
		名称	类型		
废水处理单元		含氰废水处理系统（重点关注）	其他活动区	废水处理系统多为地下池体，具有隐蔽性，且区域内污染物种类多、浓度高、毒性大、易造成土壤污染。可能情形：①池体老化、破损、裂缝造成的泄漏、渗漏；②池体满溢	①防渗设计和建设；②注意排水沟、污泥收集设施、油水分离设施、设施连接处和有关涵洞、排水口等，防止渗漏；③定期开展密封、防渗效果检查，或者制订检修计划；④定期巡检，重点对池体是否存在泄漏、渗漏、满溢进行检查；⑤对于不适合目视检查、泄漏检查的情况，建议设置地下水监测井或者土壤气监测井，定期开展地下水或者土壤气监测；⑥定期检查泄漏检测设施，确保正常运行；⑦日常维护
		尾气吸收系统		设备易发生腐蚀，运行过程中可能存在跑冒滴漏现象；车间内有较多传输泵、法兰接口等易发生故障的零部件	①定期巡检区域内是否存在未硬化地面、裂隙等；②设置重点防渗区，收集暂存废水、废渣；③排查区域内防渗阻隔情况，定期开展防渗效果检查；④制订检修计划，定期维护
其他单元	矿仓	矿仓	货物的储存和传输	矿石堆放贮存过程中可能因雨水或防尘喷淋水冲刷污染土壤；若区域内防渗、防风、防雨、防晒措施未达到固废贮存要求，易造成土壤污染	①注意避免雨水冲刷，定期检查如苫盖或者顶棚；②定期开展日常巡检，对地面积累的粉尘及时进行处理；③定期巡检区域内是否存在未硬化地面、裂隙，排查区域内防渗阻隔情况；④设置阻隔设施；⑤日常目视检；⑥排查区域内防渗阻隔情况；⑦按照《危险废物贮存污染控制标准》（GB 18597—2023）的要求开展排查和整改
	原料堆场	原料堆场		原料堆放贮存过程中可能因雨水或防尘喷淋水冲刷污染土壤；若区域内防渗、防风、防雨、防晒措施未达到固废贮存要求，易造成土壤污染	①注意避免雨水冲刷，定期检查如苫盖或者顶棚；②定期开展日常巡检，对地面积累的粉尘及时进行处理；③定期巡检区域内是否存在未硬化地面、裂隙，排查区域内防渗阻隔情况；④设置阻隔设施；⑤日常目视检；⑥排查区域内防渗阻隔情况；⑦按照GB 18597的要求开展排查和整改
	氰渣堆场（重点关注）	氰渣堆放场	其他活动区	氰渣堆放贮存过程中可能因雨水或防尘喷淋水冲刷污染土壤；若区域内防渗、防风、防雨、防晒措施未达到固废贮存要求，易造成土壤污染	①注意避免雨水冲刷，定期检查如苫盖或者顶棚；②定期开展日常巡检，对地面积累的粉尘及时进行处理；③定期巡检区域内是否存在未硬化地面、裂隙，排查区域内防渗阻隔情况；④设置阻隔设施；⑤日常目视检；⑥排查区域内防渗阻隔情况；⑦按照 GB 18597 的要求开展排查和整改

主要单元		重点场所或者重点设施设备		排查要点	整改要点
		名称	类型		
其他单元	硫酸储存系统（重点关注）	硫酸储罐	液体储存	硫酸具有强腐蚀性，罐体的内、外腐蚀造成液体物料泄漏、渗漏	①定期开展阴极保护有效性检查；②定期目视检查，重点对罐体及连接法兰、阀门等是否存在泄漏、渗漏、满溢进行检查；③定期检查泄漏检测设施，确保正常运行；④定期开展防渗效果检查；⑤定期采用专业设备开展罐体专项检查；⑥进行日常维护（如及时解决泄漏问题，及时清理泄漏的污染物），渗漏、流失的液体能得到有效收集并定期清理，相关设施设备进行防腐防渗处理；⑦设置并定期巡检防渗阻隔系统，防止雨水进入，或者及时有效排出雨水；⑧做好防渗工作，根据《石油化工工程防渗技术规范》（GB/T 50934—2013）中相关防渗技术标准、设计使用年限等开展隐患排查
	危废贮存库（重点关注）	危废库	其他活动区	若区域内防渗、防风、防雨、防晒措施未到达危废贮存要求，易造成土壤和地下水污染	①设置操作规程标识牌，对处置人员进行培训，防止危废暂存转运过程中的遗撒；②定期检查泄漏检测设施，确保正常运行；③日常维护（如及时解决泄漏问题，及时清理泄漏的污染物）；④排查区域内防渗阻隔情况；⑤设置并定期巡检防渗阻隔系统，防止雨水进入，或者及时有效排出雨水；⑥定期巡检区域内是否存在未硬化地面、裂隙等；⑦按照 GB 18597 和《一般工业固体废物贮存和填埋污染控制标签》（GB 18599—2020）的要求开展排查和整改
	输送系统（重点关注）	装卸台、鹤管	散装液体转运与厂内运输	装卸过程中易发生抛洒，或造成较多粉尘；装卸完成后，出料口及相关配件中残余液体物料的滴漏	①设置防渗阻隔系统，防止雨水进入，或及时有效排出雨水；②出料口放置处底部设置防滴漏设施；③定期清空防滴漏设施；④设置溢流保护装置；⑤日常目视检查；⑥设置清晰的灌注和抽出说明标识牌；⑦有效应对泄漏事件，渗漏、流失的液体能得到有效收集并定期清理；⑧定期检测管道渗漏情况（内检测、外检测及其他专项检测），根据管道检测结果，制定并落实管道维护方案；⑨定期巡检区域内是否存在未硬化地面、裂隙，注意设施设备的连接处等；⑩按照 GB 18597 的要求开展排查和整改

主要单元		重点场所或者重点设施设备		排查要点	整改要点
		名称	类型		
其他单元	车辆清洗设施	喷淋装置、洗车台	其他活动区	喷淋废水中所含污染物质较多，若发生渗漏，极易造成土壤及地下水污染	①设置防渗阻隔系统，防止雨水进入，或及时有效排出雨水；②日常目视检查；③有效应对泄漏事件；④渗漏、流失的液体能得到有效收集并定期清理；⑤定期巡检区域内是否存在未硬化地面、裂隙，注意设施设备的连接处等；⑥按照 GB 18597 的要求开展排查和整改
	雨水收集系统（重点关注）	初期雨水池	液体储存	雨水池多为地下槽体/池体，具有隐蔽性，若发生泄漏，易造成土壤污染。可能情形：①池体老化、破损、裂缝造成的泄漏、渗漏；②池体满溢	①防渗设计和建设；②定期开展密封、防渗效果检查；③制订检修计划；④定期巡检，重点对池体是否存在泄漏、渗漏、满溢进行检查；⑤对于不适合目视检查、泄漏检查的情况，建议设置地下水监测井或者土壤气监测井，定期开展地下水或者土壤气监测；⑥定期检查泄漏检测设施，确保正常运行；⑦日常维护

6.4 初步采样调查技术要点

结合金冶炼行业典型工艺识别的重点关注的重点场所或重点设施设备、重点关注的关注污染物以及所在主要单元，提出该行业典型工艺初步采样调查的重点关注布点位置与涉及的关注污染物，详见表 6-5。识别出的重点场所或者重点设施设备应作为优先布点区域，其他区域应根据国家相关导则规定进行全面梳理，根据地块实际酌情考虑。

6.4.1 点位布设

本章 6.2 节识别的重点场所或者重点设施设备中需要重点关注的，包括预处理单元的造浆槽、调浆槽、文氏管、净化洗涤塔、干燥塔、除雾器、干燥塔循环槽、干燥塔酸冷却器、吸收塔、吸收塔循环槽、吸收塔酸冷却器、换热器、转化器等，氰化单元的浓密机、调浆槽、矿浆泵、球磨机、磨矿泵池、浓密机、气力搅拌浸出槽、立式压滤机、净化过滤槽、脱氧塔、清贵液池、贫液池，精炼单元的酸浸槽、王水分金槽、钛罐，氰化尾渣无害化处理单元的浓缩机、滤液槽、矿浆破氰预处理反应槽，废水处理单元的酸性废水处理系统、含氰废水处理系统，以及其他单元的氰渣堆放场、硫酸储罐、危废库、装卸台、鹤管、初期雨水池等，应优先考虑布点，其他建议的重点关注布点位置及其对应的关注污染物见表 6-5。现场布点应结合实际情况，布设在重点场所或者重点设施设备最有可能污染的位置，同时结合现场颜色气味异常、污染痕迹、硬化地面裂缝、污染物的迁移途径等因素综合考虑布点，如当前或历史上有裸露地面的区域（如绿化带）、历史上为工业企业的生产区域、污染泄漏区、历史监测超标区、颜色（如黄绿色）气味异常区域、周边地块关注污染物可能影响的本地块内区域等也应纳入布点考虑。

表 6-5 金冶炼行业典型工艺重点关注布点位置及涉及关注污染物一览表

主要单元		重点关注布点位置	涉及物料	涉及关注污染物
预处理单元	原料矿浆制备工序（重点关注）	造浆槽、调浆槽	金精矿、浆料	砷、镉、汞、铅、钴、锑、铜、锌、铁、镍、氟化物等
	焙烧工序	除尘脱硫工段（旋风除尘器、电场高温电收尘器、冷却器、湿式除尘器、排气筒、离子液循环吸收脱硫塔）	焙烧烟气；酸性废水（焙烧工艺）、脱硫废液、脱硫过滤渣	砷、镉、汞、铅、钴、锑、铜、锌、铁、镍、氟化物等
		水淬槽	焙烧渣；洗涤废水（水淬工艺）、水淬渣	砷、镉、汞、铅、钴、锑、铜、锌、铁、镍、氟化物等
	制酸工序（重点关注）	净化工段（文氏管、净化洗涤塔等）	焙烧烟气；洗涤酸泥（制酸净化工段）、酸性废水（制酸净化工段）、制酸尾气	砷、镉、锰、铅、汞、锑、钴、硒、铜、镍、锌、铁、氟化物等
		干吸工段（干燥塔、除雾器、干燥塔循环槽、干燥塔酸冷却器、吸收塔、吸收塔循环槽、吸收塔酸冷却器等）	酸性废水（制酸干吸工段）	砷、镉、锰、铅、汞、钴、锑、硒、镍、铜、锌、铁、氟化物等
		转化工段（换热器、转化器）	催化剂、含硫尾气（制酸转化工段）	砷、镉、锰、铅、汞、钴、锑、硒、钒、镍、铜、锌、铁、氟化物等
		尾气吸收工段	制酸尾气	砷、镉、锰、铅、汞、钴、锑、氟化物、硒、钒、镍、铜、锌、铁等
氰化单元	浓密洗涤工序（重点关注）	浓密机	水淬渣；洗涤废水（氰化浓密工艺）	砷、锑、铅、汞、镉、钴、铜、镍、锌、铁等
	磨矿分级工序（重点关注）	调浆槽、矿浆泵、球磨机、磨矿泵池	磨矿矿浆；磨矿废水	砷、锑、铅、汞、镉、钴、铜、镍、锌、铁、锰、钼等
	浸出洗涤工序（重点关注）	浓密机、气力搅拌浸出槽、立式压滤机	氰化物、磨矿矿浆；洗涤废水（氰化浸出洗涤工艺）、氰化废水、氰渣压滤废水（氰化工艺）、含氰滤布、氰化尾渣、氰化废气	砷、锑、汞、镉、钴、铜、铅、镍、锌、铁、氟化物、氰化物、氯气等
	锌粉置换工序（重点关注）	净化过滤槽、脱氧塔、清贵液池、贫液池	锌粉、石灰；贵液、贫液、金泥、置换滤渣	砷、锑、铅、汞、镉、钴、铜、镍、锌、铁、氰化物等

主要单元		重点关注布点位置	涉及物料	涉及关注污染物
精炼单元	硝酸酸浸除杂工序（重点关注）	酸浸槽	金泥、硝酸；酸浸废水、酸浸废气	汞、砷、铅、镉、钴、锑、铜、钒、锌、铁、镍、氰化物等
	王水分金工序（重点关注）	王水分金槽	硝酸渣、盐酸、硝酸；酸性废水（王水分金工艺）、酸性废气（王水分金工艺）	汞、砷、铅、镉、钴、锑、铜、钒、锌、铁、镍、氰化物、氟化物、氯气等
	赶硝还原工序（重点关注）	钛罐	王水浸出滤液、二氧化硫、氢氧化钠；酸性废水（还原工艺）、赶硝还原废气、中和沉淀污泥	汞、砷、镉、钴、锑、汞、铜、钒、锌、铁、镍、铅、氟化物等
	熔炼铸锭工序	高温烘干箱、中频炉	金粉、硼砂；熔炼铸锭废气、熔炼铸锭废料	汞、砷、铅、镉、钴、锑、铜、钒、锌、铁、镍、硼等
氰化尾渣无害化处理单元	浓密压滤工序（重点关注）	浓缩机、滤液槽	氰化尾渣；氰渣压滤废水（氰渣无害化处理工艺）；氰化尾渣矿浆	砷、铅、汞、锑、镉、钴、钒、铜、锌、铁、镍、氰化物、氟化物等
	破氰预处理工序（重点关注）	矿浆破氰预处理反应槽	氰化尾渣矿浆、二氧化硫；脱氰矿浆、氰化尾渣无害化处理废气	砷、铅、汞、锑、镉、钒、铜、锌、铁、镍、氟化物等
	压滤洗涤工序	板式压滤机	脱氰矿浆；压滤滤液、洗涤废水（氰渣无害化处理工艺）、脱氰尾渣、洗涤滤液	砷、铅、汞、锑、镉、钴、钒、铜、锌、铁、镍、氟化物等
	无害化处理	无害化反应槽	洗涤滤液；无害化反应压滤滤液、铜渣、氢氧化钠、氰化尾渣无害化处理沉淀物	砷、铅、汞、锑、镉、钴、钒、铜、锌、铁、镍、氟化物等
	尾气吸收系统	碱液吸收塔	氰化尾渣无害化处理废气、碱液	氰化物等
湿法黄金冶炼废渣无害化处理单元		富氧侧吹熔炉	次贵金属合金、石英石、脱杂烟气、脱杂炉渣、贵金属合金	镉、砷、铅、锑、锌、铜、铋、氰化物等
		回转式脱杂炉	生产烟气、脱杂烟气、环集烟气；脱硫废液（湿法黄金冶炼废渣无害化处理）、脱硫过滤渣（湿法黄金冶炼废渣无害化处理）	镉、砷、铅、锑、锌、铜、铋、氰化物等
		余热锅炉、电收尘器、离子液循环吸收脱硫塔	酸性废水（废水处理）	镉、砷、铅、锑、锌、铜、铋等

主要单元		重点关注布点位置	涉及物料	涉及关注污染物
废水处理单元（重点关注）		酸性废水处理系统	含氰废水（废水处理）	砷、铅、汞、镉、锑、钴、铜、镍、钒、锌、铁、氟化物等
		含氰废水处理系统	水处理废气、碱液	砷、锑、铅、汞、镉、钴、铜、镍、钒、锌、铁、氰化物、氟化物等
		尾气吸收系统（一般关注）	尾气	氰化物、氟化物等
其他单元	矿仓	矿仓	金矿石	砷、铅、汞、镉、钴、锑、铜、锌、铁、镍、钒、氟化物等
	原料堆场	原料堆场	氰化钠、硫酸、锌粉、石灰、氢氧化钠、盐酸、硝酸、纯碱、硼砂、石英石、尿素、二氧化硫、双氧水、催化剂	砷、锑、铅、汞、钴、钒、铜、镍、镉、锌、铁、氰化物、氟化物等
	氰渣堆场（重点关注）	氰渣堆放场	氰渣、氰渣渗滤液、堆场粉尘	砷、铅、汞、锑、镉、钴、钒、铜、镍、锌、铁、氰化物、氟化物等
	硫酸储存系统（重点关注）	硫酸储罐		硫酸等
	危废贮存库（重点关注）	危废库	废催化剂、污水站废盐、废包装袋、废机油	钒、氰化物、氟化物等
	输送系统（重点关注）	装卸台、鹤管	金矿石、氰化尾渣	砷、锑、铅、汞、镉、铜、镍、钒、氰化物、氟化物等
	车辆清洗设施	喷淋装置、洗车台	金矿石、氰化尾渣、洗车水	砷、锑、铅、汞、镉、铜、镍、钒、氰化物、氟化物等
	雨水收集系统（重点关注）	初期雨水池	初期雨水	砷、锑、铅、汞、镉、铜、镍、钒、氟化物、氰化物等

6.4.2　检测指标

金冶炼行业典型工艺的检测指标建议包含《土壤环境质量 建设用地土壤污染风险管控标准（试行）》（GB 36600—2018）中表 1 基本 45 项及污染识别阶段识别出的关注污染物，以及地块可能存在的其他污染物。原则上应当本着保守原则，将地块内可能存在的污染物及其在环境中转化或降解产物均纳入检测指标。土壤和地下水的检测指标具体建议如下。

6.4.2.1　土壤

土壤样品检测指标包括但不限于：

（1）《土壤环境质量 建设用地土壤污染风险管控标准（试行）》（GB 36600—2018）表1基本45项和pH。

（2）地块关注污染物：重点关注的关注污染物主要为重金属（砷、汞）、氰化物；其他关注污染物主要为重金属（砷、铅、锑、镉、钴、钒、铜、锌、铁、镍、锑、铋、锰、钼等）、氟化物等，详见6.2.1.2节。

（3）经资料分析确定的地块利用历史和周边企业可能影响本地块的其他污染物。

（4）现场快速检测结果异常的其他污染物。

6.4.2.2 地下水

地下水样品检测指标包括但不限于：

（1）《地下水质量标准》（GB/T 14848—2017）常规指标中的“感官性状及一般化学指标”和“毒理学指标”；

（2）地块关注污染物：重点关注的关注污染物主要为重金属（砷、汞）、氰化物；其他关注污染物主要为重金属（铅、锑、镉、钴、钒、铜、锌、铁、镍、锑、铋、锰、钼等）、氟化物等，详见6.2.1.2节。

（3）地块所在地区地下水功能用途及周边工业企业的影响，酌情增加选测项目。

（4）经资料收集与分析确定的地块使用历史上可能存在的其他相关污染物。

6.4.3 采样要求

除满足国家调查相关技术规定的各项要求外，考虑到金冶炼行业典型工艺的关注污染物氰化物、重金属毒性较高的特性，建议如下：

（1）行业重金属污染较突出，实际采样过程中要结合现场快筛数据、土壤颜色和气味的变化，综合判断选择合适部位采集样品。

（2）根据现场实际采样条件，综合分析氰化物样品保存时限较短，应注意样品的及时送检。

参考文献

[1] 方荣茂，廖小山，廖斌，等. 电催化氧化法去除黄金冶炼废水中氨氮中试试验[J]. 现代矿业，2014，30（7）：35-37.

[2] 方荣茂，廖小山，廖斌，等. 电催化氧化法去除黄金冶炼废水中氰化物和氨氮试验研究[J]. 黄金，2013，34（4）：63-67.

[3] 张松柏，周兴. 电解方法对去除黄金冶炼中的杂质效果研究[J]. 世界有色金属，2021（22）：26-27.

[4] 杨玮. 复杂难处理金精矿提取及综合回收的基础研究与应用[D]. 长沙：中南大学，2011.

[5] 赵印习. 关于黄金冶炼工艺的相关研究[J]. 冶金与材料，2019，39（2）：40，42.

[6] 郑新烟．黄金冶炼厂氰化尾渣无害化资源化利用的工艺研究[J]．福建冶金，2018，47（6）：20-22.
[7] 孙建伟，刘青．黄金冶炼废水处理及有价金属回收[J]．黄金科学技术，2015，23（2）：94-97.
[8] 王安理，李建政，刘晓勃．黄金冶炼废水回收及回用处理技术实践[J]．矿业工程，2016，14（1）：45-47.
[9] 林丽华，郑醒亚，林国诚，等．黄金冶炼废水零排放工艺研究[C]//中国膜工业协会，中国有色金属学会．第四届全国膜分离技术在冶金工业中应用研讨会论文集，2014：152-155.
[10] 刘亚建．黄金冶炼废水综合处理工艺研究及应用[J]．黄金，2013，34（11）：65-67.
[11] 张国存．黄金冶炼工艺浅析[J]．世界有色金属，2018（17）：16，18.
[12] 党晓娥，孟裕松，王璐，等．黄金冶炼两大新技术应用现状与发展趋势探讨[J]．黄金科学技术，2017，25（4）：113-121.
[13] 梁高喜，张文歧，王伯义．黄金冶炼生产废水的综合治理及利用[J]．中国有色冶金，2016，45（3）：64-66，70.
[14] 赵印习．黄金冶炼生产工艺现状及发展[J]．冶金与材料，2019，39（1）：158，160.
[15] 张志伟，王青丽，余延涛，等．黄金冶炼水洗除尘酸泥中汞和硒回收工艺研究[J]．矿冶工程，2017，37（5）：91-94.
[16] 李建政，刘晓勃．黄金冶炼尾气处理技术及应用[J]．黄金，2018，39（11）：67-69.
[17] 张玉明，李晓恒，张福元．黄金冶炼尾渣综合利用研究进展[J]．无机盐工业，2014，46（12）：12-15.
[18] 陈芳芳，张亦飞，薛光．黄金冶炼污染治理与废物资源化利用[J]．黄金科学技术，2011，19（2）：67-73.
[19] 王旭．黄金冶炼污染治理与废物资源化利用[J]．冶金与材料，2019，39（3）：187，189.
[20] 柳林．黄金冶炼渣中有价金属的综合利用研究[D]．北京：中国地质科学院，2016.
[21] 尹善继，姜传进．黄金冶炼渣中有价金属的综合利用研究[J]．世界有色金属，2020（3）：11，13.
[22] 李雅，刘晨明，石绍渊，等．膜吸收法处理黄金冶炼含氰废水的试验研究[J]．黄金，2017，38（3）：71-75，85.
[23] 谢桂芳．某黄金冶炼厂废水回用工艺技术研究[J]．亚热带水土保持，2019，31（3）：30-35.
[24] 张玮琦，张焘．某黄金冶炼厂含氰污水“零排放”生产实践[J]．黄金，2003（5）：44-47.
[25] 杜主义．某黄金冶炼厂黄金精炼工艺的优化改进[J]．有色冶金节能，2020，36（1）：9-12.
[26] 秦广林，姜凯文，李寿江，等．某黄金冶炼厂水系硫酸根浓度升高原因分析及处理探索[J]．中国矿业，2021，30（S1）：423-425，430.
[27] 从忠奎，迟崇哲，邱陆明，等．某黄金冶炼公司氰化尾矿无害化处理技术研究[J]．黄金，2017，38（7）：59-62.
[28] 梁辉．浅谈黄金冶炼烟气制酸仪表系统的选型和改进[J]．中国设备工程，2020（7）：112-114.
[29] 王青丽，徐展．用黄金冶炼酸性废水处理氧化锌矿的研究[J]．湖南有色金属，2018，34（1）：25-28.
[30] 甘晓．中科院过程工程研究所　新工艺让黄金冶炼废弃物脱“危”[N]．中国科学报，2022-04-28（003）.
[31] 朱兴荣．中原黄金冶炼烟气超低排放与资源综合利用[J]．硫酸工业，2020（12）：19-23.

7

电镀行业隐患排查和初步采样调查技术要点

山东省电镀行业产值位居全国前列。根据《山东统计年鉴 2022》，2021 年山东省规模以上金属制品业的企业数量为 2 215 家。根据《国民经济行业分类》（GB/T 754—2017），金属制品业（33）分为结构性金属制品制造（331）、金属表面处理及热处理加工（336）等 9 个行业中类，进一步细分为金属结构制造（3311）、切削工具制造（3321）、金属表面处理及热处理加工（3360）等 29 个行业小类。其中，金属表面处理及热处理加工行业（3360）涵盖了电镀、化学镀、化学转化膜、热浸镀等传统金属表面处理技术，以及气相沉积、化学热处理、高能束表面处理等新兴金属表面处理技术。综合考虑各细分小类行业规模、污染程度和现有调查成果丰富程度等，选取山东省数量多、污染重、前期调查成果相对丰富的电镀行业作为代表，开展隐患排查和初步采样调查技术要点的梳理。根据山东省生态环境厅网站公布的《山东省 2022 年土壤污染重点监管单位名录》，全省 1 924 家土壤污染重点监管单位中有 89 家属于金属表面处理及热处理加工行业。

电镀行业工艺流程可概括为：镀件经过抛光、除油、磷化、酸洗、表面活化、中和、水洗等前处理工序改善表面性质，然后根据镀种、电镀结构的差异性选择不同的电镀方法以及电镀液进行镀覆处理，最后通过水洗、钝化、着色处理等镀后工序得到成品件。电镀行业的废水由于工艺的不同而种类繁多，处理工艺也较为复杂，需重点关注。本章结合电镀行业历史调查工作成果，对该行业工艺进行介绍，并梳理了“三个清单”与“两项要点”。

7.1 典型工艺

7.1.1 主要工艺流程

电镀行业典型工艺流程包括前处理、镀覆处理、镀后处理、废水处理等单元。镀件经过前处理工序改善表面性质，经镀覆处理、镀后处理得到成品件。

前处理单元，主要包括抛光、喷砂、喷丸、除油、磷化、酸洗、表面活化、中和、水洗工序。目的是去除基体表面存在的大量油污、锈蚀，增强镀件的耐蚀性以及提高基体表面与电镀层的结合度。

镀覆处理单元根据镀种、电镀结构的差异性选择不同的电镀方法以及电镀液，将前处理后的镀件进行镀覆，镀种主要包括镀铜、镀锌、镀镉、镀铬、镀镍、镀铅，电镀方法主要包括酸性镀铜、焦磷酸镀铜、碱性锌酸盐镀锌、钾盐镀锌、硫酸锌镀锌、铵盐镀锌、氰化镀铜（铬、镍、锌等）等。

镀后处理单元主要包括水洗、钝化、着色处理。经水洗工序去除镀件表面具腐蚀性的镀液；再通过钝化剂、着色剂等添加剂的作用来提高镀件的耐腐蚀性、硬度以及光亮性等性能；最后，对于不合格的产品，在乙二胺、浓硝酸、硫氰化钾等退镀液的作用下进行退镀处理。

废水处理区按废水成分可划分为含镍废水处理、除油废水处理、含氰废水处理、含铬废水处理、含铜废水处理以及含锌废水处理等类型。镀覆工序产生的含镍废水进行含镍调节、酸化、氧化、沉淀处理后，与除油工序产生的含油废水一并进入有机废水调节池，经混凝沉淀、pH 调节、水解酸化、好氧池、二次沉淀、pH 回调后，用作厂内生活用水。含氰废水进行含氰调节、一级破氰、二级破氰预处理，预处理废水汇总至综合废水调节池。含铬废水进行还原、综合反应、混凝反应沉淀、膜生物反应预处理；含铜废水进行综合反应、混凝反应沉淀、膜生物反应预处理；含锌废水进行微滤、纳滤、反渗透预处理，预处理废水汇总至综合废水处理池、综合废水调节池。上述废水经综合处理后部分用作工艺回用水，部分外排。

电镀行业典型工艺流程见图 7-1，电镀行业废水处理工艺流程见图 7-2。

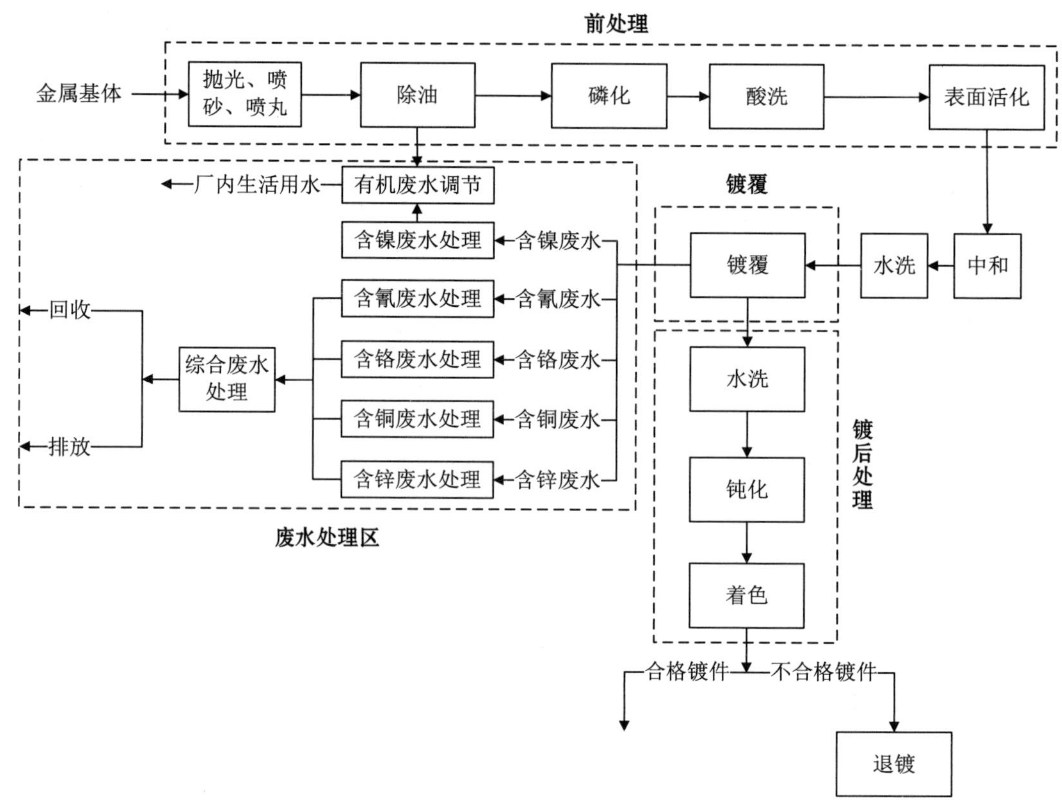

图 7-1　电镀行业典型生产工艺流程

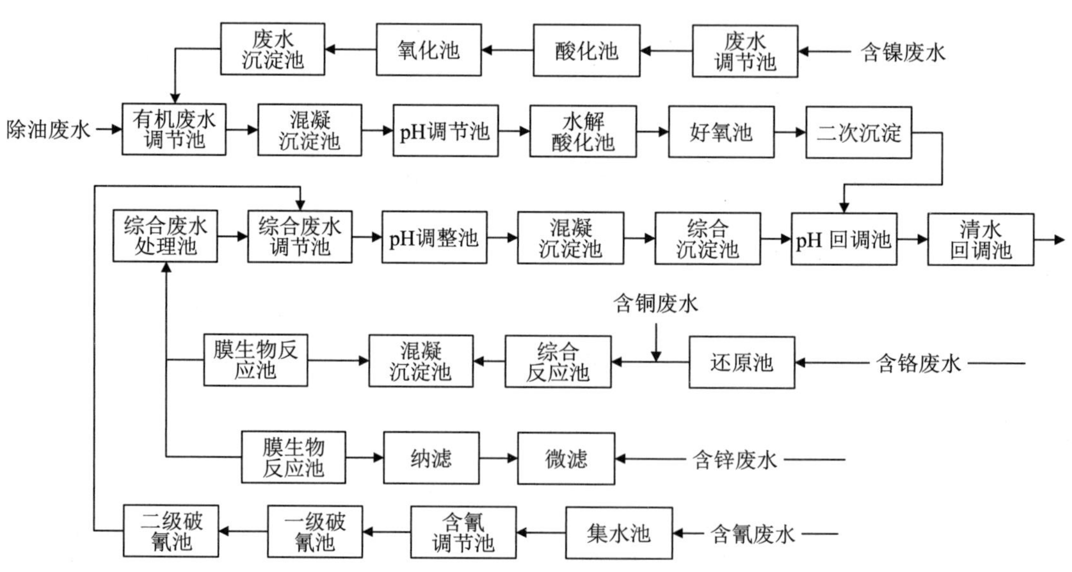

图 7-2　电镀行业废水处理工艺流程

7.1.2 主要原辅材料和产品

电镀行业使用的主要原材料为锌、铜、镍、铬、锡、金、银等金属基体，镀锌件、镀铜件、镀镍件、镀铬件、镀锡件、镀金件、镀银件等前处理镀件。辅料主要包括脱脂剂、磷化液、酸洗液、表面活性剂、钝化剂、光亮剂、着色剂等。产品主要是镀件。

电镀行业生产过程的原辅材料及产品清单详见表 7-1。

表 7-1 电镀行业主要原辅材料及产品清单

序号	物料类别	物料名称	主要组成
1	原辅材料	金属基体	锌、六价铬、铜、镉、镍、锡、铅、金、锑、铊等
2		ABS 塑料、聚砜、聚丙烯、酚醛塑料	苯酚、甲醛等
3		脱脂剂	丙酮、甲苯、二甲苯、三氯乙烯、四氯化碳、三氯乙烷、四氯乙烯
4		磷化液	磷酸盐、硝酸盐
5		铬酐	六价铬
6		盐酸、硫酸、氢氟酸、硝酸	氟化物等
7		表面活性剂	六价铬、甲醛、乙二醇缩甲醛、壬基酚聚氧乙烯醚、苯二酚、苯酚、乙二胺、环氧乙烷、环氧丙烷
8		缓蚀剂	六价铬、亚硝酸盐、三氯乙烷等
9		络合剂	氰化物等
10		盐酸、硫酸、氢氟酸、氢氧化钠、碳酸钠	氟化物等
11		氰化物镀液	氰化物、乙二胺、甲醛等
12		镀锌件	六价铬、锌、氰化物等
13		镀铜件	铜、氰化物等
14		镀镍件	镍、氰化物、氟化物等
15		镀铬件	六价铬等
16		镀锡件	锡、铅、苯酚等
17		镀金件	锑、铊、氰化物等
18		镀银件	银、氰化物等
19		光亮剂	甘氨酸等
20		钝化剂	六价铬、氢氟酸等
21		氢氧化钠、硫酸	NaOH、H_2SO_4 等
22		着色剂	六价铬、硝酸盐、甲苯、二甲苯、乙苯、邻苯二甲酸二甲酯、乙酸正丁酯、2-丁酮、4-甲基-2-戊酮等
23	产品	镀件	-

注：不同企业原辅材料会有变化，应结合企业实际情况具体分析。

7.2 污染识别

7.2.1 有毒有害物质及关注污染物

根据国家有关规定，对电镀行业典型工艺原辅材料、产品及“三废”进行排查，结合历史调查数据及污染物的毒性大小、超标率，梳理出有毒有害物质及关注污染物清单，详见表 7-2。其中重点关注的有毒有害物质及关注污染物使用*进行标注。

表 7-2 电镀行业主要有毒有害物质及关注污染物清单

序号	物料类别	物料名称	有毒有害物质	关注污染物
1	原辅材料	金属基体	锌*、六价铬*、铜*、镉*、镍*、铅*、锑*、铊*、锡等	锌*、六价铬*、铜*、镉*、镍*、铅*、锑*、铊*、锡等
2		ABS 塑料、聚砜、聚丙烯、酚醛树料	苯酚、甲醛	苯酚、甲醛等
3		脱脂剂	甲苯、二甲苯、三氯乙烯*、四氯化碳*、三氯乙烷*、四氯乙烯、丙酮	甲苯、二甲苯、三氯乙烯*、四氯化碳*、三氯乙烷*、四氯乙烯、丙酮
4		磷化液	磷酸盐、硝酸盐	磷酸盐、硝酸盐
5		铬酐	六价铬*	六价铬*
6		盐酸、硫酸、氢氟酸、硝酸、氢氧化钠、碳酸钠	氟化物*等	氟化物*等
7		表面活性剂	六价铬*、甲醛、乙二醇缩甲醛、壬基酚聚氧乙烯醚、苯二酚、苯酚、乙二胺、环氧乙烷、环氧丙烷	六价铬*、甲醛、乙二醇缩甲醛、壬基酚聚氧乙烯醚、苯二酚、苯酚、乙二胺、环氧乙烷、环氧丙烷
8		缓蚀剂	六价铬*、三氯乙烷、亚硝酸盐等	六价铬*、三氯乙烷、亚硝酸盐等
9		络合剂	氰化物*等	氰化物*等
10		氰化物镀液	氰化物*、乙二胺、甲醛等	氰化物*、乙二胺、甲醛等
11		镀锌件	六价铬*、锌*、氰化物*等	六价铬*、锌*、氰化物*等
12		镀铜件	铜*、氰化物*等	铜*、氰化物*等
13		镀镍件	镍*、氰化物*、氟化物*等	镍*、氰化物*、氟化物*等
14		镀铬件	六价铬*等	六价铬*等
15		镀锡件	锡、苯酚、铅*等	锡、苯酚、铅*等
16		镀金件	锑*、铊*、氰化物*等	锑*、铊*、氰化物*等
17		镀银件	银、氰化物*等	银、氰化物*等
18		光亮剂	甘氨酸等	甘氨酸等
19		钝化剂	六价铬*、氢氟酸等	六价铬*、氟化物等
20		着色剂	六价铬*、硝酸盐、甲苯、二甲苯、乙苯、邻苯二甲酸二甲酯、乙酸正丁酯、2-丁酮、4-甲基-2-戊酮等	六价铬*、硝酸盐、甲苯、二甲苯、乙苯、邻苯二甲酸二甲酯、乙酸正丁酯、2-丁酮、4-甲基-2-戊酮等

序号	物料类别	物料名称	有毒有害物质	关注污染物
21	产品	镀件	—	—
22	废水	除油废水	甲苯、二甲苯、丙酮、二氯乙烯*、三氯乙烯、四氯化碳、三氯乙烷、四氯乙烯、石油烃（C_{10}～C_{40}）等	甲苯、二甲苯、丙酮、二氯乙烯*、三氯乙烯、四氯化碳、三氯乙烷、四氯乙烯、石油烃（C_{10}～C_{40}）等
23		磷化电镀废水	六价铬*等	六价铬*等
24		电镀废水（粗化）	六价铬*等	六价铬*等
25		酸洗废水	镍*、锌*、锰*、六价铬*、镉*、汞*、砷*、铅*、氟化物*、铜*等	氟化物*等
26		电镀废水（活化）	六价铬*、亚硝酸盐、甲醛、乙二醇缩甲醛、壬基酚聚氧乙烯醚、苯二酚、乙二胺、环氧乙烷、环氧丙烷等	六价铬*、亚硝酸盐、甲醛、乙二醇缩甲醛、壬基酚聚氧乙烯醚、苯二酚、乙二胺、环氧乙烷、环氧丙烷等
27		电镀废水（中和）	—	—
28		电镀废水（前处理水洗）	锌*、六价铬*、铜*、镉*、镍*、铅*、锑*、铊*、锡等	锌*、六价铬*、铜*、镉*、镍*、铅*、锑*、铊*、锡等
29		含氰废水	甲醛、乙二胺、氰化物*、锌*、六价铬*、铜*、镉*、镍*、铅*、锑*、铊*、锡等	甲醛、乙二胺、氰化物*、锌*、六价铬*、铜*、镉*、镍*、铅*、锑*、铊*、锡等
30		含铜废水	铜*、镉*、镍*、六价铬*、锌*、铅*、锑*、铊*、锡等	铜*、镉*、镍*、六价铬*、锌*、铅*、锑*、铊*、锡等
31		含镍废水	镍*、铜*、镉*、六价铬*、锌*、铅*、锑*、铊*、锡等	镍*、铜*、镉*、六价铬*、锌*、铅*、锑*、铊*、锡等
32		含铬废水	六价铬*、铜*、镉*、镍*、锌*、铅*、锑*、铊*、锡、氟化物*、苯并[*a*]芘*等	六价铬*、铜*、镉*、镍*、锌*、铅*、锑*、铊*、锡、氟化物*、苯并[*a*]芘*等
33		含锌废水	锌*、六价铬*、砷*、铜*、镉*、镍*、铅*、锑*、铊*、锡、苯、氟化物*、苯并[a]芘*等	锌*、六价铬*、砷*、铜*、镉*、镍*、铅*、锑*、铊*、锡、苯、氟化物*、苯并[a]芘*等
34		重金属废水	锌*、六价铬*、铜*、镉*、镍*、铅*、锑*、铊*、锡等	锌*、六价铬*、铜*、镉*、镍*、铅*、锑*、铊*、锡等
35		电镀废水（镀覆）	苯酚、锌*、六价铬*、锰*、铝*、钴*、铜*、镉*、镍*、铅*、锑*、铊*、锡、苯*、三氯乙烯*、苯并[*a*]芘*、硼、氰化物*等	苯酚、锌*、六价铬*、锰*、铝*、钴*、铜*、镉*、镍*、铅*、锑*、铊*、锡、苯*、三氯乙烯*、苯并[*a*]芘*、硼、氰化物*等
36		电镀废水（水洗）	锌*、六价铬*、铜*、镉*、镍*、铅*、锑*、铊*、锡等	锌*、六价铬*、铜*、镉*、镍*、铅*、锑*、铊*、锡等
37		电镀废水（钝化）	锌*、六价铬*、铜*、镉*、镍*、铅*、锑*、铊*、锡、氟化物*等	锌*、六价铬*、铜*、镉*、镍*、铅*、锑*、铊*、锡、氟化物*等
38		电镀废水（着色）	锌*、六价铬*、铜*、镉*、镍*、铅*、锑*、铊*、锡、甲苯、二甲苯、邻苯二甲酸二甲酯、乙酸正丁酯、2-丁酮、4-甲基-2-戊酮等	锌*、六价铬*、铜*、镉*、镍*、铅*、锑*、铊*、锡、甲苯、二甲苯、邻苯二甲酸二甲酯、乙酸正丁酯、2-丁酮、4-甲基-2-戊酮等
39		电镀废水（中和）	—	—
40		电镀废水（退镀）	乙二胺、氰化物*等	乙二胺、氰化物*等
41		废弃退镀镀液	锌*、六价铬*、铜*、镉*、镍*、铅*、锑*、铊*、锡等	锌*、六价铬*、铜*、镉*、镍*、铅*、锑*、铊*、锡等
42		地面冲洗废水	锌*、六价铬*、铜*、镉*、镍*、铅*、锑*、铊*、锡等	锌*、六价铬*、铜*、镉*、镍*、铅*、锑*、铊*、锡等
43		设备清洗液	锌*、六价铬*、铜*、镉*、镍*、铅*、锑*、铊*、锡等	锌*、六价铬*、铜*、镉*、镍*、铅*、锑*、铊*、锡等

序号	物料类别	物料名称	有毒有害物质	关注污染物
44	废气	碱性废气（除油）	—	—
45		电镀废气（磷化）	六价铬*等	六价铬*等
46		电镀废气（粗化）	六价铬*等	六价铬*等
47		电镀废气（酸洗）	氟化物*等	氟化物*等
48		电镀废气（活化）	六价铬*、甲醛、乙二醇缩甲醛、壬基酚聚氧乙烯醚、苯二酚、苯酚、乙二胺、环氧乙烷、环氧丙烷等	六价铬*、甲醛、乙二醇缩甲醛、壬基酚聚氧乙烯醚、苯二酚、苯酚、乙二胺、环氧乙烷、环氧丙烷等
49		电镀废气（中和）	氟化物*等	氟化物*等
50		含氰废气	氰化物*等	氰化物*等
51		酸性废气	六价铬*、氟化物*等	六价铬*、氟化物*等
52		含铬废气	六价铬*等	六价铬*等
53		电镀废气（镀铜）	—	—
54		电镀废气（镀铬）	六价铬*等	六价铬*等
55		电镀废气（镀镍）	—	—
56		电镀废气（钝化）	六价铬*、氟化物*等	六价铬、氟化物等
57		电镀废气（着色）	甲苯、二甲苯、乙苯、邻苯二甲酸二甲酯、乙酸正丁酯、2-丁酮、4-甲基-2-戊酮等	甲苯、二甲苯、乙苯、邻苯二甲酸二甲酯、乙酸正丁酯、2-丁酮、4-甲基-2-戊酮等
58		电镀废气（镀后中和）	—	—
59		退镀废气	氰化物*等	氰化物*等
60	固废	金属屑	锌*、六价铬*、铜*、镉*、镍*、铅*、锑*、铊*、锡等	锌*、六价铬*、铜*、镉*、镍*、铅*、锑*、铊*、锡等
61		粗化污泥（含铬）	六价铬*等	六价铬*等
62		酸洗污泥	锌*、六价铬*、铜*、镉*、镍*、铅*、锑*、铊*、锡等	锌*、六价铬*、铜*、镉*、镍*、铅*、锑*、铊*、锡等
63		电镀污泥	锌*、六价铬*、铜*、镉*、镍*、铅*、锑*、铊*、锡等	锌*、六价铬*、铜*、镉*、镍*、铅*、锑*、铊*、锡等
64		含铬污泥	六价铬*等	六价铬*等
65		废滤芯	锌*、六价铬*、铜*、镉*、镍*、铅*、锑*、铊*、锡等	锌*、六价铬*、铜*、镉*、镍*、铅*、锑*、铊*、锡等
66		废化学品包装物	—	—

注：有毒有害物质应结合企业实际情况具体分析。

7.2.1.1 有毒有害物质

根据《重点监管单位土壤污染隐患排查指南（试行）》排查要求，电镀行业涉及的有毒有害物质主要有：重金属类（六价铬、镍、铅、锌、锰、镉、铝、钴、铜、汞、砷、锑、铊、锡）、卤代烃（二氯乙烯、三氯乙烷、三氯乙烯、四氯化碳、四氯乙烯等）、苯系物（苯、甲苯、二甲苯、乙苯等）、酯类（邻苯二甲酸二甲酯、乙酸正丁酯等）、酚类（苯酚、苯二酚等）、醛类（甲醛、乙二醇缩甲醛等）、酮类（丙酮、2-丁酮、4-甲基-2-戊酮等）、乙二胺、石油烃（C_{10}～C_{40}）、苯并[a]芘、硝酸盐、磷酸盐、盐酸、硫酸、氟化氢、氰化物、氟化物、甘氨酸、环氧乙烷、环氧丙烷、亚硝酸盐等。结合历史调查数据结果分析，重点关注的有毒有害物质为：重金属（六价铬、镍、铅、锌、锰、镉、铝、钴、铜、汞、砷、锑、铊）、氟化物、氰化物、卤代烃（二氯乙烯、三氯乙烷、三氯乙烯、四氯化碳）、石油烃（C_{10}～C_{40}）、苯、苯并[*a*]芘等。

7.2.1.2 关注污染物

经梳理分析原辅材料、产品、生产工艺等，电镀行业涉及的关注污染物主要有：六价铬、镍、铅、锌、锰、镉、铝、钴、铜、汞、砷、锑、铊、锡、氟化物、氰化物、硼、亚硝酸盐、二氯乙烯、三氯乙烷、三氯乙烯、四氯化碳、四氯乙烯、石油烃（C_{10}～C_{40}）、苯、甲苯、二甲苯、乙苯等、苯并[*a*]芘、邻苯二甲酸二甲酯、乙酸正丁酯、壬基酚聚氧乙烯醚、苯酚、苯二酚、甲醛、乙二醇缩甲醛、丙酮、2-丁酮、4-甲基-2-戊酮、乙二胺等。结合历史调查数据结果分析，重点关注的关注污染物为：六价铬、镍、铅、锌、锰、镉、铝、钴、铜、汞、砷、锑、铊、氟化物、氰化物、二氯乙烯、三氯乙烷、三氯乙烯、四氯化碳、石油烃（C_{10}～C_{40}）、苯、苯并[*a*]芘。

7.2.2 重点场所或重点设施设备

根据国家隐患排查及调查相关技术规定，结合历史调查数据，对电镀行业重点场所或者重点设施设备进行排查，梳理出重点场所或者重点设施设备清单，详见表 7-3。

表 7-3 电镀行业主要重点场所或者重点设施设备清单

主要单元		重点场所或者重点设施设备名称	涉及有毒有害物质的物料	有毒有害物质	重点场所或者重点设施设备类型 [a]	重点场所或者重点设施设备关注级别
前处理单元	机械处理	抛光设备、喷砂、喷丸	金属屑	六价铬、镉、镍、铜、锌	生产区	一般关注
	除油	除油槽	脱脂剂、除油废水、碱性废气	六价铬、镍、铅、二氯乙烯、三氯乙烷、氰化物、三氯乙烯、四氯化碳、石油烃（C_{10}～C_{40}）、锌、氟化物、丙酮、甲苯、二甲苯、四氯乙烯		重点关注
	磷化	磷化槽	磷化液、磷化废水、电镀废气（磷化）	六价铬、镍		一般关注
	粗化	粗化槽	铬酐、电镀废水（粗化）、含铬废气、粗化污泥（含铬）	六价铬		一般关注

主要单元		重点场所或者重点设施设备名称	涉及有毒有害物质的物料	有毒有害物质	重点场所或者重点设施设备类型[a]	重点场所或者重点设施设备关注级别
	酸洗	酸洗槽	盐酸、硫酸、氢氟酸、硝酸、铬酸酐、酸洗废水、电镀废气（酸洗）、酸洗污泥	镍、锌、锰、六价铬、镉、汞、砷、铅、氟化物、铜		重点关注
	表面活化	活化槽	表面活性剂、缓蚀剂、络合剂、电镀废水（活化）、电镀废气（活化）	三氯乙烯、六价铬、丙酮、甲醛、乙二醇缩甲醛、苯二酚、壬基酚聚氧乙烯醚、环氧乙烷、环氧丙烷、亚硝酸盐		重点关注
前处理单元	中和	中和槽	氢氧化钠、硫酸、盐酸、碳酸钠、氢氟酸、电镀废水（中和）、酸性废气（中和）、碱性废气（中和）	六价铬、镍、氟化物		一般关注
	水洗	水洗槽	回用水、电镀废水（水洗）	六价铬、镍、锌、汞、镉、铅、铜		一般关注
	氰化	氰化镀槽	氰化物镀液、含氰废水、含氰废气	氰化物、镍、甲醛、乙二胺	生产区	一般关注
镀覆处理单元	镀覆	镀覆槽	镀液、光亮剂、电镀废水(镀覆)、电镀废气（镀覆）、电镀污泥（镀覆）	铜、镉、镍、六价铬、锌、锰、铅、铝、钴、汞、砷、锑、铊、苯、氟化物、氰化物、三氯乙烯、苯并[*a*]芘、锡、硼、苯酚		重点关注
	水洗	水洗槽	回用水（中和）、电镀废水（水洗）	六价铬、汞、砷、镉、铅、镍、铜		重点关注
	钝化	钝化槽	钝化剂、电镀废水（钝化）、电镀废气（钝化）	六价铬、铅、氟化物、镍		重点关注
镀后处理单元	着色	着色槽	着色剂、电镀废水（着色）、电镀废气（着色）	六价铬、甲苯、二甲苯、乙苯、邻苯二甲酸二甲酯、乙酸正丁酯、2-丁酮、4-甲基-2-戊酮		一般关注
	退镀	退镀槽	硝酸、硫氰化钾、盐酸、硫氰酸钾、乙二胺、电镀废水（退镀）、酸性废气	石油烃（C_{10}～C_{40}）、氰化物		一般关注
废水处理单元	废水收集池	废水池	电镀废水（除油、磷化、粗化、酸洗、活化、中和、镀覆）	六价铬、铜、镍、铅、锌、钴、砷、汞、镉、锑、铊、氟化物、氰化物、石油烃（C_{10}～C_{40}）、二氯乙烯、三氯乙烷、三氯乙烯、四氯化碳、环氧乙烷、铝、锰、丙酮、甲苯、二甲苯、苯酚、苯二酚、四氯乙烯、甲醛、乙二醇缩甲醛、壬基酚聚氧乙烯醚、环氧丙烷、亚硝酸盐	池体类储存设施	重点关注

<table>
<tr><th colspan="2">主要单元</th><th>重点场所或者重点设施设备名称</th><th>涉及有毒有害物质的物料</th><th>有毒有害物质</th><th>重点场所或者重点设施设备类型[a]</th><th>重点场所或者重点设施设备关注级别</th></tr>
<tr><td rowspan="21">废水处理单元</td><td rowspan="6">除油废水处理站</td><td>有机废水调节池</td><td>除油废水</td><td rowspan="2">六价铬、镍、石油烃（C_{10}～C_{40}）、三氯乙烯、四氯化碳、锰、丙酮、甲苯、二甲苯、四氯乙烯</td><td rowspan="15">池体类储存设施</td><td>重点关注</td></tr>
<tr><td>混凝沉淀池</td><td>除油废水</td><td>重点关注</td></tr>
<tr><td>水解酸化池</td><td>除油废水</td><td rowspan="4">六价铬、镍、石油烃（C_{10}～C_{40}）、二氯乙烯、三氯乙烷、锰、甲苯、丙酮、壬基酚聚氧乙烯醚</td><td>重点关注</td></tr>
<tr><td>好氧池</td><td>除油废水</td><td>重点关注</td></tr>
<tr><td>二次沉淀池</td><td>除油废水</td><td>重点关注</td></tr>
<tr><td>pH 调节池</td><td>除油废水</td><td>重点关注</td></tr>
<tr><td>酸洗废水</td><td>—</td><td>—</td><td>—</td><td>一般关注</td></tr>
<tr><td rowspan="5">含氰废水处理站（碱性氯化处理技术）</td><td>集水池</td><td>含氰废水</td><td rowspan="4">镉、银、镍、锌、铜、钴、氟化物、氰化物、乙二胺、甲醛</td><td>重点关注</td></tr>
<tr><td>含氰调节池</td><td>含氰废水</td><td>重点关注</td></tr>
<tr><td>一级破氰池（一级氧化处理）</td><td>含氰废水、氢氧化钠、次氯酸钠</td><td>重点关注</td></tr>
<tr><td>二级破氰池（二级氧化处理）</td><td>含氰废水、硫酸、次氯酸钠</td><td>重点关注</td></tr>
<tr><td>综合废水调节池</td><td>综合废水</td><td>镉、银、铅、钴、锑、铊、砷、汞、铜、镍、锌、氟化物、锰</td><td>重点关注</td></tr>
<tr><td rowspan="5">含铬废水处理站</td><td>还原池</td><td>含铬废水</td><td>六价铬、镉、铅、铊、铜、镍、锌、铅、砷、氟化物、苯并[a]芘、锡</td><td>重点关注</td></tr>
<tr><td>综合反应池</td><td>含铬废水、氢氧化钠</td><td>六价铬、铜、镍、锌、砷、镉、铊、氰化物、氟化物、苯并[a]芘</td><td>重点关注</td></tr>
<tr><td>混凝反应沉淀池</td><td>含铬废水</td><td rowspan="2">六价铬、铜、镍、锌、铅、砷、镉、铊、氟化物、苯并[a]芘、锡</td><td>重点关注</td></tr>
<tr><td>膜生物反应器</td><td>含铬废水</td><td>其他活动区</td><td>重点关注</td></tr>
<tr><td>综合废水处理池</td><td>综合废水</td><td>铝、砷、汞、钴、镉、锑、铊、锰、铜、镍、铅、锌、氟化物</td><td rowspan="5">池体类储存设施</td><td>重点关注</td></tr>
<tr><td rowspan="4">含铜废水处理站（化学法+膜分离法处理技术）</td><td>综合反应池</td><td>含铜废水、氢氧化钠</td><td rowspan="3">六价铬、铜、镍、铅、镉、铊、氟化物、锌、锡、铅</td><td>重点关注</td></tr>
<tr><td>混凝反应沉淀池</td><td>含铜废水</td><td>重点关注</td></tr>
<tr><td>膜生物反应池</td><td>含铜废水</td><td>重点关注</td></tr>
<tr><td>综合废水处理池</td><td>综合废水</td><td>铝、砷、汞、钴、镉、锑、铊、锰、铜、镍、铅、锌、氟化物</td><td>重点关注</td></tr>
</table>

主要单元		重点场所或者重点设施设备名称	涉及有毒有害物质的物料	有毒有害物质	重点场所或者重点设施设备类型[a]	重点场所或者重点设施设备关注级别
废水处理单元	含镍废水处理站	废水调节池	含镍废水	六价铬、铜、镍、锌、铅、镉、铊、氟化物、锡	池体类储存设施	重点关注
		酸化池	含镍废水、硫酸			重点关注
		氧化池	含镍废水			重点关注
		废水沉淀池	含镍废水、氯化钙、氢氧化钠、聚合氧化铝	六价铬、铜、镍、锌、铅、镉、铊、氟化物、锡、铝		重点关注
		有机废水调节池	含镍废水			重点关注
	含锌废水处理站（还有沉淀法）	微滤	含锌废水	镍、锌、砷、铅、六价铬、镉、锑、铊、苯、氟化物、苯并[a]芘、铜、锡	其他活动区	重点关注
		纳滤	含锌废水			重点关注
		反渗透	含锌废水			重点关注
		综合废水处理池	综合废水	铝、砷、汞、铅、钴、镉、锑、铊、锰、铜、镍、锌、氟化物	池体类储存设施	重点关注
	综合废水处理池	pH 调整池	综合废水			一般关注
		混凝沉淀池	综合废水			一般关注
		综合沉淀池	综合废水			一般关注
		回调池	综合废水			一般关注
其他单元	应急事故水池	应急事故水池	综合废水	铝、砷、汞、铅、钴、镉、锑、铊、锰、铜、镍、锌、氟化物等		一般关注
	原辅材料暂存库	原辅材料暂存库	重金属	六价铬、镉、铅、锑、铊、镍、铜、锌	货物的储存和运输	一般关注
	污泥暂存库	污泥暂存库	含重金属污泥、酸洗污泥、含铬污泥	六价铬、镍、镉、锑、铊、氟化物、氰化物、二氯乙烯、三氯乙烷、三氯乙烯、四氯化碳、石油烃（C_{10}～C_{40}）、环氧乙烷、铜、铝、丙酮、甲苯、二甲苯、苯酚、苯二酚、四氯乙烯、甲醛、乙二醇缩甲醛、壬基酚聚氧乙烯醚、环氧丙烷	其他活动区	重点关注
	污泥脱水间	污泥浓缩池	含重金属污泥、酸洗污泥	锌、铅、六价铬、镉、铅、锑、铊、镍、铜、锡	池体类储存设施	重点关注
	危废仓库	危废仓库	含铬污泥	六价铬、铅、镍、砷、镉、锑、铊、苯、锰、锌、氟化物、铜、锡、锌	其他活动区	重点关注
	雨水池	雨水池	初期雨水	镉、六价铬、锑、铊、镍、铜、锡、锌	池体类储存设施	一般关注
	废水管线	废水管线	综合废水等	铝、砷、汞、钴、铅、六价铬、镉、锑、铊、苯、苯并[a]芘、锰、铜、镍、锌、氟化物	其他活动区	一般关注

主要单元		重点场所或者重点设施设备名称	涉及有毒有害物质的物料	有毒有害物质	重点场所或者重点设施设备类型[a]	重点场所或者重点设施设备关注级别
辅助工程	电气	电气系统	—	—		一般关注
	给水、排水和消防	给排水管线和消防系统	—	—		一般关注
	采暖通风	采暖通风系统	—	—		一般关注
	建筑、结构及道路	—	—	—		一般关注

注：[a] 重点场所或者重点设施设备类型参考《重点监管单位土壤污染隐患排查指南（试行）》附录 A 土壤污染隐患排查与整改技术要点确定。

重点场所或者重点设施设备包括准备前处理单元的抛光设备、喷砂、喷丸、除油槽、磷化槽、粗化槽、酸洗槽、活化槽、中和槽、水洗槽、氰化镀槽，镀覆处理单元的镀覆槽，镀后处理单元的水洗槽、钝化槽、着色槽、退镀槽，废水处理单元中的废水池以及除油废水处理站的有机废水调节池、混凝沉淀池、水解酸化池、好氧池、二次沉淀池、pH 调节池，含氰废水处理站的集水池、含氰调节池、一级破氰池（一级氧化处理）、二级破氰池（二级氧化处理）、综合废水调节池，含铬、铜、镍、锌等重金属废水处理站的还原池、综合反应池、混凝反应沉淀池、膜生物反应器、综合废水处理池、酸化池、氧化池、废水沉淀池、有机废水调节池、微滤、纳滤、反渗透等，以及其他单元的原辅材料暂存库、污泥暂存库、污泥浓缩池、危废仓库、雨水池、废水管线等。其中，需要重点关注的有：除油槽、酸洗槽、活化槽、镀覆槽、水洗槽、钝化槽以及废水治理区大部分区域。

重点场所和重点设施设备中的酸洗池、活化池、镀覆槽、水洗槽、钝化槽、废水收集池、除油废水处理站，以及含氰、铬、铜、镍、锌等废水收集池和反应池等、废水管线等，多为地下或半地下构筑物，具有隐蔽性，若发生泄漏，易造成土壤污染。在隐患排查以及初步采样调查时应特别注意。

7.3 隐患排查技术要点

根据《重点监管单位土壤污染隐患排查指南（试行）》附录 A 所提出的场所或设施设备类型，对电镀行业涉及有毒有害物质的重点场所或者重点设施设备进行全面排查，提出本行业排查要点和整改要点。危废贮存间可按照《危险废物贮存污染控制标准》（GB 18597—2023）的要求开展排查。

电镀行业的主要单元包括前处理、镀覆处理单元、镀后处理单元、废水处理单元和其他单元。其中，前处理单元主要重点场所或者重点设施设备包括抛光设备、喷砂、喷丸、除油槽、磷化槽、粗化槽、酸洗槽、活化槽、中和槽、水洗槽、氰化镀槽，需重点关注除油槽、酸洗槽、活化槽；镀覆处理单元主要重点场所或者重点设施设备是镀覆槽，需重点关注；镀后处理单元重点场所或者重点设施设备包括水洗槽、钝化槽、着色槽、退镀槽，需重点关注水洗槽、钝化槽，上述三个工段的重点场所或重点设施设备类型均属生产区。废水处理单元中重点场所或者重点设施设备包括废水收集池、除油废水处理站的有机废水调节池、混凝沉淀池、水解酸化池、好氧池、二次沉淀池、pH 调节池，含氰废水处理站的集水池、含氰调节池、一级破氰池（一级氧化处理）、二级破氰池（二级氧化处理）、综合废水调节池，含铬、铜、镍、锌等重金属废水处理站的还原池、综合反应池、混凝反应沉淀池、膜生物反应器、综合废水处理池、酸化池、氧化池、废水沉淀池、有机废水调节池、微滤、纳滤、反渗透等，其类型主要属于池体类储存设施，该单元需重点关注废水收集池、除油废水处理站、含氰废水处理站，含铬、铜、镍、锌等重金属的各类废水处理站等；其他单元重点场所或者重点设施设备包括原辅材料暂存库、污泥暂存库、污泥浓缩池、危废仓库、雨水池、废水管线等，其中原辅材料暂存库类型属于货物的储存和运输，污泥暂存库、污泥浓缩池、危废仓库、废水管线属于其他活动区，雨水池属于池体类储存设施，该单元需要重点关注污泥暂存库、污泥浓缩池、危废仓库。

针对上述不同类型的重点场所或者重点设施设备提出隐患排查与整改要点。电镀行业隐患排查及整改技术要点详见表 7-4。

表 7-4　电镀行业隐患排查技术要点一览表

主要单元		重点场所或重点设施设备		排查要点	整改要点
		名称	类型		
前处理单元	机械处理	抛光设备、喷砂、喷丸	生产区	机械处理金属表面，易产生扬尘，且为半开放式，易出现物料飞溅溢出，造成污染物富集，设备及车间清洗废水易出现残留，造成土壤及地下水污染的风险较大	①定期开展日常巡检，做好设备运行记录和水质检测记录，对地面积累的粉尘进行及时处理；②对系统做全面检查（如定期检查系统的密闭性）；③制订检修计划
	除油（重点关注）	除油槽		①非防渗池体；②池体老化、破损、裂缝造成泄漏、渗漏；③池体满溢；④日常维护（如及时清理泄漏的污染物，定期检查防渗效果）、日常目视检查（如按操作规程或者交班时，对是否存在泄漏、渗漏等情况进行快速检查）不到位	①定期目视巡检设施设备情况，若有破损、裂缝、老化等情况要及时补救或者更换新的设备；②为避免设施设备因腐蚀而变形，应选择成分、浓度、温度等条件合适的材料参与反应；③针对地下或者半地下储存池需定期检查泄漏检测设施，确保正常运行；④针对离地储存池还需定期开展防渗效果检查
	磷化	磷化槽			
	粗化	粗化槽			
	酸洗（重点关注）	酸洗槽			
	表面活化（重点关注）	活化槽			

主要单元		重点场所或重点设施设备		排查要点	整改要点
		名称	类型		
前处理单元	中和	中和槽	生产区	多为地下池体，具有隐蔽性，若发生泄漏，易造成土壤污染。可能情形：①非防渗池体；②池体老化、破损、裂缝造成泄漏、渗漏；③池体满溢；④日常维护（如及时清理泄漏的污染物，定期检查防渗效果）、日常目视检查（如按操作规程或者交班时，对是否存在泄漏、渗漏等情况进行快速检查）不到位	①定期目视巡检设施设备情况，若有破损、裂缝、老化等情况要及时补救或者更换新的设备；②为避免设施设备因腐蚀而变形，应选择成分、浓度、温度等条件合适的材料参与反应；③针对地下或者半地下储存池需定期检查泄漏检测设施，确保正常运行
	水洗	水洗槽			
	氰化	氰化镀槽			
镀覆处理单元	镀覆（重点关注）	镀覆槽			
镀后处理单元	水洗（重点关注）	水洗槽			
	钝化（重点关注）	钝化槽			
	着色	着色槽			
	退镀	退镀槽			
废水处理单元	废水收集池（重点关注）	废水池	池体类储存设施		①定期目视巡检设施设备情况，若有破损、裂缝、老化等情况要及时补救或者更换新的设备；②针对地下或者半地下储存池需定期检查泄漏检测设施，确保正常运行
	除油废水处理站（重点关注）	有机废水调节池			①定期目视巡检设施设备情况，若有破损、裂缝、老化等情况要及时补救或者更换新的设备；②针对地下或者半地下储存池需定期检查泄漏检测设施，确保正常运行（废水调节池容积应根据废水量变化规律确定，调节池应根据废水性质采取防腐措施，同时方便沉渣清理，悬浮物较多的废水宜采用机械清理）
		混凝沉淀池			
		水解酸化池			
		好氧池			
		二次沉淀池			
		pH 调节池			
	酸洗废水	—		—	废水处理技术参数应满足《电镀废水治理工程技术规范》（HJ 2002—2010）、《污水混凝与絮凝处理工程技术规范》（HJ 2006—2010）要求
	含氰废水处理站（碱性氯化处理技术）（重点关注）	集水池		多为地下池体，具有隐蔽性，若发生泄漏，易造成土壤污染。可能情形：①非防渗池体；②池体老化、破损、裂缝造成泄漏、渗漏；③池体满溢；④日常维护（如及时清理泄漏的污染物，定期检查防渗效果）、日常目视检查（如按操作规程或者交班时，对是否存在泄漏、渗漏等情况进行快速检查）不到位。处理前，与其他废水混合	①定期目视巡检设施设备情况，若有破损、裂缝、老化等情况要及时补救或者更换新的设备；②针对地下或者半地下储存池需定期检查泄漏检测设施，确保正常运行。处理前，不得与其他废水混合。废水处理技术参数应满足《电镀废水治理设计规范》（GB 50136—2011）、HJ 2002 要求
		含氰调节池			
		一级破氰池（一级氧化处理）			
		二级破氰池（二级氧化处理）			
		综合废水调节池			

主要单元		重点场所或重点设施设备 名称	类型	排查要点	整改要点
废水处理单元	含铬废水处理站（重点关注）	还原池	池体类储存设施	多为地下池体，具有隐蔽性，若发生泄漏，易造成土壤污染。可能情形：①非防渗池体；②池体老化、破损、裂缝造成泄漏、渗漏；③池体满溢；④日常维护（如及时清理泄漏的污染物，定期检查防渗效果）、日常目视检查（如按操作规程或者交班时，对是否存在泄漏、渗漏等情况进行快速检查）不到位	①定期目视巡检设施设备情况，若有破损、裂缝、老化等情况要及时补救或者更换新的设备；②针对地下或者半地下储存池需定期检查泄漏检测设施，确保正常运行［沉淀池的排泥宜采用机械排泥或排泥斗，每个排泥斗应设单独的排泥管和排泥阀；膜生物处理技术工艺参数满足《膜生物法污水处理工程技术规范》（HJ 2010—2011）］
		综合反应池			
		混凝反应沉淀池			
		膜生物反应器	其他活动区		
		综合废水处理池	池体类储存设施		
	含铜废水处理站（化学法+膜分离法处理技术）（重点关注）	综合反应池		多为地下池体，具有隐蔽性，若发生泄漏，易造成土壤污染。可能情形：①非防渗池体；②池体老化、破损、裂缝造成泄漏、渗漏；③池体满溢；④日常维护（如及时清理泄漏的污染物，定期检查防渗效果）、日常目视检查（如按操作规程或者交班时，对是否存在泄漏、渗漏等情况进行快速检查）不到位	①定期目视巡检设施设备情况，若有破损、裂缝、老化等情况要及时补救或者更换新的设备；②针对地下或者半地下储存池需定期检查泄漏检测设施，确保正常运行
		混凝反应沉淀池			
		膜生物反应池			
		综合废水处理池			
	含镍废水处理站（重点关注）	废水调节池			
		酸化池			
		氧化池			
		废水沉淀池			
		有机废水调节池			
	含锌废水处理站（还有沉淀法）（重点关注）	微滤	其他活动区		
		纳滤	其他活动区		
		反渗透	其他活动区		
		综合废水处理池	池体类储存设施		
	综合废水处理池	pH 调整池			
		混凝沉淀池			
		综合沉淀池			
		pH 回调池			

主要单元		重点场所或重点设施设备		排查要点	整改要点
		名称	类型		
其他单元	应急事故水池	应急事故水池	池体类储存设施	为地下池体，平时无液体储存，发生事故时收集泄漏的有毒有害液体，若发生泄漏，易造成土壤污染。可能情形：①非防渗池体；②池体老化、破损、裂缝造成泄漏、渗漏；③池体容积不足；④日常维护（如及时清理池体内积水）不到位	防腐、防渗、防漏，能容纳 12～24 h 的废水量
	原辅材料暂存库	原辅材料暂存库	货物的储存和运输	原料堆放贮存过程中可能因雨水或防尘喷淋水冲刷污染土壤；附近可能有较多粉尘	①注意避免雨水冲刷，定期检查如苫盖或者顶棚；②定期开展日常巡检，对地面积累的粉尘进行及时处理；③定期巡检区域内是否存在未硬化地面、裂隙，排查区域内防渗阻隔情况
	污泥暂存库（重点关注）	污泥暂存库	其他活动区	若区域内防渗、防风、防雨、防晒措施未到达危废贮存要求，易造成土壤污染	①注意避免雨水冲刷，定期检查如苫盖或者顶棚；②定期开展日常巡检，对地面积累的粉尘进行及时处理；③定期巡检区域内是否存在未硬化地面、裂隙，排查区域内防渗阻隔情况［电镀污泥脱水后，应用防渗漏塑料袋包装后，存放在具有防雨淋、防渗、防扬散、防流失的场所，在企业内临时贮存应符合《危险废物贮存污染控制标准》（GB 18597—2023）的规定，并应按照《环境保护图形标志—固体废物贮存（处置）场》（GB 15562.2—1995）的规定设置明显标识，按 GB 18597 要求进行管理］
	污泥脱水间（重点关注）	污泥浓缩池		污泥废水污染物浓度高，物料导流槽老化、破损、裂缝易造成泄漏、渗漏	①定期巡检，重点对池体是否存在泄漏、渗漏、满溢进行检查；②对于不适合目视检查、泄漏检查的情况，建议设置地下水监测井或者土壤气监测井；③污泥低温干化设备内部应设置减少粉尘产生和积聚、防止粉尘燃爆的措施，设备应为全密闭结构，运行过程中不应有无组织气体逸出到周围环境中

<table>
<tr><th rowspan="2" colspan="2">主要单元</th><th colspan="2">重点场所或重点设施设备</th><th rowspan="2">排查要点</th><th rowspan="2">整改要点</th></tr>
<tr><th>名称</th><th>类型</th></tr>
<tr><td rowspan="3">其他单元</td><td>危废仓库（重点关注）</td><td>危废仓库</td><td rowspan="7">其他活动区</td><td>若区域内防渗、防风、防雨、防晒措施未到达危废贮存要求，易造成土壤污染</td><td>①注意避免雨水冲刷，定期检查如苫盖或者顶棚；②定期开展日常巡检，对地面积累的粉尘进行及时处理；③定期巡检区域内是否存在未硬化地面、裂隙，排查区域内防渗阻隔情况；④设置操作规程标识牌，对处置人员进行培训，防止危废暂存转运过程中的遗撒</td></tr>
<tr><td>雨水池</td><td>雨水池</td><td>多为地下池体，具有隐蔽性，若发生泄漏，易造成土壤污染。可能情形：①非防渗池体；②池体老化、破损、裂缝造成泄漏、渗漏；③池体满溢；④日常维护（如及时清理泄漏的污染物，定期检查防渗效果）、日常目视检查（如按操作规程或者交班时，对是否存在泄漏、渗漏等情况进行快速检查）不到位</td><td>①定期目视巡检设施设备情况，若有破损、裂缝、老化等情况要及时补救或者更换新的设备；②针对地下或者半地下储存池需定期检查泄漏检测设施，确保正常运行</td></tr>
<tr><td>废水管线</td><td>废水管线</td><td>具有隐蔽性，若发生泄漏，易造成土壤污染。可能情形：管道及接口破损，导致物料泄漏</td><td>建议进行架空，减少地下管线的布设（废水分质分流管线设置明确的标识）</td></tr>
<tr><td rowspan="4">辅助工程</td><td>电气</td><td>电气系统</td><td>—</td><td>—</td></tr>
<tr><td>给水、排水和消防</td><td>给排水管线和消防系统</td><td>—</td><td>—</td></tr>
<tr><td>采暖通风</td><td>采暖通风系统</td><td>—</td><td>—</td></tr>
<tr><td>建筑、结构及道路</td><td>—</td><td>—</td><td>—</td></tr>
</table>

注：重点关注区域表示历史监测统计结果表明土壤、地下水易超标或具有隐蔽性的场所或设施设备。

7.4 初步采样调查技术要点

结合电镀行业识别的重点关注的重点场所或重点设施设备、重点关注的关注污染物以及所在主要单元，提出该行业初步采样调查的重点关注布点位置与涉及的关注污染物，详见表 7-5。识别出的重点场所或者重点设施设备应作为优先布点区域，其他区域应根据国家相关导则规定进行全面梳理，根据地块实际酌情考虑。

表 7-5 电镀行业重点关注布点位置及涉及关注污染物一览表

主要单元		重点关注布点位置	涉及物料	涉及关注污染物
前处理	机械处理	抛光设备、喷砂、喷丸	金属屑	六价铬、镉、镍、铜、锌
	除油（重点关注）	除油槽	脱脂剂、除油废水、碱性废气	六价铬、镍、铅、二氯乙烯、三氯乙烷、氰化物、三氯乙烯、四氯化碳、石油烃（C_{10}～C_{40}）、锌、氟化物、丙酮、甲苯、二甲苯、四氯乙烯
	磷化	磷化槽	磷化液、磷化废水、电镀废气（磷化）	六价铬、镍
	粗化	粗化槽	铬酐、电镀废水（粗化）、含铬废气、粗化污泥（含铬）	六价铬
	酸洗（重点关注）	酸洗槽	盐酸、硫酸、氢氟酸、硝酸、铬酸酐、酸洗废水、电镀废气（酸洗）、酸洗污泥	镍、锌、锰、六价铬、镉、汞、砷、铅、氟化物、铜
	表面活化（重点关注）	活化槽	表面活性剂、缓蚀剂、络合剂、电镀废水（活化）、电镀废气（活化）	三氯乙烯、六价铬、丙酮、甲醛、乙二醇缩甲醛、苯二酚、壬基酚聚氧乙烯醚、环氧乙烷、环氧丙烷、亚硝酸盐
	中和	中和槽	氢氧化钠、硫酸、盐酸、碳酸钠、氢氟酸、电镀废水（中和）、酸性废气（中和）、碱性废气（中和）	六价铬、镍、氟化物
	水洗	水洗槽	回用水、电镀废水（水洗）	六价铬、镍、锌、汞、镉、铅、铜
	氰化	氰化镀槽	氰化物镀液、含氰废水、含氰废气	氰化物、镍、甲醛、乙二胺
镀覆处理	镀覆（重点关注）	镀覆槽	镀液、光亮剂、电镀废水（镀覆）、电镀废气（镀覆）、电镀污泥（镀覆）	铜、镉、镍、六价铬、锌、锰、铅、铝、钴、汞、砷、锑、铊、苯、氟化物、氰化物、三氯乙烯、苯并[*a*]芘、锡、硼、苯酚
镀后处理	水洗（重点关注）	水洗槽	回用水（中和）、电镀废水（水洗）	六价铬、汞、砷、镉、铅、镍、铜
	钝化（重点关注）	钝化槽	钝化剂、电镀废水（钝化）、电镀废气（钝化）	六价铬、铅、六价铬、氟化物、镍
	着色	着色槽	着色剂、电镀废水（着色）、电镀废气（着色）	六价铬、甲苯、二甲苯、乙苯、邻苯二甲酸二甲酯、乙酸正丁酯、2-丁酮、4-甲基-2-戊酮
	退镀	退镀槽	硝酸、硫氰化钾、盐酸、硫氰酸钾、乙二胺、电镀废水（退镀）、酸性废气	石油烃（C_{10}～C_{40}）、氰化物

<table>
<tr><th colspan="2">主要单元</th><th>重点关注布点位置</th><th>涉及物料</th><th>涉及关注污染物</th></tr>
<tr><td rowspan="25">废水处理单元</td><td>废水收集池（重点关注）</td><td>废水池</td><td>电镀废水（除油、磷化、粗化、酸洗、活化、中和、镀覆）</td><td>六价铬、铜、镍、铅、锌、钴、砷、汞、镉、锑、铊、氟化物、氰化物、石油烃（C_{10}～C_{40}）、二氯乙烯、三氯乙烷、三氯乙烯、四氯化碳、环氧乙烷、铝、锰、丙酮、甲苯、二甲苯、苯酚、苯二酚、四氯乙烯、甲醛、乙二醇缩甲醛、壬基酚聚氧乙烯醚、环氧丙烷、亚硝酸盐</td></tr>
<tr><td rowspan="5">除油废水处理站（重点关注）</td><td>有机废水调节池</td><td>除油废水</td><td rowspan="2">六价铬、镍、石油烃（C_{10}～C_{40}）、三氯乙烯、四氯化碳、锰、丙酮、甲苯、二甲苯、四氯乙烯</td></tr>
<tr><td>混凝沉淀池</td><td>除油废水</td></tr>
<tr><td>水解酸化池</td><td>除油废水</td><td rowspan="3">六价铬、镍、石油烃（C_{10}～C_{40}）、二氯乙烯、三氯乙烷、锰、甲苯、丙酮、壬基酚聚氧乙烯醚</td></tr>
<tr><td>二次沉淀池</td><td>除油废水</td></tr>
<tr><td>pH 调节池</td><td>除油废水</td></tr>
<tr><td rowspan="5">含氰废水处理站（重点关注）</td><td>集水池</td><td>含氰废水</td><td rowspan="4">镉、银、镍、锌、铜、钴、氟化物、氰化物、乙二胺、甲醛</td></tr>
<tr><td>含氰调节池</td><td>含氰废水</td></tr>
<tr><td>一级破氰池</td><td>含氰废水、氢氧化钠、次氯酸钠</td></tr>
<tr><td>二级破氰池</td><td>含氰废水、硫酸、次氯酸钠</td></tr>
<tr><td>综合废水调节池</td><td>综合废水</td><td>铝、砷、汞、钴、镉、锑、铊、锰、铜、镍、铅、锌、氟化物</td></tr>
<tr><td rowspan="5">含铬废水处理站（重点关注）</td><td>还原池</td><td>含铬废水</td><td>六价铬、镉、铅、铊、铜、镍、锌、铅、砷、锡、氟化物、苯并[a]芘等</td></tr>
<tr><td>综合反应池</td><td>含铬废水、氢氧化钠</td><td>六价铬、铜、镍、锌、砷、镉、铊、氰化物、氟化物、苯并[a]芘</td></tr>
<tr><td>混凝反应沉淀池</td><td>含铬废水</td><td rowspan="2">六价铬、铜、镍、锌、铅、砷、镉、铊、氟化物、苯并[a]芘、锡</td></tr>
<tr><td>膜生物反应器</td><td>含铬废水</td></tr>
<tr><td>综合废水处理池</td><td>综合废水</td><td>铝、砷、汞、钴、镉、锑、铊、锰、铜、镍、铅、锌、氟化物</td></tr>
<tr><td rowspan="4">含铜废水处理站（重点关注）</td><td>综合反应池</td><td>含铜废水、氢氧化钠</td><td rowspan="3">六价铬、铜、镍、铅、镉、铊、氟化物、锌、锡、铅</td></tr>
<tr><td>混凝反应沉淀池</td><td>含铜废水</td></tr>
<tr><td>膜生物反应池</td><td>含铜废水</td></tr>
<tr><td>综合废水处理池</td><td>综合废水</td><td>铝、砷、汞、钴、镉、锑、铊、锰、铜、镍、铅、锌、氟化物</td></tr>
<tr><td rowspan="5">含镍废水处理站（重点关注）</td><td>废水调节池</td><td>含镍废水</td><td rowspan="3">六价铬、铜、镍、锌、铅、镉、铊、锡、氟化物等</td></tr>
<tr><td>酸化池</td><td>含镍废水、硫酸</td></tr>
<tr><td>氧化池</td><td>含镍废水</td></tr>
<tr><td>废水沉淀池</td><td>含镍废水、氯化钙、氢氧化钠、聚合氧化铝</td><td rowspan="2">六价铬、铜、镍、锌、铅、镉、铊、锡、铝、氟化物等</td></tr>
<tr><td>有机废水调节池</td><td>含镍废水</td></tr>
</table>

主要单元		重点关注布点位置	涉及物料	涉及关注污染物
废水处理单元	含锌废水处理站（重点关注）	微滤	含锌废水	镍、锌、砷、铅、六价铬、镉、锑、铊、苯、氰化物、苯并[a]芘、铜、锡
		纳滤	含锌废水	
		反渗透	含锌废水	
		综合废水处理池	综合废水	铝、砷、汞、铅、钴、镉、锑、铊、锰、铜、镍、锌、氟化物
	综合废水处理池（重点关注）	pH 调整池	综合废水	
	污泥暂存库（重点关注）	污泥暂存库	含重金属污泥、酸洗污泥、含铬污泥	六价铬、镍、镉、锑、铊、氟化物、氰化物、二氯乙烯、三氯乙烷、三氯乙烯、四氯化碳、石油烃（C_{10}～C_{40}）、环氧乙烷、铜、铝、丙酮、甲苯、二甲苯、苯酚、苯二酚、四氯乙烯、甲醛、乙二醇缩甲醛、壬基酚聚氧乙烯醚、环氧丙烷
	污泥脱水间（重点关注）	污泥浓缩池	含重金属污泥、酸洗污泥	锌、铅、六价铬、镉、铅、锑、铊、镍、铜、锡
	危废仓库（重点关注）	危废仓库	含铬污泥	六价铬、铅、镍、砷、镉、锑、铊、苯、锰、锌、氟化物、铜、锡、锌

7.4.1 点位布设

本章第 7.2 节识别的重点场所或者重点设施设备中需要重点关注的（包括但不限于生产区中除油槽、酸洗槽、活化槽、镀覆槽、水洗槽、钝化槽，其他单元的污泥暂存库、污泥浓缩池、危废仓库以及废水处理单元中大部分区域）重点区域，应优先考虑布点，建议的重点关注布点位置及其对应的关注污染物见表 7-5。现场布点应结合实际情况，布设在重点场所或者重点设施设备最有可能污染的位置，同时结合现场快筛数据、颜色气味异常、污染痕迹、硬化地面裂缝、污染物的迁移途径等因素综合考虑布点，如当前或历史上有裸露地面的区域（如绿化带）、历史上为工业企业的生产区域、污染泄漏区、历史监测超标区、颜色（如黄绿色）气味异常区域、周边地块关注污染物可能影响的本地块内区域等也应纳入布点考虑。

7.4.2 检测指标

电镀行业的检测指标建议包含《土壤环境质量 建设用地土壤污染风险管控标准（试行）》（GB 36600—2018）中表 1 基本 45 项及污染识别阶段识别出的关注污染物，以及地块可能存在的其他污染物。原则上应当本着保守原则，地块内可能存在的污染物及其在环境中转化或降解产物均纳入检测指标。土壤和地下水的检测指标具体建议如下。

7.4.2.1 土壤

土壤样品检测指标包括但不限于：

（1）《土壤环境质量 建设用地土壤污染风险管控标准（试行）》（GB 36600—2018）表 1 基本 45 项和土壤 pH。

（2）地块关注污染物：重点关注的关注污染物为六价铬、镍、铅、锌、锰、镉、铝、钴、铜、汞、砷、锑、铊、氟化物、氰化物、二氯乙烯、三氯乙烷、三氯乙烯、四氯化碳、石油烃（C_{10}～C_{40}）、苯、苯并[*a*]芘；其他见 7.2.1.2 节。

（3）经资料分析确定的地块利用历史和周边企业可能影响本地块的其他污染物。

（4）现场快速检测结果异常的其他污染物。

（5）企业历史监测指标中超标的其他指标。

7.4.2.2 地下水

地下水样品检测指标包括但不限于：

（1）《地下水质量标准》（GB/T 14848—2017）常规指标中的“感官性状及一般化学指标”和“毒理学指标”。

（2）地块关注污染物：重点关注的关注污染物为六价铬、镍、铅、锌、锰、镉、铝、钴、铜、汞、砷、锑、铊、氟化物、氰化物、二氯乙烯、三氯乙烷、三氯乙烯、四氯化碳、石油烃（C_{10}～C_{40}）、苯、苯并[*a*]芘；其他见 7.2.1.2 节。

（3）地块所在地区地下水功能用途及周边工业企业的影响，酌情增加选测项目。

（4）经资料收集与分析确定的地块使用历史上可能存在的其他相关污染物。

（5）企业历史监测指标中超标的其他指标。

7.4.3 采样要求

除满足国家调查相关技术规定的各项要求外，考虑到电镀行业企业的关注污染物特性，建议如下：

（1）行业重金属污染较突出，实际采样过程中要结合现场快筛数据、土壤颜色和气味的变化，综合判断选择合适部位采集样品。

（2）地下池体较多且具有隐蔽性，采样深度要满足大于或等于最大的池体深度，钻探前要做好现场采样点位和地下管线确认工作。

（3）根据地块实际水文地质条件，综合分析六价铬、苯系物、石油烃（C_{10}～C_{40}）等易迁移物质的迁移范围及深度，判断其在地块深层地下水或厂界外污染的可能性。有条件的可对明显迁移到厂界外的区域进行布点采样，确定污染范围；或通过开展地下水污染模拟预测评估，分析其扩散趋势。

参考文献

[1] 卢然，王宁，伍思扬，等. 电镀地块污染成因分析与源头防控对策[J]. 电镀与涂饰，2020，39（23）：1682-1686.

[2] 杨晓丽. 电镀工业园内企业污染防治措施分析探讨[J]. 皮革制作与环保科技，2022，3（6）：138-141.

[3] 孟小春，高锋，朱风松，等. 电镀企业污染，现场怎么查？[J]. 环境经济，2015（15）：15-18.

[4] 张金建，洪超. 电镀行业的问题分析及其环境保护的管理探究[J]. 资源节约与环保，2020（4）：85.

[5] 祝洪芬. 电镀行业六价铬污染的防治[J]. 山西冶金，2018，41（4）：59-61.

[6] 刘志杰，张家伟. 电镀行业企业场地土壤污染调查及成因分析[J]. 广东化工，2018，45（6）：167-169.

[7] 梁奇峰. 镀铬工艺及其研究进展[J]. 广东化工，2007（11）：67-68，8.

8

烟煤和无烟煤开采洗选行业隐患排查和初步采样调查技术要点

我国煤炭产业主要指煤炭采选业，包括无烟煤、烟煤、褐煤等原煤煤种的开采与洗选。根据《山东统计年鉴 2022》，2021 年山东规模以上煤炭开采和洗选业的企业单位数量为 121 家，2021 年原煤生产量计为 9 312 万 t。根据《国民经济行业分类》（GB/T 4754—2017），煤炭开采与选洗业（06）属于采矿业，又可细分为烟煤和无烟煤开采选洗（0610）、褐煤开采洗选（0620）和其他煤炭采选（0690）3 个小类。综合考虑各细分小类行业的污染程度和现有调查成果丰富程度等，本章选取山东省数量多、污染重、前期调查成果相对丰富的烟煤和无烟煤开采选洗行业（0610）作为代表，开展隐患排查和初步采样调查技术要点的梳理。

就目前国内煤炭洗选工艺而言，在我国所占比重较大的分别为重介质选煤工艺、跳汰选煤工艺、浮选选煤工艺。而这三种选煤工艺在动力煤选煤厂、炼焦煤选煤厂都广泛应用。本章选择国内外选煤生产实践中应用最广泛的跳汰选煤法进行介绍，并梳理了烟煤和无烟煤开采洗选行业的“三个清单”与“两项要点”。

8.1 典型工艺

8.1.1 主要工艺流程

煤炭烟煤和无烟煤开采洗选是指对地下或露天烟煤、无烟煤的开采，以及对采出的烟煤、无烟煤及其他硬煤进行洗选、分级等提高质量的活动。烟煤和无烟煤开采洗选工艺经过生产、储存、“三废”处理、装卸、运输等一系列流程。主要工段包括生产工段、储存工段、固废贮存工段、废水处理工段、废气治理工段、装卸工段以及运输工段。

洗选煤是煤炭深加工的一个不可缺少的工序。原煤从矿井中直接采出的过程中混入了许多杂质，而且煤炭的品质不同，内在灰分小和内在灰分大的煤混杂在一起，洗选煤就是将原煤中的杂质剔除，并将优质煤和劣质煤炭进行分类的一种工艺。

煤炭的洗选属于煤的物理加工方法。基本原理是根据原煤中各组分（精煤、中煤、矸石、黄铁矿）的物理性质和化学性质不同而加以分离。这些物理性质与化学性质主要是密度、亲水性、疏水性、颜色、硬度、形状、电磁性、摩擦系数、弹性等。选煤中用的分选介质为流体时，称湿法选煤，简称洗煤。选煤方法包括跳汰选煤法、重介质选煤法、槽选法、旋流器（离心力场）选煤法、摇床选煤法、浮游选煤法以及风选法等。

烟煤和无烟煤开采洗选行业（跳汰选煤法）的典型生产工艺流程见图 8-1。

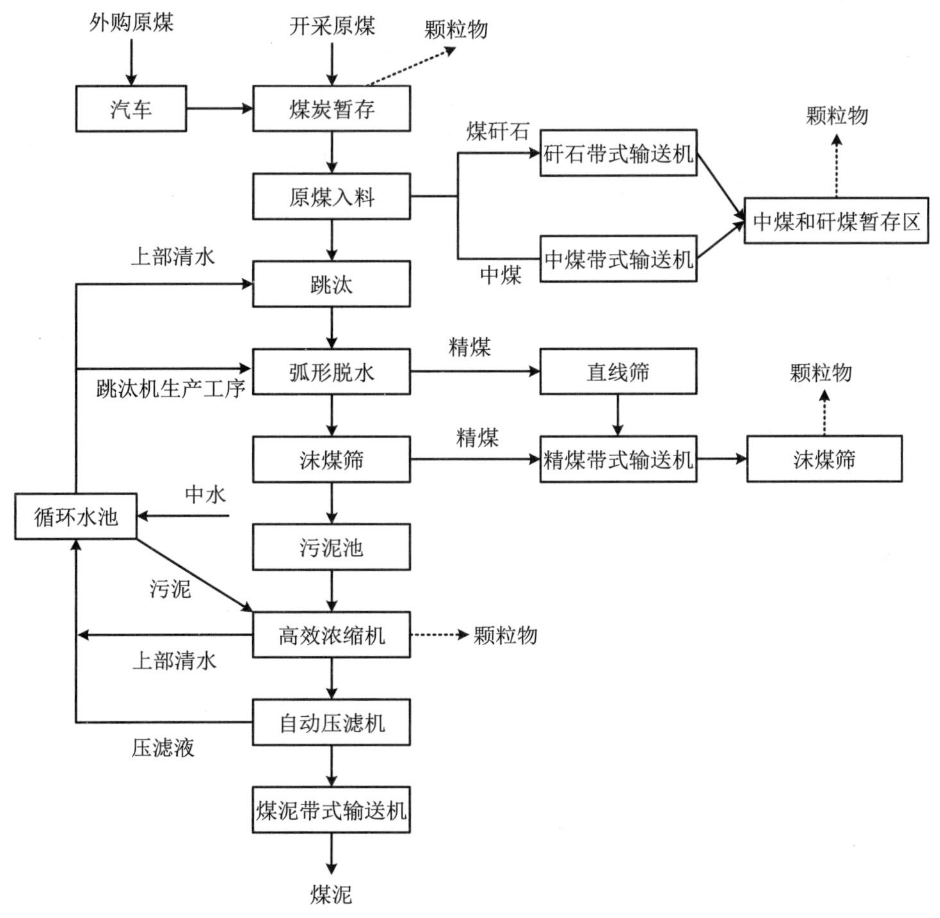

图 8-1 烟煤和无烟煤开采洗选行业（跳汰选煤法）典型生产工艺流程

8.1.2 主要原辅材料和产品

从细分行业来看，煤炭采选业分为煤炭开采业和煤炭洗选业，不包括煤制品的生产和煤炭勘探活动。烟煤主要产品包括：无烟煤、焦煤、1/3 焦煤、肥煤、气肥煤、气煤、贫瘦煤、瘦煤、贫煤、弱黏煤、不黏煤、长焰煤、1/2 中黏煤。

主要原辅材料及产品清单见表 8-1。

除表 8-1 中的主要原辅材料外，还涉及投入药剂。洗煤厂主要用起泡剂、浮选剂、消泡剂、水和重液药剂等进行洗煤，具体根据企业实际情况进行识别。

表 8-1 烟煤和无烟煤开采洗选行业主要原辅材料及产品清单

序号	物料类别	物料名称	主要组成
1	原辅材料	原煤	锰、汞、镉、铬、六价铬、铅、砷、锌、氟化物、氰化物、总石油烃（C_{10}～C_{40}）、多环芳烃（苯并[*a*]芘、苯并[*a*]蒽、苯并[*b*]荧蒽、䓛）
2		絮凝剂	丙烯腈、丙烯酰胺
3		捕收剂	—
4	产品	无烟煤	锰、汞、镉、铬、六价铬、铅、砷、锌、氟化物、氰化物、总石油烃（C_{10}～C_{40}）、多环芳烃（苯并[*a*]芘、苯并[*a*]蒽、苯并[*b*]荧蒽、䓛）
5		精煤	
6		粉煤	
7		煤矸石	
8		煤泥	

注：不同企业原辅材料会有变化，应结合企业实际情况具体分析。

8.2 污染识别

8.2.1 有毒有害物质及关注污染物

根据国家有关规定，对烟煤和无烟煤开采洗选行业典型工艺原辅材料、产品及“三废”进行排查，结合历史调查数据及污染物的毒性大小、超标率，梳理出有毒有害物质及关注污染物清单，详见表 8-2。其中重点关注的有毒有害物质及关注污染物使用*进行标注。操作中应结合企业实际情况具体分析。

8.2.1.1 有毒有害物质

根据《重点监管单位土壤污染隐患排查指南（试行）》（生态环境部公告 2021 年第 1 号）排查要求，烟煤和无烟煤开采洗选行业涉及的有毒有害物质主要有：重金属（锰、汞、镉、铬、六价铬、铅、砷、锌）、无机物（氟化物、氰化物）、多环芳烃（苯并[*a*]芘、苯并[a]蒽、苯并[b]荧蒽、䓛）、总石油烃、丙烯腈、丙烯酰胺等。结合历史调查数据结果分析，其中重点关注的有毒有害物质为：重金属（锰、汞、砷）、其他无机物（氟化物、氰化物）、总石油烃（C_{10}～C_{40}）、苯并[a]芘、苯并[a]蒽、苯并[b]荧蒽、䓛。

表 8-2 烟煤和无烟煤开采洗选行业主要有毒有害物质及关注污染物清单

序号	物料类别	物料名称	有毒有害物质	关注污染物
1	原辅材料	原煤	锰*、汞*、镉、铬、六价铬、铅、砷*、锌、氟化物*、氰化物*、总石油烃（C_{10}～C_{40}）*、多环芳烃（苯并[a]芘、苯并[a]蒽、苯并[b]荧蒽、䓛*）	锰*、汞*、镉、铬、六价铬、铅、砷*、锌、氟化物*、氰化物*、总石油烃（C_{10}～C_{40}）*、多环芳烃（苯并[a]芘、苯并[a]蒽、苯并[b]荧蒽、䓛*、苯并[a]蒽*、苯并[b]荧蒽*、䓛*）
2		絮凝剂	丙烯腈、丙烯酰胺	丙烯腈、丙烯酰胺
3		捕收剂	石油烃（C_{10}～C_{40}）	石油烃（C_{10}～C_{40}）
4	产品	无烟煤	锰*、汞*、镉、铬、六价铬、铅、砷*、锌、氟化物*、氰化物*、总石油烃（C_{10}～C_{40}）*、多环芳烃（苯并[a]芘*、苯并[a]蒽*、苯并[b]荧蒽*、䓛*）	锰*、汞*、镉、铬、六价铬、铅、砷*、锌、氟化物*、氰化物*、总石油烃（C_{10}～C_{40}）*、多环芳烃（苯并[a]芘*、苯并[a]蒽*、苯并[b]荧蒽*、䓛*）
5		精煤	锰*、汞*、镉、铬、六价铬、铅、砷*、锌、氟化物*、氰化物*、总石油烃（C_{10}～C_{40}）*、多环芳烃（苯并[a]芘*、苯并[a]蒽*、苯并[b]荧蒽*、䓛*）	锰*、汞*、镉、铬、六价铬、铅、砷*、锌、氟化物*、氰化物*、总石油烃（C_{10}～C_{40}）*、多环芳烃（苯并[a]芘*、苯并[a]蒽*、苯并[b]荧蒽*、䓛*）
6		粉煤	锰*、汞*、镉、铬、六价铬、铅、砷*、锌、氟化物*、氰化物*、总石油烃（C_{10}～C_{40}）*、多环芳烃（苯并[a]芘*、苯并[a]蒽*、苯并[b]荧蒽*、䓛*）	锰*、汞*、镉、铬、六价铬、铅、砷*、锌、氟化物*、氰化物*、总石油烃（C_{10}～C_{40}）*、多环芳烃（苯并[a]芘*、苯并[a]蒽*、苯并[b]荧蒽*、䓛*）
7		煤矸石	锰*、汞*、镉、铬、六价铬、铅、砷*、锌、氟化物*、氰化物*、总石油烃（C_{10}～C_{40}）*、多环芳烃（苯并[a]芘*、苯并[a]蒽*、苯并[b]荧蒽*、䓛*）	锰*、汞*、镉、铬、六价铬、铅、砷*、锌、氟化物*、氰化物*、总石油烃（C_{10}～C_{40}）*、多环芳烃（苯并[a]芘*、苯并[a]蒽*、苯并[b]荧蒽*、䓛*）
8		煤泥	锰*、汞*、镉、铬、六价铬、铅、砷*、锌、氟化物*、氰化物*、总石油烃（C_{10}～C_{40}）*、多环芳烃（苯并[a]芘*、苯并[a]蒽*、苯并[b]荧蒽*、䓛*）	锰*、汞*、镉、铬、六价铬、铅、砷*、锌、氟化物*、氰化物*、总石油烃（C_{10}～C_{40}）*、多环芳烃（苯并[a]芘*、苯并[a]蒽*、苯并[b]荧蒽*、䓛*）
9	废气	煤炭提升运输逸散废气	锰*、汞*、镉、铬、六价铬、铅、砷*、锌、氟化物*、氰化物*、总石油烃（C_{10}～C_{40}）*、多环芳烃（苯并[a]芘*、苯并[a]蒽*、苯并[b]荧蒽*、䓛*）	锰*、汞*、镉、铬、六价铬、铅、砷*、锌、氟化物*、氰化物*、总石油烃（C_{10}～C_{40}）*、多环芳烃（苯并[a]芘*、苯并[a]蒽*、苯并[b]荧蒽*、䓛*）
10		原煤输送扬尘废气	锰*、汞*、镉、铬、六价铬、铅、砷*、锌、氟化物*、氰化物*、总石油烃（C_{10}～C_{40}）*、多环芳烃（苯并[a]芘*、苯并[a]蒽*、苯并[b]荧蒽*、䓛*）	锰*、汞*、镉、铬、六价铬、铅、砷*、锌、氟化物*、氰化物*、总石油烃（C_{10}～C_{40}）*、多环芳烃（苯并[a]芘*、苯并[a]蒽*、苯并[b]荧蒽*、䓛*）

序号	物料类别	物料名称	有毒有害物质	关注污染物
11	废气	储煤产生无组织废气	锰*、汞*、镉、铬、六价铬、铅、砷*、锌、氟化物*、氰化物*、总石油烃（C_{10}～C_{40}）*、多环芳烃（苯并[*a*]芘*、苯并[*a*]蒽*、苯并[*b*]荧蒽*、䓛*）	锰*、汞*、镉、铬、六价铬、铅、砷*、锌、氟化物*、氰化物*、总石油烃（C_{10}～C_{40}）*、多环芳烃（苯并[*a*]芘*、苯并[*a*]蒽*、苯并[*b*]荧蒽*、䓛*）
12	废水	洗煤产生洗煤废水	锰*、汞*、镉、铬、六价铬、铅、砷*、锌、氟化物*、氰化物*、总石油烃（C_{10}～C_{40}）*、多环芳烃（苯并[*a*]芘*、苯并[*a*]蒽*、苯并[*b*]荧蒽*、䓛*）	锰*、汞*、镉、铬、六价铬、铅、砷*、锌、氟化物*、氰化物*、总石油烃（C_{10}～C_{40}）*、多环芳烃（苯并[*a*]芘*、苯并[*a*]蒽*、苯并[*b*]荧蒽*、䓛*）
13		矿井水	锰*、汞*、镉、铬、六价铬、铅、砷*、锌、氟化物*、氰化物*、总石油烃（C_{10}～C_{40}）*、多环芳烃（苯并[*a*]芘*、苯并[*a*]蒽*、苯并[*b*]荧蒽*、䓛*）	锰*、汞*、镉、铬、六价铬、铅、砷*、锌、氟化物*、氰化物*、总石油烃（C_{10}～C_{40}）*、多环芳烃（苯并[*a*]芘*、苯并[*a*]蒽*、苯并[*b*]荧蒽*、䓛*）
14		地面冲洗废水	锰*、汞*、镉、铬、六价铬、铅、砷*、锌、氟化物*、氰化物*、总石油烃（C_{10}～C_{40}）*、多环芳烃（苯并[*a*]芘*、苯并[*a*]蒽*、苯并[*b*]荧蒽*、䓛*）	锰*、汞*、镉、铬、六价铬、铅、砷*、锌、氟化物*、氰化物*、总石油烃（C_{10}～C_{40}）*、多环芳烃（苯并[*a*]芘*、苯并[*a*]蒽*、苯并[*b*]荧蒽*、䓛*）
15		喷淋用水	锰*、汞*、镉、铬、六价铬、铅、砷*、锌、氟化物*、氰化物*、总石油烃（C_{10}～C_{40}）*、多环芳烃（苯并[*a*]芘*、苯并[*a*]蒽*、苯并[*b*]荧蒽*、䓛*）	锰*、汞*、镉、铬、六价铬、铅、砷*、锌、氟化物*、氰化物*、总石油烃（C_{10}～C_{40}）*、多环芳烃（苯并[*a*]芘*、苯并[*a*]蒽*、苯并[*b*]荧蒽*、䓛*）
16	固废	废机油	总石油烃（C_{10}～C_{40}）*	总石油烃（C_{10}～C_{40}）*

注：有毒有害物质及关注污染物应结合企业实际情况具体分析。

8.2.1.2 关注污染物

经梳理分析原辅材料、产品、生产工艺等，烟煤和无烟煤开采洗选行业涉及的关注污染物主要有：锰、汞、镉、铬、六价铬、铅、砷、锌、氟化物、氰化物、苯并[*a*]芘、苯并[*a*]蒽、苯并[*b*]荧蒽、䓛、总石油烃（C_{10}～C_{40}）、丙烯腈、丙烯酰胺等。结合历史调查数据结果分析，重点关注的关注污染物为：锰、汞、砷、氟化物、氰化物、总石油烃（C_{10}～C_{40}）、苯并[*a*]芘、苯并[*a*]蒽、苯并[*b*]荧蒽、䓛等。

8.2.2 重点场所或重点设施设备

根据国家隐患排查及调查相关技术规定，结合历史调查数据，对烟煤和无烟煤开采洗选行业重点场所或者重点设施设备进行排查，梳理出重点场所或者重点设施设备清单，详见表 8-3。

表 8-3 烟煤和无烟煤开采洗选行业主要重点场所或者重点设施设备清单

主要单元		重点场所或者重点设施设备名称	涉及有毒有害物质的物料	有毒有害物质	重点场所或者重点设施设备类型[a]	重点场所或者重点设施设备关注级别
生产单元	主井提升系统	提升机	煤炭提升运输逸散废气、机械运转产生废润滑油	汞、砷、锰、氟化物、氰化物、总石油烃（C_{10}～C_{40}）、苯并[*a*]芘、苯并[*a*]蒽、苯并[*b*]荧蒽、䓛	生产区	一般关注
	副井提升系统	提升机	机械运转产生废润滑油	总石油烃（C_{10}～C_{40}）		一般关注
	通风系统	风机	机械运转产生废润滑油	总石油烃（C_{10}～C_{40}）		一般关注
	选煤	皮带输送机、筛分机、跳汰机、直线筛、煤泥筛、浓缩机、压滤机、提升机	原煤输送扬尘废气、跳汰机产生固废煤矸石、洗煤产生洗煤废水、储煤产生无组织废气	汞、砷、锰、氟化物、氰化物、总石油烃（C_{10}～C_{40}）、苯并[*a*]芘、苯并[*a*]蒽、苯并[*b*]荧蒽、䓛		重点关注
储存单元	货物储存区	原煤堆场	原煤	汞、砷、锰、氟化物、氰化物、总石油烃（C_{10}～C_{40}）、苯并[*a*]芘、苯并[*a*]蒽、苯并[*b*]荧蒽、䓛	货物的储存和传输	重点关注
		成品仓	成品煤	汞、砷、锰、氟化物、氰化物、总石油烃（C_{10}～C_{40}）、苯并[*a*]芘、苯并[*a*]蒽、苯并[*b*]荧蒽、䓛		重点关注
固废贮存单元	一般工业固体废物贮存区	煤矸石堆场	煤矸石	汞、砷、锰、氟化物、氰化物、总石油烃（C_{10}～C_{40}）、苯并[*a*]芘、苯并[*a*]蒽、苯并[*b*]荧蒽、䓛	其他活动区	重点关注
	危险废物贮存区	危废库	废润滑油	总石油烃（C_{10}～C_{40}）		重点关注
废水处理单元	废水治理设施	矿井水处理站（处理池、暂存池）	矿井水、煤泥	汞、砷、锰、氟化物、氰化物、总石油烃（C_{10}～C_{40}）、苯并[*a*]芘、苯并[*a*]蒽、苯并[*b*]荧蒽、䓛		重点关注
	废水排水管道	矿井水管线、洗煤水管线（排放沟渠）	矿井水、煤泥、洗煤水	汞、砷、锰、氟化物、氰化物、总石油烃（C_{10}～C_{40}）、苯并[*a*]芘、苯并[*a*]蒽、苯并[*b*]荧蒽、䓛		一般关注
	其他废水排水系统	地面冲洗水收集回用管线	煤场地面冲洗废水	汞、砷、锰、氟化物、氰化物、总石油烃（C_{10}～C_{40}）、苯并[*a*]芘、苯并[*a*]蒽、苯并[*b*]荧蒽、䓛		一般关注

主要单元		重点场所或者重点设施设备名称	涉及有毒有害物质的物料	有毒有害物质	重点场所或者重点设施设备类型[a]	重点场所或者重点设施设备关注级别
废水处理单元	消防池/应急池/雨水收集池	—	—	汞、砷、锰、氟化物、氰化物、总石油烃（C_{10}～C_{40}）、苯并[a]芘、苯并[a]蒽、苯并[b]荧蒽、䓛	其他活动区	一般关注
废气治理单元	废气治理设施	—	煤场无组织废气	总石油烃（C_{10}～C_{40}）		一般关注
装卸单元	物料装卸区	液体物料装卸平台、捕收剂卸料口、起泡剂卸料口	废捕收剂、废起泡剂	汞、砷、锰、氟化物、氰化物、总石油烃（C_{10}～C_{40}）、苯并[a]芘、苯并[a]蒽、苯并[b]荧蒽、䓛		重点关注
		物料开放式装卸区	块煤、煤矸石	汞、砷、锰、氟化物、氰化物、总石油烃（C_{10}～C_{40}）、苯并[a]芘、苯并[a]蒽、苯并[b]荧蒽、䓛		重点关注
运输单元	液体运输管道（含传输泵）	捕收剂输送管线	捕收剂	—		一般关注
	散装货物传输系统	密闭式传输系统	块煤、煤矸石	汞、砷、锰、氟化物、氰化物、总石油烃（C_{10}～C_{40}）、苯并[a]芘、苯并[a]蒽、苯并[b]荧蒽、䓛		一般关注
		开放式传输系统	块煤、煤矸石	汞、砷、锰、氟化物、氰化物、总石油烃（C_{10}～C_{40}）、苯并[a]芘、苯并[a]蒽、苯并[b]荧蒽、䓛		一般关注

注：[a] 重点场所或者重点设施设备类型参考《重点监管单位土壤污染隐患排查指南（试行）》附录A土壤污染隐患排查与整改技术要点确定。

重点场所或者重点设施设备包括：生产单元的主井提升系统的提升机，副井提升系统的提升机，通风系统的风机以及选煤工段的皮带输送机、筛分机、跳汰机、直线筛、煤泥筛、浓缩机、压滤机、提升机；储存单元的货物储存区的原煤堆场和成品仓；固废贮存单元的一般工业固体废物贮存区的煤矸石堆场和危险废物贮存区的危废库；废水处理单元的废水治理设施中的矿井水处理站（处理池、暂存池），废水排水管道的矿井水管线、洗煤水管线，其他废水排水系统的地面冲洗水收集回用管线，消防池、应急池和雨水收集池；废气处理单元的废气治理设施；装卸单元物料装卸区的液体物料装卸平台、捕收剂卸料口、起泡剂卸料口和物料开放式装卸区；运输单元的液体运输管道的捕收剂输送管线和散装货物传输系统的密闭式传输系统以及开放式传输系统。其中，需要重点关注的有：选煤工段的皮带输送机、筛分机、跳汰机、直线筛、煤泥筛、浓缩机、压滤机、提升机，货物储存区的原煤堆场、成品仓，一般工业固体废物贮存区的煤矸石堆场，危险废物贮存区的危废库、废水治理设施的矿井水处理站（处理池、暂存池）以及装卸单元的物料装卸区的液体物料装卸平台、捕收剂卸料口、起泡剂卸料口、物料开放式装卸区等。

8.3 隐患排查技术要点

根据《重点监管单位土壤污染隐患排查指南（试行）》附录 A 所提出的场所或设施设备类型，对烟煤和无烟煤开采洗选行业涉及有毒有害物质的重点场所或者重点设施设备进行全面排查，提出本行业排查要点和整改要点。操作中需根据各企业实际情况进行分析。

烟煤和无烟煤开采洗选行业的主要单元包括生产单元、储存单元、固废贮存单元、废水处理单元、废气治理单元和装卸单元、运输单元。其中，生产单元的重点场所或者重点设施设备包括主井提升系统的提升机，副井提升系统的提升机，通风系统的风机，选煤工段的皮带输送机、筛分机、跳汰机、直线筛、煤泥筛、浓缩机、压滤机、提升机，生产单元的重点场所或重点设施设备类型属于生产区，其中选煤工段为重点关注的重点场所或者重点设施设备。储存单元、装卸单元、运输单元的重点场所或者重点设施设备包括货物储存区的原煤堆场、成品仓，物料装卸区的液体物料装卸平台、捕收剂卸料口、起泡剂卸料口和物料开放式装卸区，运输单元的液体运输管道（含传输泵）的捕收剂输送管线和散装货物传输系统的密闭式传输系统、开放式传输系统，其类型属于货物的储存和运输类型，其中储存单元和装卸单元均为重点关注。固废贮存单元的重点场所或者重点设施设备包括一般工业固体废物贮存区的煤矸石堆场以及危险废物贮存区的危废库，其类型属于其他活动区，且均为重点关注。废水处理单元的重点场所或者重点设施设备包括含废水治理设施的矿井水处理站（处理池和暂存池），废水排水管道的矿井水管线、洗煤水管线（排放沟渠），其他废水排水系统的地面冲洗水收集回用管线，消防池、应急池、雨水收集池，其类型属于液体储存设施，废水治理设施为重点关注。其他单元的重点场所或者重点设施设备包括废气治理单元的废气治理设施，属于其他活动区，非重点关注。

针对上述不同类型的重点场所或者重点设施设备提出隐患排查与整改要点。烟煤和无烟煤开采洗选行业隐患排查技术要点详见表 8-4。

表 8-4 烟煤和无烟煤开采洗选行业隐患排查技术要点一览表

主要单元		重点场所或者重点设施设备		排查要点	整改要点
		名称	类型		
生产单元	主井提升系统	提升机	生产区	①物料进出设备时易发生泄漏；②周边粉尘较多，易发生污染物富集；③无普通阻隔设施或防渗阻隔系统；④普通阻隔设施或防渗阻隔系统破损、裂缝；⑤日常维护、日常目视检查不到位	①按照有关规定要求，进行定期检验；②定期开展日常巡检，对地面积累的粉尘进行及时处理；③定期巡检区域内是否存在未硬化地面、裂隙等；④排查区域内阻隔情况，定期开展效果检查
	副井提升系统	提升机			
	通风系统	风机			
	选煤（重点关注）	皮带输送机、筛分机、跳汰机、直线筛、煤泥筛、浓缩机、压滤机、提升机		①材料重大，引起机器减薄穿孔，焊缝有缺陷和加料操作失当造成过大的边缘应力；②运行过程中可能存在跑冒滴漏现象	①日常目视检查；②设施设备容易发生泄漏、渗漏的地方设置防滴漏设施；③定期清空防滴漏设施
储存单元	货物储存区（重点关注）	原煤堆场	货物的储存和传输	①周边粉尘较多，易发生污染物富集；②物料收集贮存过程中易发生泄漏	①按照有关规定要求，进行定期检验；②定期开展日常巡检，对地面积累的粉尘进行及时处理
		成品仓			
固废贮存单元	一般工业固体废物贮存区（重点关注）	煤矸石堆场	其他活动区		
	危险废物贮存区（重点关注）	危废库			
废水处理单元	废水治理设施（重点关注）	矿井水处理站（处理池、暂存池）		多为地下池体，具有隐蔽性，若发生泄漏，易造成土壤污染。可能情形：①非防渗池体；②池体老化、破损、裂缝造成泄漏、渗漏；③池体满溢；④日常维护（如及时清理泄漏的污染物，定期检查防渗效果）、日常目视检查（如按操作规程或者交班时，对是否存在泄漏、渗漏等情况进行快速检查）不到位	①定期目视巡检设施设备情况，若有破损、裂缝、老化等情况要及时补救或者更换新的设备；②针对地下或者半地下储存池需定期检查泄漏检测设施，确保正常运行
	废水排水管道	矿井水管线、洗煤水管线（排放沟渠）		管线、沟渠老化、破损、裂缝造成的泄漏、渗漏	定期巡检，重点对管线、沟渠是否存在泄漏、渗漏、满溢进行检查
	其他废水排水系统	地面冲洗水收集回用管线			
	消防池/应急池/雨水收集池	—			

<table>
<tr><th colspan="2" rowspan="2">主要单元</th><th colspan="2">重点场所或者重点设施设备</th><th rowspan="2">排查要点</th><th rowspan="2">整改要点</th></tr>
<tr><th>名称</th><th>类型</th></tr>
<tr><td>废气治理单元</td><td>废气治理设施</td><td>—</td><td rowspan="6">其他活动区</td><td>①原料堆放贮存过程中可能因雨水或防尘喷淋水冲刷污染土壤；②附近可能有较多粉尘</td><td>①注意避免雨水冲刷，定期检查如苫盖或者顶棚；②定期开展日常巡检，对地面积累的粉尘进行及时处理；③定期巡检区域内是否存在未硬化地面、裂隙，排查区域内防渗阻隔情况</td></tr>
<tr><td rowspan="2">装卸单元</td><td rowspan="2">物料装卸区（重点区关）</td><td>液体物料装卸平台、捕收剂卸料口、起泡剂卸料口</td><td rowspan="5">①周边粉尘较多，易发生污染物富集；②物料收集贮存过程中易发生泄漏、抛洒</td><td rowspan="5">①按照有关规定要求，进行定期检验；②定期开展日常巡检，对地面积累的粉尘进行及时处理</td></tr>
<tr><td>物料开放式装卸区</td></tr>
<tr><td rowspan="3">运输单元</td><td>液体运输管道（含传输泵）</td><td>捕收剂输送管线</td></tr>
<tr><td rowspan="2">散装货物传输系统</td><td>密闭式传输系统</td></tr>
<tr><td>开放式传输系统</td></tr>
</table>

8.4 初步采样调查技术要点

结合烟煤和无烟煤开采洗选行业识别的重点关注的重点场所或重点设施设备、重点关注的关注污染物以及所在主要单元，提出该行业初步采样调查的重点关注布点位置与涉及的关注污染物，详见表 8-5。识别出的重点场所或者重点设施设备应作为优先布点区域，其他区域应根据国家相关导则规定进行全面梳理，根据地块实际酌情考虑。

8.4.1 点位布设

本章 8.2 节识别的重点场所或者重点设施设备中需要重点关注的，包括选煤工段的皮带输送机、筛分机、跳汰机等，货物储存区的原煤堆场、成品仓，一般工业固体废物贮存区的煤矸石堆场，危险废物贮存区的危废库，废水治理设施的矿井水处理站以及装卸单元的物料装卸区的液体物料装卸平台等，应优先考虑布点，其他建议的重点关注布点位置及其对应的关注污染物见表 8-5。现场布点应结合实际情况，布设在重点场所或者重点设施设备最有可能污染的位置，同时结合现场颜色气味异常、污染痕迹、硬化地面裂缝、污染物的迁移途径等因素综合考虑布点，如当前或历史上有裸露地面的区域（如绿化带)、历史上为工业企业的生产区域、污染泄漏区、历史监测超标区、颜色(如黄绿色)气味异常区域、周边地块关注污染物可能影响的本地块内区域等也应纳入布点考虑。

表 8-5 烟煤和无烟煤开采洗选行业重点关注布点位置及涉及关注污染物一览表

主要单元		重点关注布点位置	涉及物料	涉及关注污染物
生产单元	选煤(重点关注)	皮带输送机、筛分机、跳汰机、直线筛、煤泥筛、浓缩机、压滤机、提升机	原煤输送扬尘废气、跳汰机产生固废煤矸石、洗煤产生洗煤废水、储煤产生无组织废气	汞、砷、锰、氟化物、氰化物、总石油烃(C_{10}~C_{40})、苯并[a]芘、苯并[a]蒽、苯并[b]荧蒽、䓛
储存单元	货物储存区(重点关注)	原煤堆场	原煤	汞、砷、锰、氟化物、氰化物、总石油烃(C_{10}~C_{40})、苯并[a]芘、苯并[a]蒽、苯并[b]荧蒽、䓛
		成品仓	成品煤	汞、砷、锰、氟化物、氰化物、总石油烃(C_{10}~C_{40})、苯并[a]芘、苯并[a]蒽、苯并[b]荧蒽、䓛
固废贮存单元	一般工业固体废物贮存区(重点关注)	煤矸石堆场	煤矸石	汞、砷、锰、氟化物、氰化物、总石油烃(C_{10}~C_{40})、苯并[a]芘、苯并[a]蒽、苯并[b]荧蒽、䓛
	危险废物贮存区(重点关注)	危废库	废润滑油	总石油烃(C_{10}~C_{40})
废水处理单元	废水治理设施(重点关注)	矿井水处理站(处理池、暂存池)	矿井水、煤泥	汞、砷、锰、氟化物、氰化物、总石油烃(C_{10}~C_{40})、苯并[a]芘、苯并[a]蒽、苯并[b]荧蒽、䓛
装卸单元	物料装卸区(重点关注)	液体物料装卸平台、捕收剂卸料口、起泡剂卸料口	废捕收剂、废起泡剂	汞、砷、锰、氟化物、氰化物、总石油烃(C_{10}~C_{40})、苯并[a]芘、苯并[a]蒽、苯并[b]荧蒽、䓛
		物料开放式装卸区	块煤、煤矸石	汞、砷、锰、氟化物、氰化物、总石油烃(C_{10}~C_{40})、苯并[a]芘、苯并[a]蒽、苯并[b]荧蒽、䓛
运输单元	液体运输管道(含传输泵)	捕收剂输送管线	捕收剂	—
	散装货物传输系统	密闭式传输系统	块煤、煤矸石	汞、砷、锰、氟化物、氰化物、总石油烃(C_{10}~C_{40})、苯并[a]芘、苯并[a]蒽、苯并[b]荧蒽、䓛
		开放式传输系统	块煤、煤矸石	—

8.4.2 检测指标

结合烟煤和无烟煤开采洗选行业的检测指标建议包含《土壤环境质量 建设用地土壤污染风险管控标准(试行)》(GB 36600—2018)中表 1 基本 45 项及污染识别出的关注污

染物，以及地块可能存在的其他污染物。原则上应当本着保守原则，将地块内可能存在的污染物及其在环境中转化或降解产物均纳入检测指标。土壤和地下水的检测指标具体建议如下。

8.4.2.1 土壤

土壤样品检测指标包括但不限于：

（1）《土壤环境质量 建设用地土壤污染风险管控标准（试行）》（GB 36600—2018）表 1 基本 45 项。

（2）地块关注污染物：重点关注的关注污染物主要为锰、汞、砷、氟化物、氰化物、总石油烃（C_{10}～C_{40}）、苯并[*a*]芘、苯丙[*a*]蒽、苯并[*b*]荧蒽、䓛等；其他关注污染物主要为镉、铬、六价铬、铅、锌等。

（3）经资料分析确定的地块利用历史和周边企业可能影响本地块的其他污染物。

（4）现场快速检测结果异常的其他污染物。

8.4.2.2 地下水

地下水样品检测指标包括但不限于：

（1）《地下水质量标准》（GB/T 14848—2017）常规指标中的“感官性状及一般化学指标”和“毒理学指标”。

（2）地块关注污染物：重点关注的关注污染物主要为锰、汞、砷、氟化物、氰化物、总石油烃（C_{10}～C_{40}）、苯并[*a*]芘、苯丙[*a*]蒽、苯并[*b*]荧蒽、䓛等；其他关注污染物主要为镉、铬、六价铬、铅、锌等。

（3）地块所在地区地下水功能用途及周边工业企业的影响，酌情增加选测项目。

（4）经资料收集与分析确定的地块使用历史上可能存在的其他相关污染物。

8.4.3 采样要求

除满足国家调查相关技术规定的各项要求外，考虑到烟煤和无烟煤开采洗选行业的关注污染物的特性，建议如下：

（1）行业重金属、多环芳烃等污染较典型，实际采样过程中要结合现场快筛数据、土壤颜色和气味的变化，综合判断选择合适部位采集样品。

（2）行业企业地下池体较多且具有隐蔽性，采样深度要满足大于或等于最大的池体深度，同时要做好现场采样点位确认工作。

（3）根据地块实际水文地质条件，综合分析污染物的迁移范围及深度，判断其在地块深层地下水或厂界外污染的可能性。有条件的可对明显迁移到厂界外的区域进行布点采样，确定污染范围；或通过开展地下水污染模拟预测评估，分析其扩散趋势。

参考文献

[1] 王继国．露天煤矿开采工艺现状及发展方向[J]．价值工程，2019，38（36）：61-62.

[2] 叶云娜．煤炭地下气化对地下水污染的研究[D]．焦作：河南理工大学，2015.

[3] 宋洪柱．中国煤炭资源分布特征与勘查开发前景研究[D]．北京：中国地质大学（北京），2013.

[4] 毋虎城，张长喜，郅富标，等．机械化绿色开采的实践[J]．煤炭技术，2010，29（9）：63-64.

[5] 陈佳鹏．煤炭资源开发利用标准体系构建及运行机制研究[D]．北京：中国矿业大学（北京），2009.

[6] 付彪．煤加工利用过程中有害微量元素的迁移转化行为研究[D]．合肥：中国科学技术大学，2019.

[7] 王之正，裴贤丰．烟煤热解全流程脱硫技术应用及研究进展[J]．洁净煤技术，2017，23（4）：101-106.

[8] 魏昌杰．低阶烟煤煤泥浮选提质技术的研究与应用[J]．中国煤炭，2015，41（10）：92-96.

[9] 张尚常．煤泥含量高的炼焦煤洗选实践[J]．煤炭加工与综合利用，2015（1）：13-15，28.

[10] 张振，吴旭涛．我国焦煤资源深度洗选回收工艺路线的探索[J]．选煤技术，2012（2）：27-30.

[11] 黄向春．我国煤炭产业环境综合评价[D]．北京：中国地质大学（北京），2011.

9

铝压延加工行业隐患排查和初步采样调查技术要点

铝是国民经济发展的重要基础原材料，山东省铝行业具有产业链优势，规模位居全国前列，发展态势良好，产能稳居全国前列。根据《山东统计年鉴 2022》，2021 年山东省规模以上有色金属冶炼和压延加工业的企业单位数量为 534 家。根据《山东省铝行业“十四五”发展规划》，截至 2020 年年底，全省氧化铝企业 5 家、产能 2 670 万 t，电解铝企业 4 家、产能 845.5 万 t，铝材加工重点企业 70 余家、加工能力 1 200 余万 t。根据《国民经济行业分类》（GB/T 4754—2017），有色金属冶炼和压延加工业（32）分为常用有色金属冶炼（321）、贵金属冶炼（322）、稀有稀土金属冶炼（323）、有色金属合金制造（324）、有色金属压延加工（325）5 个中类，铜冶炼（3211）、金冶炼（3221）、铝压延加工（3252）等 21 个小类。综合考虑各细分中类、小类行业的污染程度和现有调查成果丰富程度等，本章选取山东省数量多、污染重、前期调查成果相对丰富的铝压延加工行业（3252）作为代表，开展隐患排查和初步采样调查技术要点的梳理。

铝压延加工行业工艺包括生产、储存、“三废”处理、装卸、运输等一系列流程。按照国家要求生产区为一个布点采样单元，分为熔铸单元、煮模单元、挤压成型单元、模具氮化单元、阳极氧化单元、电泳涂漆单元、静电喷涂单元、木纹转印单元、隔热型材单元。本章选择山东省铝压延加工行业典型工艺进行介绍，并梳理了该行业的“三个清单”与“两项要点”。

9.1 典型工艺

9.1.1 主要工艺流程

铝压延加工行业典型工艺流程主要包括铸造（轧）工艺、轧制工艺、挤压工艺、热处理工艺等。

铸造（轧）工艺是指液体金属铝连续通过供料嘴进入到铸轧区，与两个相转动的铸轧辊相遇，液体金属铝的热量不断从垂直于铸轧辊辊面的方向传递到铸轧辊中被冷却、结晶、凝固，完成铸造过程。

轧制工艺是应用最广泛的一种压力加工方法。轧制过程是旋转的轧辊及轧件之间形成的摩擦力将轧件拖进轧辊缝之间并使之产生压缩、发生塑性变形的过程，按金属塑性变形体积不变原理，通过轧制，轧件厚度变薄同时长度伸长、宽度变宽，包括热轧工艺、冷轧工艺等。

挤压工艺是对放在模具型腔或挤压筒内的金属坯料施加强大的压力，迫使金属坯料产生定向塑性变形，从挤压模具的模孔中挤出，从而获得所需断面形状、尺寸并具有一定力学性能的零件或半成品的塑性加工方法，包括正挤压工艺、反挤压工艺等。

热处理工艺是将铝及铝合金材料加热到一定的温度并保温一定时间以获得预期的产品组织和性能，包括退火、固溶淬火处理、时效处理、回归处理等。

铝压延加工行业的典型生产工艺流程见图 9-1。

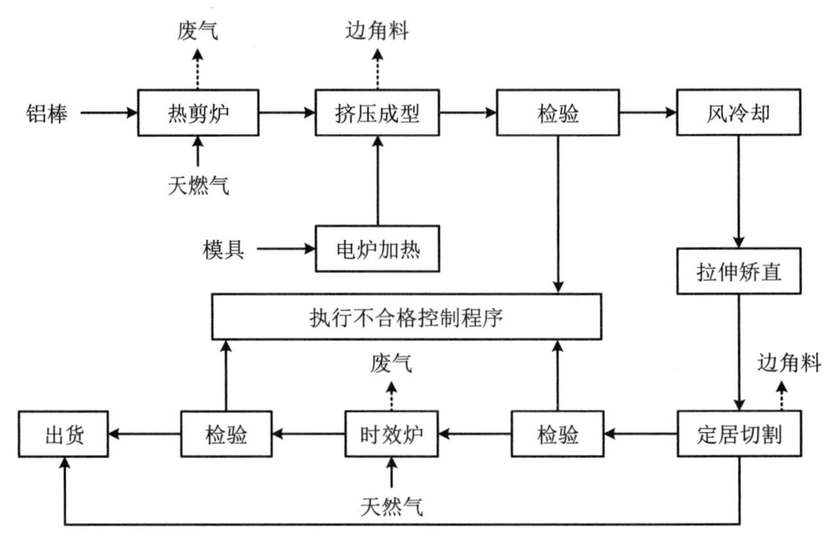

图 9-1 铝压延加工行业典型生产工艺流程

9.1.2 主要原辅材料和产品

铝压延加工工艺涉及的主要原辅材料为铝棒、天然气、氢氧化钠、润滑油。

主要原辅材料及产品清单见表 9-1。

表 9-1 铝压延加工行业主要原辅材料及产品清单

序号	物料类别	物料名称	主要组成
1	原辅材料	铝棒	铝
2		天然气	甲烷
3		氢氧化钠	NaOH
4		润滑油	石油烃
5	产品	成品铝	铝

注：不同企业原辅材料会有变化，应结合企业实际情况具体分析。

9.2 污染识别

9.2.1 有毒有害物质及关注污染物

根据国家有关规定，对铝压延加工行业典型工艺原辅材料、产品及“三废”进行排查，结合历史调查数据及污染物的毒性大小、超标率，梳理出有毒有害物质及关注污染物清单，详见表 9-2。其中重点关注的有毒有害物质及关注污染物使用*进行标注。操作中应结合企业实际情况具体分析。

9.2.1.1 有毒有害物质

根据《重点监管单位土壤污染隐患排查指南（试行）》排查要求，铝压延加工行业涉及的有毒有害物质主要有：重金属、苯系物、多环芳烃、氟化物、煤焦油、非甲烷总烃、总石油烃、氨氮、1-氯-2,3-环氧丙烷、醛类、氨类、氢氟酸等。结合历史调查数据结果分析，其中重点关注的有毒有害物质为：重金属（钴、汞、砷、锆、铬、镍）、其他无机物（氨氮、氟化物）、有机物（苯、甲苯、苯乙烯、二甲苯、苯酚、甲醛、多环芳烃、1-氯-2,3-环氧丙烷）、石油烃（C_6～C_9）、石油烃（C_{10}～C_{40}）等。

9.2.1.2 关注污染物

经梳理分析原辅材料、产品、生产工艺等，铝压延加工行业涉及的关注污染物主要有：重金属（钴、汞、砷、锆、铬、镍）、其他无机物（氨氮、氟化物）、有机物（苯、甲苯、苯乙烯、二甲苯、苯酚、甲醛、多环芳烃、1-氯-2,3-环氧丙烷）、石油烃（C_6～C_9）、石油烃（C_{10}～C_{40}）等。结合历史调查数据结果分析，重点关注的关注污染物为：重金属（汞、砷、镍）、其他无机物（氟化物）、有机物（苯、甲苯、苯乙烯、二甲苯、多环芳烃、1-氯-2,3-环氧丙烷）等。

表 9-2 铝压延加工行业主要有毒有害物质及关注污染物清单

序号	物料类别	物料名称	有毒有害物质	关注污染物
1	原辅材料	铝棒	—	—
2		天然气	—	—
3		氢氧化钠	—	—
4		润滑油	石油烃（C_6～C_9）*、石油烃（C_{10}～C_{40}）*	石油烃（C_6～C_9）、石油烃（C_{10}～C_{40}）
5	产品	成品铝	—	—
6	废气	熔铸废气	砷*、汞*、苯*、甲苯*、苯乙烯*、二甲苯*、多环芳烃*、氟化物*	砷*、汞*、苯*、甲苯*、苯乙烯*、二甲苯*、多环芳烃*、氟化物*
7		炒灰废气	砷*、汞*、苯*、甲苯*、苯乙烯*、二甲苯*、多环芳烃*、氟化物*	砷*、汞*、苯*、甲苯*、苯乙烯*、二甲苯*、多环芳烃*、氟化物*
8		车间无组织废气	砷*、汞*、苯*、甲苯*、苯乙烯*、二甲苯*、多环芳烃*、氟化物*	砷*、汞*、苯*、甲苯*、苯乙烯*、二甲苯*、多环芳烃*、氟化物*
9		天然气燃烧废气	砷*、汞*、苯*、甲苯*、苯乙烯*、二甲苯*、多环芳烃*、氟化物*	砷*、汞*、苯*、甲苯*、苯乙烯*、二甲苯*、多环芳烃*、氟化物*
10		喷砂废气	砷*、汞*、苯*、甲苯*、苯乙烯*、二甲苯*、多环芳烃*、氟化物*	砷*、汞*、苯*、甲苯*、苯乙烯*、二甲苯*、多环芳烃*、氟化物*
11		天然气燃烧废气	石油烃（C_6～C_9）*、石油烃（C_{10}～C_{40}）*	石油烃（C_6～C_9）、石油烃（C_{10}～C_{40}）
12		氮化废气	氨氮*	氨氮
13		天然气燃烧废气（有组织排放）	氟化物*	氟化物*
14		喷涂废气：旋风除尘器+布袋除尘器	氟化物*	氟化物*
15		固化废气：低温等离子体+光催化氧化	1-氯-2,3-环氧丙烷*	1-氯-2,3-环氧丙烷*
16		液氨卸料口	氨氮*	氨氮
17		熔铸废气+炒灰废气：布袋除尘器+水膜除尘器	氟化物*	氟化物*
18		抛光+氧化废气：碱液喷淋	氟化物*	氟化物*
19		固化废气：活性炭+光催化氧化	氟化物*	氟化物*

序号	物料类别	物料名称	有毒有害物质	关注污染物
20	废气	喷涂废气	锆*、铬*、苯酚*、1-氯-2,3-环氧丙烷*、氟化物*、甲醛*、氨氮*、石油烃（C_6～C_9）*、石油烃（C_{10}～C_{40}）*	锆、铬、苯酚、1-氯-2,3-环氧丙烷*、氟化物*、甲醛、氨氮、石油烃（C_6～C_9）、石油烃（C_{10}～C_{40}）
21		固化废气	锆*、铬*、苯酚*、1-氯-2,3-环氧丙烷*、氟化物*、甲醛*、氨氮*、石油烃（C_6～C_9）*、石油烃（C_{10}～C_{40}）*	锆、铬、苯酚、1-氯-2,3-环氧丙烷*、氟化物*、甲醛、氨氮、石油烃（C_6～C_9）、石油烃（C_{10}～C_{40}）
22		车间无组织废气	锆*、铬*、苯酚*、1-氯-2,3-环氧丙烷*、氟化物*、甲醛*、氨氮*、石油烃（C_6～C_9）*、石油烃（C_{10}～C_{40}）*	锆、铬、苯酚、1-氯-2,3-环氧丙烷*、氟化物*、甲醛、氨氮、石油烃（C_6～C_9）、石油烃（C_{10}～C_{40}）
23		烘干废气	锆*、铬*、苯酚*、1-氯-2,3-环氧丙烷*、氟化物*、甲醛*、氨氮*、石油烃（C_6～C_9）*、石油烃（C_{10}～C_{40}）*	锆、铬、苯酚、1-氯-2,3-环氧丙烷*、氟化物*、甲醛、氨氮、石油烃（C_6～C_9）、石油烃（C_{10}～C_{40}）
24	废水	立式煤气站含酚废水及水封水	砷*、汞*、苯、甲苯*、苯乙烯*、二甲苯*、苯酚、多环芳烃*、氟化物*	砷*、汞*、苯、甲苯*、苯乙烯*、二甲苯*、苯酚、多环芳烃*、氟化物*
25		煮模废水	—	—
26		污水站处理废水	氟化物*、钴*、镍*、锆*、铬*、石油烃（C_6～C_9）*、石油烃（C_{10}～C_{40}）*	氟化物*、钴、镍*、锆、铬、石油烃（C_6～C_9）、石油烃（C_{10}～C_{40}）
27		氮化、煮模、氧化电泳、喷涂水洗、酸雾吸收塔、地面冲洗、循环排污等废水	氟化物*、钴*、镍*、锆*、铬*、石油烃（C_6～C_9）*、石油烃（C_{10}～C_{40}）*	氟化物*、钴、镍*、锆、铬、石油烃（C_6～C_9）、石油烃（C_{10}～C_{40}）
28		酸蚀水洗废水	钴*、镍*、氢氟酸*	钴、镍*、氢氟酸*
29		碱蚀水洗废水	钴*、镍*、氢氟酸*	钴、镍*、氢氟酸*
30		中和抛光水洗废水	钴*、镍*、氢氟酸*	钴、镍*、氢氟酸*
31		氧化水洗废水	钴*、镍*、氢氟酸*	钴、镍*、氢氟酸*
32		着色水洗废水	钴*、镍*、氢氟酸*	钴、镍*、氢氟酸*
33		扎排水洗废水	钴*、镍*、氢氟酸*	钴、镍*、氢氟酸*
34		电泳水洗废水	钴*、镍*、氢氟酸*	钴、镍*、氢氟酸*
35	固废	炉灰炉渣	砷*、汞*、苯*、甲苯*、苯乙烯*、二甲苯*、多环芳烃*、氟化物*	砷*、汞*、苯*、甲苯*、苯乙烯*、二甲苯*、多环芳烃*、氟化物*
36		立式煤气发生炉炉渣和煤焦油	砷*、汞*、苯*、甲苯*、苯乙烯*、二甲苯*、多环芳烃*、氟化物*	砷*、汞*、苯*、甲苯*、苯乙烯*、二甲苯*、多环芳烃*、氟化物*
37		废铝	砷*、汞*、苯*、甲苯*、苯乙烯*、二甲苯*、多环芳烃*、氟化物*	砷*、汞*、苯*、甲苯*、苯乙烯*、二甲苯*、多环芳烃*、氟化物*

序号	物料类别	物料名称	有毒有害物质	关注污染物
38	固废	除尘灰	砷*、汞*、苯*、甲苯*、苯乙烯*、二甲苯*、多环芳烃*、氟化物*	砷*、汞*、苯*、甲苯*、苯乙烯*、二甲苯*、多环芳烃*、氟化物*
39		废液压油	砷*、汞*、苯*、甲苯*、苯乙烯*、二甲苯*、多环芳烃*、氟化物*	砷*、汞*、苯*、甲苯*、苯乙烯*、二甲苯*、多环芳烃*、氟化物*
40		废机油	铝、汞*、砷*、苯*、甲苯*、苯乙烯*、二甲苯*、多环芳烃*	铝、汞*、砷*、苯*、甲苯*、苯乙烯*、二甲苯*、多环芳烃*
41		炉渣：人工运输至渣库内	汞*、砷*、苯*、甲苯*、苯乙烯*、二甲苯*、多环芳烃*	汞*、砷*、苯*、甲苯*、苯乙烯*、二甲苯*、多环芳烃*
42		历史煤制气炉渣	铝、汞*、砷*、苯*、甲苯*、苯乙烯*、二甲苯*、多环芳烃*	铝、汞*、砷*、苯*、甲苯*、苯乙烯*、二甲苯*、多环芳烃*
43		熔铸炉炉渣	铝、汞*、砷*、苯*、甲苯*、苯乙烯*、二甲苯*、多环芳烃*	铝、汞*、砷*、苯*、甲苯*、苯乙烯*、二甲苯*、多环芳烃*

注：*为重点关注的有毒有害物质及关注污染物。

9.2.2 重点场所或重点设施设备

根据国家隐患排查及调查相关技术规定，结合历史调查数据，对铝压延加工行业重点场所或者重点设施设备进行排查，梳理出重点场所或者重点设施设备清单，详见表 9-3。

表 9-3 铝压延加工行业主要重点场所或者重点设施设备清单

主要单元	重点场所或者重点设施设备名称	涉及有毒有害物质的物料	有毒有害物质	重点场所或者重点设施设备类型[a]	重点场所或者重点设施设备关注级别
熔铸单元	熔铸炉、炒灰机、铸锭水盘、立式煤气发生炉	熔铸废气、炒灰废气、车间无组织废气、炉灰炉渣、立式煤气站含酚废水及水封水、立式煤气发生炉炉渣和煤焦油、氯气	砷、汞、苯乙烯、二甲苯、多环芳烃、氟化物	生产区	重点关注
热轧、冷轧、箔轧单元	热轧机、冷轧机、箔轧机	轧制工序产生轧制油雾、废轧制油、废硅藻土、废过滤布、废乳化液、废桶	VOCs		重点关注
精整涂层单元（部分行业适用）	涂层机组	涂料、油漆、稀释剂、含铬废水、废涂料、废桶	总铬、六价铬、甲苯、苯系物、VOCs		一般关注
挤压成型单元	挤压机、铝棒加热炉、冷床、时效炉、模具加温炉、喷砂机	天然气燃烧废气、喷砂废气、废铝、除尘灰、废液压油、废机油	砷、汞、苯、甲苯、苯乙烯、二甲苯、多环芳烃、氟化物、石油烃（C_6～C_9）、石油烃（C_{10}～C_{40}）		重点关注

主要单元		重点场所或者重点设施设备名称	涉及有毒有害物质的物料	有毒有害物质	重点场所或者重点设施设备类型[a]	重点场所或者重点设施设备关注级别
阳极氧化单元		氧化生产线、行车、纯水制备设备	抛光废气、氧化废气、固化废气、车间无组织废气、扎排水洗废水、酸蚀水洗废水、碱蚀水洗废水、中和抛光水洗废水、氧化水洗废水、着色水洗废水、封孔水洗废水、废槽渣、不合格品	1-氯-2,3-环氧丙烷、钴、镍、锆、铬、苯酚、甲醛、氨氮、氟化物、石油烃（C_6～C_9）、石油烃（C_{10}～C_{40}）	生产区	重点关注
电泳涂漆单元		电泳生产线、烘干炉、行车	抛光废气、固化废气、车间无组织废气、扎排水洗废水、酸蚀水洗废水、碱蚀水洗废水、中和抛光水洗废水、氧化水洗废水、着色水洗废水、电泳水洗废水、废槽渣、不合格品	苯、甲苯、苯乙烯、二甲苯、甲醛、钴、镍、氢氟酸		重点关注
静电喷涂单元		喷涂生产线、烘干炉、固化炉	烘干废气、喷涂废气、固化废气、车间无组织废气、水洗废水、除油水洗废水、钝化水洗废水、废槽渣、废树脂粉末、不合格品	锆、铬、镍、苯酚、1-氯-2,3-环氧丙烷、氟化物、甲醛、氨、石油烃（C_6～C_9）、石油烃（C_{10}～C_{40}）		重点关注
储存单元	地下或接地储存设施（液体）	废水处理池（污水站）	污水站处理后的含铬废水、酸碱废水	氟化物、钴、镍、锆、铬、石油烃（C_6～C_9）、石油烃（C_{10}～C_{40}）	液体类储存设施	一般关注
		硫酸接地储罐	硫酸	—		一般关注
		硝酸接地储罐	硝酸	—		一般关注
		氢氧化钠溶液接地储罐	氢氧化钠	—		一般关注
		液氨接地储罐	液氨	—		一般关注
	离地储存设施	硫酸储罐	硫酸	—		一般关注
		硝酸储罐	硝酸	—		一般关注
		氢氧化钠溶液储罐	氢氧化钠	—		一般关注
		液氨储罐	液氨	氨氮		一般关注
固废贮存单元		一般工业固体废物贮存区（处置区）	—	砷、汞、苯、甲苯、苯乙烯、二甲苯、多环芳烃、氟化物	其他活动区	一般关注
		危险废物贮存区（处置区）	污水站污泥、铝灰、废矿物油（桶）、废切削液、废活性炭、废UV灯管、含铍铝灰渣	氟化物、镍、钴、锆、铬、石油烃（C_6～C_9）、石油烃（C_{10}～C_{40}）		一般关注
废水处理单元		废水治理设施（含处理池、暂存池等）	氮化、煮模、氧化电泳、喷涂水洗、酸雾吸收塔、地面冲洗、循环排污等废水	氟化物、镍、钴、锆、铬、石油烃（C_6～C_9）、石油烃（C_{10}～C_{40}）	池体类储存设施	重点关注

主要单元	重点场所或者重点设施设备名称	涉及有毒有害物质的物料	有毒有害物质	重点场所或者重点设施设备类型[a]	重点场所或者重点设施设备关注级别
废水处理单元	废水排水管道（含排放沟渠）	氮化、煮模、氧化电泳、喷涂水洗、酸雾吸收塔、地面冲洗、循环排污等废水	氟化物、镍、钴、锆、铬、石油烃（C_6～C_9）、石油烃（C_{10}～C_{40}）	其他活动区	重点关注
		氮化、煮模、氧化电泳、喷涂水洗、酸雾吸收塔、地面冲洗、循环排污等废水	氟化物、镍、钴、锆、铬、石油烃（C_6～C_9）、石油烃（C_{10}～C_{40}）		重点关注
		污水站处理废水	砷、汞、苯、甲苯、苯乙烯、二甲苯、多环芳烃、氟化物		重点关注
装卸单元	硫酸卸料口	硫酸	砷、汞、苯、甲苯、苯乙烯、二甲苯、多环芳烃、氟化物	转运与场内运输	一般关注
	硝酸卸料口	硝酸	砷、汞、苯、甲苯、苯乙烯、二甲苯、多环芳烃、氟化物		一般关注
	液氨卸料口	液氨	砷、汞、苯、甲苯、苯乙烯、二甲苯、多环芳烃、氟化物		一般关注
	氢氧化钠溶液卸料口	氢氧化钠	—		一般关注

注：[a] 重点场所或者重点设施设备类型参考《重点监管单位土壤污染隐患排查指南（试行）》附录A土壤污染隐患排查与整改技术要点确定。

重点场所或者重点设施设备包括熔铸单元的熔铸炉、炒灰机、铸锭水盘、立式煤气发生炉，热轧、冷轧、箔轧单元的热轧机、冷轧机、箔轧机，精整涂层单元的涂层机组，挤压成型单元的挤压机、铝棒加热炉、冷床、时效炉、模具加温炉、喷砂机，阳极氧化单元的氧化生产线、行车、纯水制备设备，电泳涂漆单元的电泳生产线、烘干炉、行车，静电喷涂单元的喷涂生产线、烘干炉、固化炉，地下或接地储存设施（液体）的废水处理池（污水站）、硫酸接地储罐、硝酸接地储罐、氢氧化钠溶液接地储罐、液氨接地储罐，离地储存设施的硫酸储罐、硝酸储罐、氢氧化钠溶液储罐、液氨储罐，固废贮存单元的一般工业固体废物贮存区（处置区）、危险废物贮存区（处置区），废水处理单元的废水治理设施、废水排水管道，装卸单元的硫酸卸料口、硝酸卸料口、液氨卸料口、氢氧化钠溶液卸料口等。其中，需要重点关注的有：熔铸单元，热轧、冷轧、箔轧单元，挤压成型单元，阳极氧化单元，电泳涂漆单元，静电喷涂单元以及废水处理单元所包括的重点场所或者重点设施设备。

9.3 隐患排查技术要点

根据《重点监管单位土壤污染隐患排查指南（试行）》附录A所提出的场所或设施设备类型，对铝压延加工行业涉及有毒有害物质的重点场所或者重点设施设备进行全面排查，提出本行业排查要点和整改要点。操作中需根据各企业实际情况进行分析。

铝压延加工行业的主要单元包括熔铸单元，热轧、冷轧、箔轧单元，精整涂层单元，挤压成型单元，阳极氧化单元，电泳涂漆单元，静电喷涂单元，储存单元，固废贮存单元，废水处理单元和装卸单元。熔铸单元、热轧/冷轧/箔轧单元、精整涂层单元、挤压成型单元、阳极氧化单元、电泳涂漆单元、静电喷涂单元的重点场所或设施设备类型属于生产区；其中，熔铸单元的熔铸炉、炒灰机、铸锭水盘、立式煤气发生炉，热轧、冷轧、箔轧单元的热轧机、冷轧机、箔轧机，挤压成型单元的挤压机、铝棒加热炉、冷床、时效炉、模具加温炉、喷砂机，阳极氧化单元的氧化生产线、行车、纯水制备设备，电泳涂漆单元的电泳生产线、烘干炉、行车，静电喷涂单元的喷涂生产线、烘干炉、固化炉为重点关注的重点场所或者重点设施设备。储存单元和废水处理单元里废水治理设施的重点场所或重点设施设备类型属于液体储存设施；其中，废水治理设施的氮化、煮模、氧化电泳、喷涂水洗、酸雾吸收塔、地面冲洗、循环排污等废水暂存、调节、物化、沉淀、污泥压滤涉及各池体为重点关注的重点场所或者重点设施设备。装卸单元的重点场所或重点设施设备类型属于散装液体转运与厂内运输，无须重点关注。固废贮存单元、废水处理单元里废水排水管道的重点场所或重点设施设备类型属于其他活动区；其中，废水排水管道的氮化、煮模、氧化电泳、喷涂水洗、酸雾吸收塔、地面冲洗、循环排污等废水与污水站之间导排沟、导排管道，污水站处理后废水排往市政管网之间管道为重点关注的重点场所或者重点设施设备。

针对上述不同类型的重点场所或者重点设施设备提出隐患排查与整改要点。铝压延加工行业隐患排查技术要点详见表9-4。

表 9-4 铝压延加工行业隐患排查技术要点一览表

主要单元	重点场所或者重点设施设备		排查要点	整改要点
	名称	类型		
熔铸单元（重点关注）	熔铸炉、炒灰机、铸锭水盘、立式煤气发生炉	生产区	①长期使用炉管易氧化腐蚀，减薄穿孔，导致泄漏；②炉体的内、外腐蚀造成物料泄漏、渗漏；③塔内管线设备易被腐蚀，减薄穿孔，导致泄漏；④设备密封性差与设备腐蚀引起的泄漏	①定期巡检区域内是否存在未硬化地面、裂隙，排查区域内防渗阻隔情况；②制订检修计划；③定期对系统做全面检查；④日常目视检查

主要单元		重点场所或者重点设施设备		排查要点	整改要点
		名称	类型		
热轧、冷轧、箔轧单元（重点关注）		热轧机、冷轧机、箔轧机	生产区	①油品、危险化学品存储、搬运、使用、挥发等过程引起泄漏	①对烟雾、温感报警装置进行维护、测试；②加强日常巡检以及对可燃气体泄漏测试仪器的年检
精整涂层单元（部分行业适用）		涂层机组		①搅拌室涂料搅拌、涂敷室使用过程中有毒有害气体超标排放，造成人员中毒	①严格执行搅拌间安全操作规程；②对通风排气扇进行维护、保养
挤压成型单元（重点关注）		挤压机、铝棒加热炉、冷床、时效炉、模具加温炉、喷砂机		①长期使用炉管易氧化腐蚀，减薄穿孔，导致泄漏；②炉体的内、外腐蚀造成物料泄漏、渗漏；②塔内管线设备易被腐蚀，减薄穿孔，导致泄漏；③设备密封性差与设备腐蚀引起的泄漏	①定期巡检区域内是否存在未硬化地面、裂隙，排查区域内防渗阻隔情况；②制订检修计划；③定期对系统做全面检查；④日常目视检查
阳极氧化单元（重点关注）		氧化生产线、行车、纯水制备设备			
电泳涂漆单元（重点关注）		电泳生产线、烘干炉、行车			
静电喷涂单元（重点关注）		喷涂生产线、烘干炉、固化炉			
储存单元	地下或接地储存设施（液体）	废水处理池（污水站）	液体类储存设施	①罐体的内、外腐蚀造成物料泄漏、渗漏；②设备密封性差与设备腐蚀引起的跑冒滴漏	①目视检查外壁是否有泄漏迹象，定期检查泄漏检测设施，确保正常运行；②定期开展防渗效果检查；③设置检测报警器，及时检测和预报泄漏情况的发生
		硫酸接地储罐			
		硝酸接地储罐			
		氢氧化钠溶液接地储罐			
		液氨接地储罐			
	离地储存设施	硫酸储罐			
		硝酸储罐			
		氢氧化钠溶液储罐			
		液氨储罐			
固废贮存单元		一般工业固体废物贮存区（处置区）	其他活动区	区域内防渗、防风、防雨、防晒措施未到达危废贮存要求，易造成土壤污染	①定期巡检区域内是否存在未硬化地面、裂隙，排查区域内防渗阻隔情况；②按照《危险废物贮存污染控制标准》（GB 18597—2023）的要求开展排查和整改
		危险废物贮存区（处置区）			
废水处理单元（重点关注）		废水治理设施（含处理池、暂存池等）	液体类储存设施	管道、设备连接处、涵洞、排水口、污水井、分离系统（如清污分离系统、油水分离系统）等地方的泄漏、渗漏或者溢流	①定期开展密封、防渗效果检查，或者制订检修计划；②日常维护；③定期开展防渗效果检查；④目视检查
		废水排水管道（含排放沟渠）	其他活动区		

主要单元	重点场所或者重点设施设备		排查要点	整改要点
	名称	类型		
装卸单元	硫酸卸料口	散装液体转运与厂内运输	在倾倒或者填充过程中的流失、扬散或者遗撒	①日常目视检查；②定期开展防渗效果检查
	硝酸卸料口			
	液氨卸料口			
	氢氧化钠溶液卸料口			

9.4 初步采样调查技术要点

结合铝压延加工行业识别的重点关注的重点场所或重点设施设备、重点关注的关注污染物以及所在主要单元，提出该行业初步采样调查的重点关注布点位置与涉及的关注污染物，详见表 9-5。识别出的重点场所或者重点设施设备应作为优先布点区域，其他区域应根据国家相关导则规定进行全面梳理，根据地块实际酌情考虑。

9.4.1 点位布设

本章 9.2 节识别的重点场所或者重点设施设备中需要重点关注的，包括熔铸单元、热轧/冷轧/箔轧单元、挤压成型单元、阳极氧化单元、电泳涂漆单元、静电喷涂单元、废水处理单元所包括的重点场所或者重点设施设备，应优先考虑布点，其他建议的重点关注布点位置及其对应的关注污染物见表 9-5。现场布点应结合实际情况，布设在重点场所或者重点设施设备最有可能污染的位置，同时结合现场颜色气味异常、污染痕迹、硬化地面裂缝、污染物的迁移途径等因素综合考虑布点，如当前或历史上有裸露地面的区域（如绿化带）、历史上为工业企业的生产区域、污染泄漏区、历史监测超标区、颜色（如黄绿色）气味异常区域、周边地块关注污染物可能影响的本地块内区域等也应纳入布点考虑。

9.4.2 检测指标

铝压延加工行业的检测指标建议包含《土壤环境质量 建设用地土壤污染风险管控标准（试行）》（GB 36600—2018）中表 1 基本 45 项及污染识别阶段识别出的关注污染物，以及地块可能存在的其他污染物。原则上应当本着保守原则，将地块内可能存在的污染物及其在环境中转化或降解产物均纳入检测指标。土壤和地下水的检测指标具体建议如下。

9.4.2.1 土壤

土壤样品检测指标包括但不限于：

（1）《土壤环境质量 建设用地土壤污染风险管控标准（试行）》（GB 36600—2018）表 1 基本 45 项和 pH。

（2）地块关注污染物：重点关注的关注污染物主要为重金属（汞、砷、镍）、其他无机物（氟化物）、有机物（苯、甲苯、苯乙烯、二甲苯、多环芳烃、1-氯-2,3-环氧丙烷），其他关注污染物主要为重金属（钴、锆、铬）、其他无机物（氨氮）、有机物（苯酚、甲醛）、总石油烃（C_6～C_9、C_{10}～C_{40}）等；其他关注污染物见 9.2.1.2 小节。

（3）经资料分析确定的地块利用历史和周边企业可能影响本地块的其他污染物。

（4）现场快速检测结果异常的其他污染物。

（5）考虑到对周边敏感目标的影响，必要时建议考虑增加臭气浓度的检测。

9.4.2.2 地下水

地下水样品检测指标包括但不限于：

（1）《地下水质量标准》（GB/T 14848—2017）常规指标中的“感官性状及一般化学指标”和“毒理学指标”。

（2）地块关注污染物：重点关注的关注污染物主要为重金属（汞、砷、镍）、其他无机物（氟化物）、有机物（苯、甲苯、苯乙烯、二甲苯、多环芳烃、1-氯-2,3-环氧丙烷），其他关注污染物主要为重金属（钴、锆、铬）、其他无机物（氨氮）、有机物（苯酚、甲醛）、总石油烃（C_6～C_9、C_{10}～C_{40}）等；其他关注污染物见 9.2.1.2 小节。

（3）地块所在地区地下水功能用途及周边工业企业的影响，酌情增加选测项目。

（4）经资料收集与分析确定的地块使用历史上可能存在的其他相关污染物。

9.4.3 采样要求

除满足国家调查相关技术规定的各项要求外，考虑到铝压延加工行业的关注污染物的特性，建议如下：

（1）实际采样过程中要结合现场快筛数据、土壤颜色和气味的变化，综合判断选择合适部位采集样品。

（2）一般情况下地下水采样深度在水位线以下 0.5 m 位置；对于低密度非水溶性有机物污染（如苯系物、石油烃类），采样深度设置在含水层顶部。

表 9-5 铝压延加工行业重点关注布点位置及涉及关注污染物一览表

主要单元		重点关注布点位置	涉及物料	涉及关注污染物
熔铸单元（重点关注）		熔铸炉、炒灰机、铸锭水盘、立式煤气发生炉	熔铸废气、炒灰废气、车间无组织废气、炉灰炉渣、立式煤气站含酚废水及水封水、立式煤气发生炉炉渣	砷、汞、苯乙烯、二甲苯、多环芳烃、氟化物
热轧、冷轧、箔轧单元（重点关注）		热轧机、冷轧机、箔轧机	轧制工序产生轧制油雾、废轧制油、废硅藻土、废过滤布、废乳化液、废桶	VOCs
精整涂层单元（部分行业适用）		涂层机组	涂料、油漆、稀释剂、含铬废水、废涂料、废桶	总铬、六价铬、甲苯、苯系物、VOCs
挤压成型单元（重点关注）		挤压机、铝棒加热炉、冷床、时效炉、模具加温炉、喷砂机	天然气燃烧废气、喷砂废气、废铝、除尘灰、废液压油、废机油	砷、汞、苯、甲苯、苯乙烯、二甲苯、多环芳烃、氟化物、石油烃（C_6～C_9）、石油烃（C_{10}～C_{40}）
阳极氧化单元（重点关注）		氧化生产线、行车、纯水制备设备	抛光废气、氧化废气、固化废气、车间无组织废气、扎排水洗废水、酸蚀水洗废水、碱蚀水洗废水、中和抛光水洗废水、氧化水洗废水、着色水洗废水、封孔水洗废水、废槽渣、不合格品	钴、镍、锆、铬、苯酚、甲醛、氨氮、氟化物、石油烃（C_6～C_9）、石油烃（C_{10}～C_{40}）、1-氯-2,3-环氧丙烷
电泳涂漆单元（重点关注）		电泳生产线、烘干炉、行车	抛光废气、固化废气、车间无组织废气、扎排水洗废水、酸蚀水洗废水、碱蚀水洗废水、中和抛光水洗废水、氧化水洗废水、着色水洗废水、电泳水洗废水	苯、甲苯、苯乙烯、二甲苯、甲醛、钴、镍、氢氟酸
静电喷涂单元（重点关注）		喷涂生产线、烘干炉、固化炉	烘干废气、喷涂废气、固化废气、车间无组织废气、水洗废水、除油水洗废水、钝化水洗废水、废槽渣、废树脂粉末、不合格品	锆、铬、镍、苯酚、1-氯-2,3-环氧丙烷、氟化物、甲醛、氨、石油烃（C_6～C_9）、石油烃（C_{10}～C_{40}）
储存单元	地下或接地储存设施（液体）	废水处理池（污水站）	污水站处理后的含铬废水、酸碱废水	氟化物、钴、镍、锆、铬、石油烃（C_6～C_9）、石油烃（C_{10}～C_{40}）
固废贮存单元		一般工业固体废物贮存区（处置区）	—	砷、汞、苯、甲苯、苯乙烯、二甲苯、多环芳烃、氟化物
		危险废物贮存区（处置区）	污水站污泥、铝灰、废矿物油（桶）、废切削液、废活性炭、废 UV 灯管、含铍铝灰渣	氟化物、镍、钴、锆、铬、石油烃（C_6～C_9）、石油烃（C_{10}～C_{40}）
废水处理单元（重点关注）		废水治理设施（含处理池、暂存池等）	氮化、煮模、氧化电泳、喷涂水洗、酸雾吸收塔、地面冲洗、循环排污等废水暂存、调节、物化、沉淀、污泥压滤涉及各池体，地上地下均有设置	氟化物、镍、钴、锆、铬、石油烃（C_6～C_9）、石油烃（C_{10}～C_{40}）

主要单元	重点关注布点位置	涉及物料	涉及关注污染物
废水处理单元（重点关注）	废水排水管道（含排放沟渠）	氮化、煮模、氧化电泳、喷涂水洗、酸雾吸收塔、地面冲洗、循环排污等废水	氟化物、镍、钴、锆、铬、石油烃（C_6～C_9）、石油烃（C_{10}～C_{40}）
		氮化、煮模、氧化电泳、喷涂水洗、酸雾吸收塔、地面冲洗、循环排污等废水	氟化物、镍、钴、锆、铬、石油烃（C_6～C_9）、石油烃（C_{10}～C_{40}）
		污水站处理废水	砷、汞、苯、甲苯、苯乙烯、二甲苯、多环芳烃、氟化物
装卸单元	硫酸卸料口	硫酸	砷、汞、苯、甲苯、苯乙烯、二甲苯、多环芳烃、氟化物
	硝酸卸料口	硝酸	砷、汞、苯、甲苯、苯乙烯、二甲苯、多环芳烃、氟化物
	液氨卸料口	液氨	砷、汞、苯、甲苯、苯乙烯、二甲苯、多环芳烃、氟化物
	氢氧化钠溶液卸料口	氢氧化钠	—

参考文献

[1] 冯丹燕，薛薇. 广东省有色金属企业碳排放特点和配额分配方法[J]. 质量与认证，2021（S1）：97-99.

[2] 唐真真，王宝庆，丛晓晓，等. 西宁市金属冶炼和压延加工业大气颗粒物排放清单[J]. 中国环境监测，2021，37（6）：111-117.

[3] 佟庆，吉日格图，秦旭映. 有色行业控制温室气体排放的前沿探索——其他有色金属冶炼及压延加工业企业温室气体排放核算方法研究[J]. 中国经贸导刊，2015（31）：68-70.

[4] 刘铮，王璠，曹婷，等. 黑色金属冶炼及压延加工业关注污染物和优控污染物筛选——以常州市为例[C]//中国环境科学学会. 2020 中国环境科学学会科学技术年会论文集（第二卷），2020：324-332.

10

汽车零部件及配件制造行业隐患排查和初步采样调查技术要点

山东汽车产业规模位居全国前列。根据《山东统计年鉴 2022》，2021 年山东省规模以上汽车制造业的企业单位数量为 1 432 家。根据《国民经济行业分类》（GB/T 4754—2017），汽车制造业（36）分为汽车零部件及配件制造（367）、汽车整车制造（361）、汽车用发动机制造（362）、改装汽车制造（363）等 7 个中类，汽车零部件及配件制造（3670）、汽柴油车整车制造（3611）、汽车用发动机制造（3620）等 8 个小类。综合考虑各细分小类行业的污染程度和现有调查成果丰富程度等，本章选取山东省数量多、前期调查成果相对丰富的汽车零部件及配件制造行业（3670）作为代表，开展隐患排查和初步采样调查技术要点的梳理。

汽车零部件及配件制造行业生产工序主要包括生产单元及其他单元：生产单元主要包括覆膜砂铸造/黏土砂铸造单元、清理单元、热处理单元、机加工单元、涂装单元、注塑单元、橡胶制品单元、锻造单元；其他单元主要包括储存单元、固废贮存单元、废水处理单元及废气治理单元等。本章选择山东省汽车零部件及配件制造行业典型工艺进行介绍，并梳理了该行业的“三个清单”与“两项要点”。

10.1 典型工艺

10.1.1 主要工艺流程

覆膜砂铸造主要分为五个生产工序，包括覆膜砂生产、制壳、熔炼、浇注、脱壳；黏土砂铸造过程包括混砂、造型、熔炼、浇注、脱壳五个工序；后在清理单元的清理室或抛丸室的抛丸机中进行清理；在热处理单元中，在热处理区的退火炉中进行热处理；经机加工车间的（车、切、钻、铣、削）机床或加工中心进行机加工；进入涂装单元，包括喷塑及固化、磷化、达克罗、电泳线、喷漆、发蓝等涂装工艺；经注塑单元的注塑机进行注塑；再进入橡胶制品单元，在捏炼机、开炼机、预成型机、硫化机等设备里进行捏炼、开炼、预成型、硫化等；在锻造单元中，经过下料、加热、锻造、切边、冲床、热处理、焊接和抛丸等锻造步骤，最终形成产品。

汽车零部件及配件制造行业的典型生产工艺流程见图 10-1。

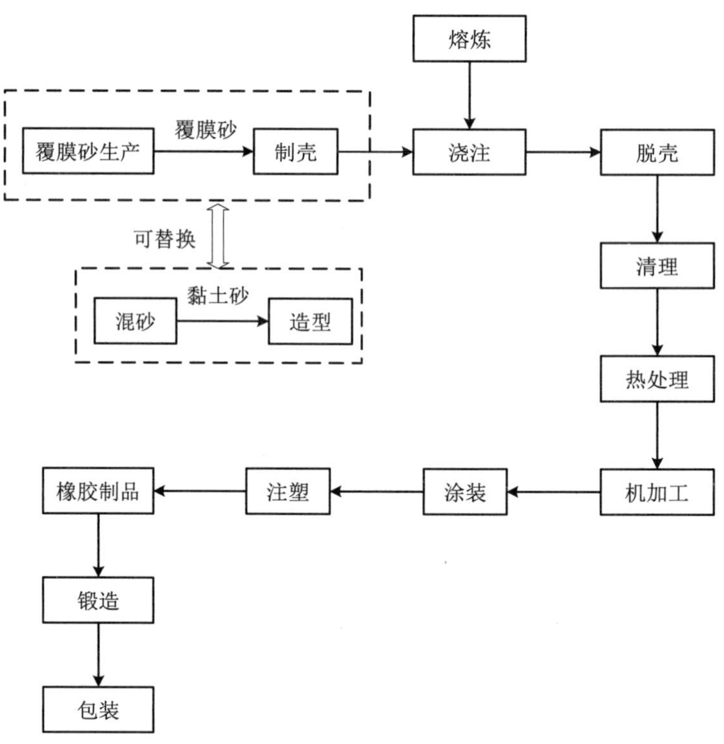

图 10-1 汽车零部件及配件制造行业典型生产工艺流程

10.1.2 主要原辅材料和产品

汽车零部件及零部件制造行业涉及的主要原辅材料为钢材、酚醛树脂、油脂类材料、酸碱盐类材料、涂料类材料、污染治理用材料、焊接材料、燃料等；产品主要有发动机系零部件、传动系零部件、制动系零部件、转向系零部件、行走系零部件、电器仪表系零部件、汽车灯具、汽车改装、安全防盗、汽车内饰、汽车外饰、综合零部件、影音电器、化工护理、车身及附件、维修设备和电动工具等。

发动机系零部件包括节气门体、发动机、发动机总成、油泵、油嘴、涨紧轮、气缸体、轴瓦、水泵、燃油喷射、密封垫、凸轮轴、气门、曲轴、连杆总成、活塞、皮带、消声器、化油器、油箱、水箱、风扇、油封、散热器、滤清器等。

传动系零部件包括变速器、变速换挡操纵杆总成、减速器、离合器、气动、电动工具、磁性材料、电子元器件、离合器盘、离合器盖、万向节、万向滚珠、万向球、球笼、离合器片、分动器、取力器、同步器、同步器环、同步带、差速器、差速器壳、差速器盘角齿、行星齿轮、轮架、凸缘、齿轮箱、中间轴、齿轮、挡杆拔叉、传动轴总成、传动轴凸缘、皮带等。

制动系零部件包括刹车蹄、刹车片、刹车盘、刹车鼓、压缩机、制动器总成、制动踏板总成、制动总泵、制动分泵、ABS-ECU 控制器、电动液压泵、制动凸轮轴、制动滚轮、制动碲销、制动调整臂、制动室、真空加力器、手制动总成、驻车制动器总成、驻车制动器操作杆总成等。

转向系零部件包括转向机、转向节球头、转向节方向盘、总成助力器、转向拉杆、助力泵等。

行走系零部件包括后桥、空气悬架系统、平衡块、钢板、轮胎、钢板弹簧、半轴、减震器、钢圈总成、半轴螺栓、桥壳、车架总成、轮台、前桥等。

车辆照明包括装饰灯、前照灯、探照灯、吸顶灯、防雾灯、仪表灯、刹车灯、尾灯、转向灯、应急灯等。

汽车改装包括轮胎打气泵、汽车顶架、汽车顶箱、电动绞盘、汽车缓冲器、天窗、隔音材料、保险杠、定风翼、挡泥板、排气管、节油器等零件。

电器仪表系零部件包括传感器、汽车灯具、蜂鸣器、火花塞、蓄电池、线束、继电器、音响、报警器、调节器、分电器、起动机（马达）、单向器、汽车仪表、开关、保险片、玻璃升降器、发电机、点火线圈、点火器调温器、点火模块等。

主要原辅材料及产品清单见表 10-1。

表 10-1 汽车零部件及配件制造行业主要原辅材料及产品清单

序号	物料类别		物料名称	主要组成
1	原辅材料	钢材	钢材板材、型材、合金，缸体、缸盖、曲轴、连杆、凸轮轴等各种铸锻件毛坯，织物、皮革、海绵等	重金属等
		酚醛树脂	酚醛树脂	甲醛、苯酚等
2		油脂类材料	除锈油脂、切削液、清洗液	石油烃（C_6~C_9）、石油烃（C_{10}~C_{40}）等
3		酸碱盐类材料	酸、碱、盐、脱脂剂、表调剂、磷化剂等，甲醇等热处理材料	pH、甲醇、磷酸盐、甲醇、磷酸盐、2-丁氧基乙醇、4-甲基-2-戊酮、二乙二醇单丁醚、甲基异丁基甲酮等
4		涂料类材料	涂料、稀释剂、清洗溶剂、固化剂、PVC 胶、隔热防震涂料、胶黏剂、密封剂等	苯、甲苯、二甲苯等
5		污染治理用材料	废气：活性炭、分子筛、石灰粉、滤料等 废水：混凝剂、絮凝剂、酸、碱、活性炭、离子交换树脂等	pH 等
6		焊接材料	焊丝、焊条、钎焊材料、打磨材料、乙炔气、丙烷等各种气体	重金属等
7		燃料	燃料油、燃煤、天然气等	石油烃（C_6~C_9）、石油烃（C_{10}~C_{40}）等
8	产品	发动机系零部件	节气门体、发动机、发动机总成、油泵、油嘴、涨紧轮、气缸体、轴瓦、水泵、燃油喷射、密封垫、凸轮轴、气门、曲轴、连杆总成、活塞、皮带、消声器、化油器、油箱、水箱、风扇、油封、散热器、滤清器等	重金属等
9		传动系零部件	变速器、变速换挡操纵杆总成、减速器、离合器、气动、电动工具、磁性材料、电子元器件、离合器盘、离合器盖、万向节、万向滚珠、万向球、球笼、离合器片、分动器、取力器、同步器、同步器环、同步带、差速器、差速器壳、差速器盘角齿、行星齿轮、轮架、凸缘，齿轮箱、中间轴、齿轮、挡杆拔叉、传动轴总成、传动轴凸缘、皮带等	重金属等
10		制动系零部件	刹车蹄、刹车片、刹车盘、刹车鼓、压缩机、制动器总成、制动踏板总成、制动总泵、制动分泵、ABS-ECU 控制器、电动液压泵、制动凸轮轴、制动滚轮、制动磅销、制动调整臂、制动室、真空加力器、手制动总成、驻车制动器总成、驻车制动器操作杆总成等	重金属等
11		转向系零部件	转向机、转向节球头、转向节方向盘、转向机、总成助力器、转向拉杆、助力泵等	重金属等

序号	物料类别	物料名称		主要组成
12	产品	行走系零部件	后桥、空气悬架系统、平衡块、钢板、轮胎、钢板弹簧、半轴、减震器、钢圈总成、半轴螺栓、桥壳、车架总成、轮台、前桥等	重金属等
13		车辆照明	装饰灯、前照灯、探照灯、吸顶灯、防雾灯、仪表灯、刹车灯、尾灯、转向灯、应急灯等	重金属等
14		汽车改装	轮胎打气泵、汽车顶架、汽车顶箱、电动绞盘、汽车缓冲器、天窗、隔音材料、保险杠、定风翼、挡泥板、排气管、节油器等零件	重金属等
15		电器仪表系零部件	传感器、汽车灯具、蜂鸣器、火花塞、蓄电池、线束、继电器、音响、报警器、调节器、分电器、起动机（马达）、单向器、汽车仪表、开关、保险片、玻璃升降器、发电机、点火线圈、点火器调温器、点火模块等	重金属等

注：不同企业原辅材料会有变化，应结合企业实际情况具体分析。

10.2 污染识别

10.2.1 有毒有害物质及关注污染物

根据国家有关规定，对汽车零部件及配件制造行业典型工艺原辅材料、产品及“三废”进行排查，结合历史调查数据及污染物的毒性大小、超标率，梳理出有毒有害物质及关注污染物清单，详见表 10-2。其中重点关注的有毒有害物质及关注污染物使用*进行标注。操作中应结合企业实际情况具体分析。

表 10-2 汽车零部件及配件制造行业主要有毒有害物质及关注污染物清单

序号	物料类别	物料名称	有毒有害物质	关注污染物
1	原辅材料	钢材	—	锰*、铬*、锌*、铜、钼*、钒*、钛*、镍*
2		酚醛树脂	甲醛*、苯酚*	甲醛*、苯酚*
3		油脂类材料	石油烃（C_6～C_9）*、石油烃（C_{10}～C_{40}）*	石油烃（C_6～C_9）*、石油烃（C_{10}～C_{40}）*
4		酸碱盐类材料	甲醇*、磷酸盐、2-丁氧基乙醇、4-甲基-2-戊酮、二乙二醇单丁醚、甲基异丁基甲酮等	甲醇*、磷酸盐、2-丁氧基乙醇、4-甲基-2-戊酮、二乙二醇单丁醚、甲基异丁基甲酮
5		涂料类材料	苯*、甲苯*、二甲苯*	苯*、甲苯*、二甲苯*
6		污染治理用材料	—	—

序号	物料类别	物料名称	有毒有害物质	关注污染物
7	原辅材料	焊接材料	锰*、铬*、锌*、铜、钼*、钒*、钛*、镍*	锰*、铬*、锌*、铜、钼*、钒*、钛*、镍*
8		燃料	石油烃（C_6～C_9）*、石油烃（C_{10}～C_{40}）*	石油烃（C_6～C_9）*、石油烃（C_{10}～C_{40}）*
9	产品	成品件	—	—
10	废气	混砂废气	甲醛*、苯酚*	甲醛*、苯酚*
11		酚醛树脂加热废气	甲醛*、苯酚*	甲醛*、苯酚*
12		制壳废气	甲醛*、苯酚*、多环芳烃*	甲醛*、苯酚*、多环芳烃*
13		造型废气	甲醛*、苯酚*、多环芳烃*	甲醛*、苯酚*、多环芳烃*
14		废钢熔炼废气	锰*、铬*	锰*、铬*
15		熔炼废气	锰*、铬*	锰*、铬*
16		浇注废气	锰*、铬*、甲醛*、苯酚*	锰*、铬*、甲醛*、苯酚*
17		喷塑废气	甲醛*、苯酚*	甲醛*、苯酚*
18		加热烘干废气	2-丁氧基乙醇、4-甲基-2-戊酮、二乙二醇单丁醚、石油烃（C_{10}～C_{40}）*、环氧氯丙烷	2-丁氧基乙醇、4-甲基-2-戊酮、二乙二醇单丁醚、石油烃（C_{10}～C_{40}）*、环氧氯丙烷
19		喷漆废气、喷漆线烘干废气	苯*、甲苯*、二甲苯*	苯*、甲苯*、二甲苯*
20		注塑废气	苯乙烯*	苯乙烯*
21		捏炼废气、开炼废气、预成型废气	苯乙烯*	苯乙烯*
22		焊接废气	锰*、铬*、锌*、铜、钼*、钒*、钛*、镍*、氟化物	锰*、铬*、锌*、铜、钼*、钒*、钛*、镍*、氟化物
23		锻造废气	锰*、铬*、锌*、铜、钼*、钒*、钛*、镍*	锰*、铬*、锌*、铜、钼*、钒*、钛*、镍*
24	废水	水洗废水	2-丁氧基乙醇、4-甲基-2-戊酮、二乙二醇单丁醚、甲基异丁基甲酮、锌*等	2-丁氧基乙醇、4-甲基-2-戊酮、二乙二醇单丁醚、甲基异丁基甲酮、锌*
25		磷化废水	磷化物*、锌*	磷化物*、锌*
26		发蓝废水	锰*、锌*、亚硝酸盐	锰*、锌*、亚硝酸盐
27	固废	废砂再生粉尘	甲醛*、苯酚*	甲醛*、苯酚*
28		覆膜砂生产除尘灰	甲醛*、苯酚*	甲醛*、苯酚*
29		混砂机除尘灰	甲醛*、苯酚*	甲醛*、苯酚*
30		浇注线除尘灰	锰*、铬*	锰*、铬*
31		震壳机除尘灰	锰*、铬*	锰*、铬*
32		炉渣	锰*、铬*	锰*、铬*
33		铸件边角料	锰*、铬*	锰*、铬*
34		废丸料	锰*、铬*	锰*、铬*
35		废淬火油	锰*、铬*、石油烃（C_{10}～C_{40}）*	锰*、铬*、石油烃（C_{10}～C_{40}）*
36		废焊渣、焊头	锰*、铬*、锌*、铜、钼*、钒*、钛*、镍*、氟化物	锰*、铬*、锌*、铜、钼*、钒*、钛*、镍*、氟化物

序号	物料类别	物料名称	有毒有害物质	关注污染物
37	固废	抛丸粉尘、金属下脚料	锰*、铬*	锰*、铬*
38		废润滑油	石油烃（C_6～C_9）*、石油烃（C_{10}～C_{40}）*	石油烃（C_6～C_9）*、石油烃（C_{10}～C_{40}）*
39		废切削液	石油烃（C_6～C_9）*、石油烃（C_{10}～C_{40}）*	石油烃（C_6～C_9）*、石油烃（C_{10}～C_{40}）*
40		磷化槽渣	锌*等	锌*
41		电泳槽渣	2-丁氧基乙醇、4-甲基-2-戊酮、二乙二醇单丁醚、环氧氯丙烷	2-丁氧基乙醇、4-甲基-2-戊酮、二乙二醇单丁醚、环氧氯丙烷
42		漆渣	苯*、甲苯*、二甲苯*	苯*、甲苯*、二甲苯*
43		废磨具	锰*、铬*、锌*、铜、钼*、钒*、钛*、镍*	锰*、铬*、锌*、铜、钼*、钒*、钛*、镍*

注：*为重点关注的有毒有害物质及关注污染物。

10.2.1.1 有毒有害物质

根据《重点监管单位土壤污染隐患排查指南（试行）》（生态环境部公告 2021 年第 1 号）排查要求，汽车零部件及配件制造行业涉及的有毒有害物质主要有：重金属、其他无机物、有机物等。结合历史调查数据结果分析，其中重点关注的有毒有害物质为：重金属（锰、铬、锌、铜、钼、钒、钛、镍）、其他无机物（氟化物、磷化物、亚硝酸盐、磷酸盐）、酚醛树脂、有机物［甲醛、苯酚、石油烃（C_6～C_9）、石油烃（C_{10}～C_{40}）、甲醇、2-丁氧基乙醇、4-甲基-2-戊酮、二乙二醇单丁醚、甲基异丁基甲酮、苯、甲苯、二甲苯、多环芳烃、环氧氯丙烷、苯乙烯］等。

10.2.1.2 关注污染物

经梳理分析原辅材料、产品、生产工艺等，汽车零部件及配件制造行业涉及的关注污染物主要有：重金属（锰、铬、锌、铜、钼、钒、钛、镍）、其他无机物（氟化物、磷化物、亚硝酸盐、磷酸盐）、有机物［甲醛、苯酚、石油烃（C_6～C_9）、石油烃（C_{10}～C_{40}）、甲醇、2-丁氧基乙醇、4-甲基-2-戊酮、二乙二醇单丁醚、甲基异丁基甲酮、苯、甲苯、二甲苯、多环芳烃、环氧氯丙烷、苯乙烯］等。结合历史调查数据结果分析，重点关注的关注污染物为：重金属（锰、铬、锌、钼、钒、钛、镍）、其他无机物（磷化物）、其他有机物［甲醛、苯酚、石油烃（C_6～C_9）、石油烃（C_{10}～C_{40}）、多环芳烃、苯乙烯］等。

10.2.2 重点场所或重点设施设备

根据国家隐患排查及调查相关技术规定，结合历史调查数据，对汽车零部件及配件制造行业重点场所或者重点设施设备进行排查，梳理出重点场所或者重点设施设备清单，详见表 10-3。

表 10-3 汽车零部件及配件制造行业主要重点场所或者重点设施设备清单

主要单元	重点场所或者重点设施设备名称	涉及有毒有害物质的物料	有毒有害物质	重点场所或者重点设施设备类型[a]	重点场所或者重点设施设备关注级别
覆膜砂铸造单元	覆膜砂生产（再生）线（提升机、加热炉、混砂机、振动筛、冷却装置）	酚醛树脂、混砂废气、废砂再生粉尘、酚醛树脂加热废气、覆膜砂生产除尘灰	甲醛、苯酚	生产区	重点关注
	制壳机（射芯机）	酚醛树脂加热废气、制壳废气	甲醛、苯酚、多环芳烃		重点关注
	中频感应炉	废钢熔炼废气、炉渣	锰、铬		重点关注
	浇注线	浇注废气、浇注线除尘灰	锰、铬		重点关注
	震壳机	铸件边角料、震壳机除尘灰	锰、铬		重点关注
黏土砂铸造单元	混砂机	黏土砂、废砂再生粉尘、混砂机除尘灰	甲醛、苯酚		重点关注
	造型机	造型废气	甲醛、苯酚、多环芳烃		重点关注
	中频感应炉	废钢熔炼废气、炉渣	锰、铬		重点关注
	浇注线	浇注废气、浇注线除尘灰	锰、铬		重点关注
	震壳机	铸件边角料、震壳机除尘灰	锰、铬		重点关注
清理单元	抛丸机	废丸料	锰、铬		一般关注
热处理单元	淬火炉、回火炉、退火炉	废淬火油	锰、铬、石油烃（C_{10}～C_{40}）		一般关注
机加工单元	车/切/钻/削/机床或加工中心	金属下脚料、废润滑油、废切削液	石油烃（C_6～C_9）、石油烃（C_{10}～C_{40}）、锰、铬		一般关注
涂装单元	喷塑室、烘干室	喷塑废气	甲醛、苯酚		重点关注
	磷化线	加热烘干废气、水洗废水、磷化废水、磷化槽渣	2-丁氧基乙醇、4-甲基-2-戊酮、二乙二醇单丁醚、石油烃（C_{10}～C_{40}）、环氧氯丙烷、磷化物、锌		重点关注
	达克罗涂装线	加热烘干废气	2-丁氧基乙醇、4-甲基-2-戊酮、二乙二醇单丁醚、石油烃（C_{10}～C_{40}）、环氧氯丙烷		重点关注
	电泳涂装线	加热烘干废气、水洗废水、电泳槽渣	2-丁氧基乙醇、4-甲基-2-戊酮、二乙二醇单丁醚、石油烃（C_{10}～C_{40}）、锌、环氧氯丙烷		重点关注
	喷漆线	喷漆废气、喷漆线烘干废气、漆渣	苯、甲苯、二甲苯		重点关注
	发蓝线	发蓝废水	锰、锌、亚硝酸盐		重点关注

主要单元	重点场所或者重点设施设备名称	涉及有毒有害物质的物料	有毒有害物质	重点场所或者重点设施设备类型[a]	重点场所或者重点设施设备关注级别
注塑单元	注塑机	注塑废气	苯乙烯	生产区	重点关注
橡胶制品单元	捏炼机、开炼机、预成型机、硫化机	捏炼废气、开炼废气、预成型废气	苯乙烯		重点关注
锻造单元	剪断机	金属下脚料	锰、铬		重点关注
	中频炉	熔炼废气	锰、铬		重点关注
	锻型腔	废磨具、锻造废气	锰、铬、锌、铜、钼、钒、钛、镍		重点关注
	冲床	金属边角料	锰、铬		重点关注
	焊接处理	焊接废气、废焊渣、焊头	锰、铬、锌、铜、钼、钒、钛、镍、氟化物		重点关注
	抛丸机	抛丸粉尘、金属下脚料	锰、铬		重点关注
储存单元	散装货物仓库	黏土、废钢、生铁、面包铁、半成品铸件、产品、模具	锰、铬、锌、铜、钼、钒、钛	散装货物的储存和暂存	一般关注
	包装货物仓库	酚醛树脂、油脂类材料、酸碱盐类材料、涂料类材料、污染治理用材料、焊接材料	甲醛、苯酚、石油烃（C_6～C_9）、石油烃（C_{10}～C_{40}）、甲醇、磷酸盐、2-丁氧基乙醇、4-甲基-2-戊酮、二乙二醇单丁醚、甲基异丁基甲酮、苯、甲苯、二甲苯、锰、铬、锌、铜、钼、钒、钛、镍、多环芳烃、环氧氯丙烷、苯乙烯、锌、磷化物、亚硝酸盐、酚醛树脂、氟化物	包装货物的储存和暂存	一般关注
固废贮存单元	一般工业固废库	废砂再生粉尘、覆膜砂生产除尘灰、混砂机除尘灰、浇注线除尘灰、震壳机除尘灰、炉渣、铸件边角料、废丸料、废焊渣、焊头、抛丸粉尘、金属下脚料、废磨具	甲醛、苯酚、锰、铬、锌、铜、钼、钒、钛、镍、氟化物	固体废物贮存场	一般关注
	危废库	废淬火油、废润滑油、废切削液、磷化槽渣、电泳槽渣、漆渣	锰、铬、石油烃（C_6～C_9）、石油烃（C_{10}～C_{40}）、锌、2-丁氧基乙醇、4-甲基-2-戊酮、二乙二醇单丁醚、环氧氯丙烷、苯、甲苯、二甲苯	危险废物贮存库	一般关注

主要单元	重点场所或者重点设施设备名称	涉及有毒有害物质的物料	有毒有害物质	重点场所或者重点设施设备类型[a]	重点场所或者重点设施设备关注级别
废水处理单元	循环冷却水池	水洗废水、磷化废水、发蓝废水	2-丁氧基乙醇、4-甲基-2-戊酮、二乙二醇单丁醚、甲基异丁基甲酮、磷化物、锰、锌、亚硝酸盐	池体类储存设施	重点关注
	循环水地沟及管道	循环冷却水	2-丁氧基乙醇，4-甲基-2-戊酮，二乙二醇单丁醚、甲基异丁基甲酮、磷化物、锰、锌、亚硝酸盐	其他活动区	一般关注
废气治理单元	布袋除尘器	废钢熔炼废气、熔炼废气、锻造废气	锰、铬、锌、铜、钼、钒、钛、镍		一般关注
	移动式焊接烟尘净化器/布袋除尘器	焊接废气	锰、铬、锌、铜、钼、钒、钛、镍、氟化物		一般关注
	UV 光氧催化设备	混砂废气、酚醛树脂加热废气、制壳废气、造型废气、喷塑废气、加热烘干废气、喷漆废气、喷漆线烘干废气、注塑废气	甲醛、苯酚、多环芳烃、2-丁氧基乙醇、4-甲基-2-戊酮、二乙二醇单丁醚、石油烃（C_{10}～C_{40}）、环氧氯丙烷、苯、甲苯、二甲苯、苯乙烯		一般关注
	布袋除尘器、UV 光催化氧化设备	浇注废气、捏炼废气、开练废气、预成型废气	锰、铬、甲醛、苯酚、苯乙烯		一般关注

注：[a] 重点场所或者重点设施设备类型参考《重点监管单位土壤污染隐患排查指南（试行）》附录 A 土壤污染隐患排查与整改技术要点确定。

重点场所或者重点设施设备包括覆膜砂铸造单元的覆膜砂生产（再生）线（提升机、加热炉、混砂机、振动筛、冷却装置）、制壳机（射芯机）、中频感应炉、浇注线、震壳机，黏土砂铸造单元的混砂机、造型机、中频感应炉、浇注线、震壳机，清理单元的抛丸机，热处理单元的淬火炉、回火炉、退火炉，机加工单元的车/切/钻/削/机床或加工中心，涂装单元的喷塑室、烘干室、磷化线、达克罗涂装线、电泳涂装线、喷漆线、发蓝线，注塑单元的注塑机，橡胶制品单元的捏炼机、开炼机、预成型机、硫化机，锻造单元的剪断机、中频炉、锻型腔、冲床、焊接处理、抛丸机，储存单元的散装货物仓库、包装货物仓库，固废贮存单元的一般工业固废库、危废库，废水处理单元的循环冷却水池、循环水地沟及管道，废气治理单元的布袋除尘器、移动式焊接烟尘净化器/布袋除尘器、UV 光氧催化设备、布袋除尘器、UV 光催化氧化设备等。其中，需要重点关注的有：

覆膜砂铸造单元、黏土砂铸造单元、涂装单元、注塑单元、橡胶制品单元、锻造单元的重点场所或者重点设施设备以及废水处理单元的循环冷却水池。

10.3 隐患排查技术要点

根据《重点监管单位土壤污染隐患排查指南（试行）》附录A所提出的场所或设施设备类型，对汽车零部件及配件制造行业涉及有毒有害物质的重点场所或者重点设施设备进行全面排查，提出本行业排查要点和整改要点。操作中需根据各企业实际情况进行分析。

汽车零部件及配件制造行业的主要单元包括覆膜砂铸造单元、黏土砂铸造单元、清理单元、热处理单元、机加工单元、涂装单元、注塑单元、橡胶制品单元、锻造单元、储存单元、固废贮存单元、废水处理单元、废气治理单元。覆膜砂铸造单元、黏土砂铸造单元、清理单元、热处理单元、机加工单元、涂装单元、注塑单元、橡胶制品单元、锻造单元的重点场所或设施设备类型属于生产区；覆膜砂铸造单元的覆膜砂生产（再生）线（提升机、加热炉、混砂机、振动筛、冷却装置）、制壳机（射芯机）、中频感应炉、浇注线、震壳机，黏土砂铸造单元的混砂机、造型机、中频感应炉、浇注线、震壳机，涂装单元的喷塑室、烘干室、磷化线、达克罗涂装线、电泳涂装线、喷漆线、发蓝线，注塑单元的注塑机，橡胶制品单元的捏炼机、开炼机、预成型机、硫化机，锻造单元的剪断机、中频炉、锻型腔、冲床、焊接处理、抛丸机为重点关注的重点场所或者重点设施设备。储存单元的散装货物仓库和包装货物仓库属于货物的储存和运输，无重点关注的重点场所或者重点设施设备。废水处理单元的循环冷却水池属于液体类储存设施，为重点关注的重点场所或者重点设施设备。固废贮存单元、废水处理单元的循环水地沟及管道、废气治理单元属于其他活动区。

针对上述不同类型的重点场所或者重点设施设备提出隐患排查与整改要点。汽车零部件及配件制造行业隐患排查技术要点详见表10-4。

表10-4 汽车零部件及配件制造行业隐患排查技术要点一览表

主要单元	重点场所或者设施设备		排查要点	整改要点
	名称	类型		
覆膜砂铸造单元（重点关注）	覆膜砂生产(再生)线（提升机、加热炉、混砂机、振动筛、冷却装置）	生产区	①材料硬化、壁厚减薄、焊缝有缺陷和加料操作失当造成过大的边缘应力，引起转鼓断裂，易发生物料泄漏；②运行过程中可能存在跑冒滴漏现象	①日常目视检查；②设施设备容易发生泄漏、渗漏的地方设置防滴漏设施；③定期清空防滴漏设施；④定期开展防渗效果检查
	制壳机（射芯机）			
	中频感应炉			

<table>
<tr><th rowspan="2">主要单元</th><th colspan="2">重点场所或者设施设备</th><th rowspan="2">排查要点</th><th rowspan="2">整改要点</th></tr>
<tr><th>名称</th><th>类型</th></tr>
<tr><td rowspan="2">覆膜砂铸造单元（重点关注）</td><td>浇注线</td><td rowspan="12">生产区</td><td>浇注线为开放式设备，可能存在：①物料在设备中易出现泄漏、渗漏；②设备及车间清洗废水易出现残留，若车间防渗措施不到位，车间喷淋水可能会导致污染物下渗，存在污染土壤和地下水的风险</td><td>①设置防渗阻隔系统，防止雨水进入，或及时有效排出雨水；②渗漏、流失的液体能得到有效收集并及时清理；③定期开展防渗效果检查；④日常目视检查；⑤日常维护；⑥有效应对泄漏事件；⑦定期巡检区域内是否存在未硬化地面、裂隙等</td></tr>
<tr><td>震壳机</td><td rowspan="4">①材料硬化、壁厚减薄、焊缝有缺陷和加料操作失当造成过大的边缘应力，引起转鼓断裂，易发生物料泄漏；②运行过程中可能存在跑冒滴漏现象</td><td rowspan="4">①日常目视检查；②设施设备容易发生泄漏、渗漏的地方设置防滴漏设施；③定期清空防滴漏设施；④定期开展防渗效果检查</td></tr>
<tr><td rowspan="5">黏土砂铸造单元（重点关注）</td><td>混砂机</td></tr>
<tr><td>造型机</td></tr>
<tr><td>中频感应炉</td></tr>
<tr><td>浇注线</td><td>浇注线为开放式设备，可能存在：①物料在设备中易出现泄漏、渗漏；②设备及车间清洗废水易出现残留，若车间防渗措施不到位，车间喷淋水可能会导致污染物下渗，存在污染土壤和地下水的风险</td><td>①设置防渗阻隔系统，防止雨水进入，或及时有效排出雨水；②渗漏、流失的液体能得到有效收集并及时清理；③定期开展防渗效果检查；④日常目视检查；⑤日常维护；⑥有效应对泄漏事件；⑦定期巡检区域内是否存在未硬化地面、裂隙等</td></tr>
<tr><td>震壳机</td><td rowspan="4">①材料硬化、壁厚减薄、焊缝有缺陷和加料操作失当造成过大的边缘应力，引起转鼓断裂，易发生物料泄漏；②运行过程中可能存在跑冒滴漏现象</td><td rowspan="4">①日常目视检查；②设施设备容易发生泄漏、渗漏的地方设置防滴漏设施；③定期清空防滴漏设施；④定期开展防渗效果检查</td></tr>
<tr><td>清理单元</td><td>抛丸机</td></tr>
<tr><td>热处理单元</td><td>淬火炉、回火炉、退火炉</td></tr>
<tr><td>机加工单元</td><td>车/切/钻/削/机床或加工中心</td></tr>
<tr><td>涂装单元（重点关注）</td><td>喷塑室、烘干室</td><td>①材料硬化、壁厚减薄、焊缝有缺陷和加料操作失当造成过大的边缘应力，引起转鼓断裂，易发生物料泄漏；②运行过程中可能存在跑冒滴漏现象；③风机及风运行系统不正常，喷粉室正压造成粉末涂料无组织排放；④烘干室高温长期运行后，设计或制作不够合理引起的密封不严，造成漏气</td><td>①日常目视检查；②设施设备容易发生泄漏、渗漏的地方设置防滴漏设施；③定期清空防滴漏设施；④定期开展防渗效果检查</td></tr>
</table>

<table>
<tr><th rowspan="2">主要单元</th><th colspan="2">重点场所或者设施设备</th><th rowspan="2">排查要点</th><th rowspan="2">整改要点</th></tr>
<tr><th>名称</th><th>类型</th></tr>
<tr><td rowspan="5">涂装单元（重点关注）</td><td>磷化线</td><td rowspan="12">生产区</td><td rowspan="5">为开放式设备，可能存在：①物料在设备中易出现泄漏、渗漏；②设备及车间清洗废水易出现残留，若车间防渗措施不到位，车间喷淋水可能会导致污染物下渗，存在污染土壤和地下水的风险；③车间地沟槽体老化易发生液体泄漏，且排污泵无法将废水全部排出，存在污染物下渗风险</td><td rowspan="5">①设置防渗阻隔系统，防止雨水进入，或及时有效排出雨水；②渗漏、流失的液体能得到有效收集并及时清理；③定期开展防渗效果检查；④日常目视检查；⑤日常维护；⑥有效应对泄漏事件；⑦定期巡检区域内是否存在未硬化地面、裂隙等；⑧设置废水制动转移和超液位报警系统</td></tr>
<tr><td>达克罗涂装线</td></tr>
<tr><td>电泳涂装线</td></tr>
<tr><td>喷漆线</td></tr>
<tr><td>发蓝线</td></tr>
<tr><td>注塑单元（重点关注）</td><td>注塑机</td><td rowspan="8">①材料硬化、壁厚减薄、焊缝有缺陷和加料操作失当造成过大的边缘应力，引起转鼓断裂，易发生物料泄漏；②运行过程中可能存在跑冒滴漏现象</td><td rowspan="8">①日常目视检查；②设施设备容易发生泄漏、渗漏的地方设置防滴漏设施；③定期清空防滴漏设施；④定期开展防渗效果检查</td></tr>
<tr><td>橡胶制品单元（重点关注）</td><td>捏炼机、开炼机、预成型机、硫化机</td></tr>
<tr><td rowspan="6">锻造单元（重点关注）</td><td>剪断机</td></tr>
<tr><td>中频炉</td></tr>
<tr><td>锻型腔</td></tr>
<tr><td>冲床</td></tr>
<tr><td>焊接处理</td></tr>
<tr><td>抛丸机</td></tr>
<tr><td rowspan="2">储存单元</td><td>散装货物仓库</td><td rowspan="2">货物的储存和运输</td><td>①散装货物贮存过程中可能因雨水或防尘喷淋水冲刷污染土壤；②若区域内防渗、防风、防雨、防晒措施未达到货物贮存要求，易造成土壤污染</td><td>①注意避免雨水冲刷，定期检查如苫盖或者顶棚；②定期开展日常巡检，对地面积累的粉尘进行及时处理；③定期巡检区域内是否存在未硬化地面、裂隙，排查区域内防渗阻隔情况；④设置阻隔设施；⑤日常目视检；⑥排查区域内防渗阻隔情况；⑦按照《危险废物贮存污染控制标准》（GB 18597—2023）的要求开展排查和整改</td></tr>
<tr><td>包装货物仓库</td><td>①包装货物贮存过程中可能因雨水或防尘喷淋水冲刷污染土壤；②若区域内防渗、防风、防雨、防晒措施未达到固废贮存要求，易造成土壤污染</td><td>①定期开展日常巡检，对地面积累的粉尘进行及时处理；②定期巡检区域内是否存在未硬化地面、裂隙，排查区域内防渗阻隔情况；③设置阻隔设施；④日常目视检；⑤排查区域内防渗阻隔情况；⑥按照 GB 18597 的要求开展排查和整改</td></tr>
</table>

主要单元	重点场所或者设施设备		排查要点	整改要点
	名称	类型		
固废贮存单元	一般工业固废库	其他活动区	若区域内防渗、防风、防雨、防晒措施未到达危废贮存要求，易造成土壤污染	①设置操作规程标识牌，对处置人员进行培训，防止危废暂存转运过程中的遗撒；②定期检查泄漏检测设施，确保正常运行；③日常维护（如及时解决泄漏问题，及时清理泄漏的污染物）；④排查区域内防渗阻隔情况；⑤设置并定期巡检防渗阻隔系统，防止雨水进入，或者及时有效排出雨水；⑥定期巡检区域内是否存在未硬化地面、裂隙等；⑦按照 GB 18597 和《一般工业固体废物贮存和填埋污染控制标准》（GB 18599—2020）的要求开展排查和整改
	危废库			
废水处理单元	循环冷却水池（重点关注）	液体类储存设施	多为地下池体，具有隐蔽性，若发生泄漏，易造成土壤污染可能情形：①非防渗池体；②池体老化、破损、裂缝造成泄漏、渗漏；③池体满溢；④日常维护（如及时清理泄漏的污染物，定期检查防渗效果）、日常目视检查（如按操作规程或者交班时，对是否存在泄漏、渗漏等情况进行快速检查）不到位	①定期目视巡检设施设备情况，若有破损、裂缝、老化等情况要及时补救或者更换新的设备；②针对地下或者半地下储存池需定期检查泄漏检测设施，确保正常运行
	循环水地沟及管道	其他活动区	①管道内、外腐蚀造成物料泄漏、渗漏；②无普通阻隔设施或防渗阻隔系统；③普通阻隔设施、防渗阻隔系统破损、裂缝造成泄漏、渗漏；④无泄漏检测设施；⑤日常维护、日常目视检查不到位	①增加阴极保护装置；②定期对储罐进行防渗测试、增涂防渗涂层
废气治理单元	布袋除尘器		①设备连接法兰、阀门易出现滴漏现象，导致烟气、废液等泄漏、溢出；②设备若存在腐蚀现象，会造成液体物料泄漏、渗漏	①日常目视巡检储罐以及连接法兰、阀门等设施是否存在跑冒滴漏现象；②在设施设备易发生泄漏、渗漏处设置防滴漏设施；③定期清空防滴漏设施
	移动式焊接烟尘净化器/布袋除尘器			
	UV 光氧催化设备		①设备易发生腐蚀，运行过程中可能存在跑冒滴漏现象；②车间内有较多传输泵、法兰接口等易发生故障的零部件；③车间清洗废水 pH 较低，若出现残留或渗漏，易造成土壤及地下水污染	①定期巡检区域内是否存在未硬化地面、裂隙等；②设置重点防渗区，收集暂存废水、废渣；③排查区域内防渗阻隔情况，定期开展防渗效果检查；④制订检修计划，定期维护
	碱喷淋塔			
	布袋除尘器、UV 光催化氧化设备		①设备连接法兰、阀门易出现滴漏现象，导致烟气、废液等泄漏、溢出；②设备若存在腐蚀现象，会造成液体物料泄漏、渗漏	①日常目视巡检储罐以及连接法兰、阀门等设施是否存在跑冒滴漏现象；②在设施设备易发生泄漏、渗漏处设置防滴漏设施；③定期清空防滴漏设施

10.4 初步采样调查技术要点

结合汽车零部件及配件制造行业识别的重点关注的重点场所或重点设施设备、重点关注的关注污染物以及所在主要单元，提出该行业初步采样调查的重点关注布点位置与涉及的关注污染物，详见表 10-5。识别出的重点场所或者重点设施设备应作为优先布点区域，其他区域应根据国家相关导则规定进行全面梳理，根据地块实际酌情考虑。

表 10-5 汽车零部件及配件制造行业重点关注布点位置及涉及关注污染物一览表

主要单元	重点装置位置	涉及物料	涉及关注污染物
覆膜砂铸造单元（重点关注）	覆膜砂生产（再生）线（提升机、加热炉、混砂机、振动筛、冷却装置）	酚醛树脂、混砂废气、废砂再生粉尘、酚醛树脂加热废气、覆膜砂生产除尘灰	甲醛、苯酚
	制壳机（射芯机）	酚醛树脂加热废气、制壳废气	甲醛、苯酚、多环芳烃
	中频感应炉	废钢熔炼废气、炉渣	锰、铬
	浇注线	浇注废气、浇注线除尘灰	锰、铬
	震壳机	铸件边角料、震壳机除尘灰	锰、铬
黏土砂铸造单元（重点关注）	混砂机	黏土砂、废砂再生粉尘、混砂机除尘灰	甲醛、苯酚
	造型机	造型废气	甲醛、苯酚、多环芳烃
	中频感应炉	废钢熔炼废气、炉渣	锰、铬
	浇注线	浇注废气、浇注线除尘灰	锰、铬
	震壳机	铸件边角料、震壳机除尘灰	锰、铬
涂装单元（重点关注）	喷塑室、烘干室	喷塑废气	甲醛、苯酚
	磷化线	加热烘干废气、水洗废水、磷化废水、磷化槽渣	2-丁氧基乙醇、4-甲基-2-戊酮、二乙二醇单丁醚、石油烃（C_{10}～C_{40}）、环氧氯丙烷、磷化物、锌
	达克罗涂装线	加热烘干废气	2-丁氧基乙醇、4-甲基-2-戊酮、二乙二醇单丁醚、石油烃（C_{10}～C_{40}）、环氧氯丙烷
	电泳涂装线	加热烘干废气、水洗废水、电泳槽渣	2-丁氧基乙醇、4-甲基-2-戊酮、二乙二醇单丁醚、石油烃（C_{10}～C_{40}）、锌、环氧氯丙烷
	喷漆线	喷漆废气、喷漆线烘干废气、漆渣	苯、甲苯、二甲苯
	发蓝线	发蓝废水	锰、锌、亚硝酸盐
注塑单元（重点关注）	注塑机	注塑废气	苯乙烯
橡胶制品单元（重点关注）	捏炼机、开炼机、预成型机、硫化机	捏炼废气、开炼废气、预成型废气	苯乙烯

主要单元	重点装置位置	涉及物料	涉及关注污染物
锻造单元（重点关注）	剪断机	金属下脚料	锰、铬
	中频炉	熔炼废气	锰、铬
	锻型腔	废磨具、锻造废气	锰、铬、锌、铜、钼、钒、钛、镍
	冲床	金属边角料	锰、铬
	焊接处理	焊接废气、废焊渣、焊头	锰、铬、锌、铜、钼、钒、钛、镍、氟化物
	抛丸机	抛丸粉尘、金属下脚料	锰、铬
固废贮存单元	一般工业固废库	一般工业固废库	甲醛、苯酚、锰、铬、锌、铜、钼、钒、钛、镍、氟化物
	危废库	危废库	锰、铬、石油烃（C_6～C_9）、石油烃（C_{10}～C_{40}）、锌、2-丁氧基乙醇、4-甲基-2-戊酮、二乙二醇单丁醚、环氧氯丙烷、苯、甲苯、二甲苯
废水处理单元（重点关注）	循环冷却水池	循环冷却水池	2-丁氧基乙醇，4-甲基-2-戊酮，二乙二醇单丁醚、甲基异丁基甲酮、磷化物、锰、锌、亚硝酸盐

10.4.1 点位布设

本章 10.2 节识别的重点场所或者重点设施设备中需要重点关注的，包括膜砂铸造单元的覆膜砂生产（再生）线（提升机、加热炉、混砂机、振动筛、冷却装置）、制壳机（射芯机）、中频感应炉、浇注线、震壳机，黏土砂铸造单元的混砂机、造型机、中频感应炉、浇注线、震壳机，涂装单元的喷塑室、烘干室、磷化线、达克罗涂装线、电泳涂装线、喷漆线、发蓝线，注塑单元的注塑机，橡胶制品单元的捏炼机、开炼机、预成型机、硫化机，锻造单元的剪断机、中频炉、锻型腔、冲床、焊接处理、抛丸机，固废贮存单元的一般工业固废库、危废库，废水处理单元的循环冷却水池等，应优先考虑布点，其他建议的重点关注布点位置及其对应的关注污染物见表 10-5。现场布点应结合实际情况，布设在重点场所或者重点设施设备最有可能污染的位置，同时结合现场颜色气味异常、污染痕迹、硬化地面裂缝、污染物的迁移途径等因素综合考虑布点，如当前或历史上有裸露地面的区域（如绿化带）、历史上为工业企业的生产区域、污染泄漏区、历史监测超标区、颜色（如黄绿色）气味异常区域、周边地块关注污染物可能影响的本地块内区域等也应纳入布点考虑。

10.4.2 检测指标

汽车零部件及配件制造行业的检测指标建议包含《土壤环境质量 建设用地土壤污染

风险管控标准（试行）》（GB 36600—2018）中表 1 基本 45 项及污染识别阶段识别出的关注污染物，以及地块可能存在的其他污染物。原则上应当本着保守原则，将地块内可能存在的污染物及其在环境中转化或降解产物均纳入检测指标。土壤和地下水的检测指标具体建议如下。

10.4.2.1 土壤

土壤样品检测指标包括但不限于：

（1）《土壤环境质量 建设用地土壤污染风险管控标准（试行）》（GB 36600—2018）表 1 基本 45 项和 pH。

（2）地块关注污染物：重点关注的关注污染物主要为重金属（锰、铬、锌、钼、钒、钛、镍）、其他无机物（磷化物）、其他有机物[甲醛、苯酚、石油烃（C_6～C_9）、石油烃（C_{10}～C_{40}）、甲醇、苯、甲苯、二甲苯、多环芳烃、苯乙烯]等；其他关注污染物见 10.2.1.2 节。

（3）经资料分析确定的地块利用历史和周边企业可能影响本地块的其他污染物。

（4）现场快速检测结果异常的其他污染物。

10.4.2.2 地下水

地下水样品检测指标包括但不限于：

（1）《地下水质量标准》（GB/T 14848—2017）常规指标中的“感官性状及一般化学指标”和“毒理学指标”。

（2）地块关注污染物：重点关注的关注污染物主要为重金属（锰、铬、锌、钼、钒、钛、镍）、其他无机物（磷化物）、其他有机物[甲醛、苯酚、石油烃（C_6～C_9）、石油烃（C_{10}～C_{40}）、甲醇、苯、甲苯、二甲苯、多环芳烃、苯乙烯]等；其他关注污染物见 10.2.1.2 节。

（3）地块所在地区地下水功能用途及周边工业企业的影响，酌情增加选测项目。

（4）经资料收集与分析确定的地块使用历史上可能存在的其他相关污染物。

10.4.3 采样要求

除满足国家调查相关技术规定的各项要求外，考虑到汽车零部件及配件制造行业的关注污染物的特性，建议如下：

（1）现场采样时，依托重金属快速检测仪（XRF）做好土壤样品中重金属的快速筛查，为不同位置的土壤样品的采集提供指导。

（2）选择地块外未受人为扰动的洁净区域设置土壤和地下水对照点，合理分析地块内污染物的来源及分布。

参考文献

[1] 成少鹏．汽车零部件喷涂 VOCs 治理技术及应用[D]．天津：天津科技大学，2021.

[2] 许飞，庄振宇，张汉青，等．汽车零部件及工程机械用水性工业涂料的环保解决方案及施工案例分析[J]．涂料技术与文摘，2017，38（6）：1-7，19.

[3] 贾云梅，叶法军．无渣免水洗有机膜前处理剂在汽车零部件中的应用[J]．电镀与涂饰，2014，33（10）：437-440.

[4] 胡虎，荣光，张天鹏．金属表面硅烷化处理在汽车零部件行业中的应用[J]．电镀与涂饰，2009，28（9）：70-73，75.

[5] 蒋红斌，余全智．汽车零部件生产线竣工环境保护验收监测案例分析[J]．环境科学导刊，2019，38（5）：92-96.

[6] 张晖，程晋俊，叶巡，等．汽车及零部件行业 VOCs 污染现状及减排对策分析[J]．环境监测管理与技术，2018，30（1）：8-10，26.

11

金属结构制造行业隐患排查和初步采样调查技术要点

我国金属结构制造业经过70余年的发展，取得了令人瞩目的成就，形成了门类齐全、具有相当规模和一定水平的产业体系，成为我国经济发展的重要支柱产业。根据《山东统计年鉴2022》，2021年山东省规模以上金属制品业企业单位数量为2 215家。根据《国民经济行业分类》（GB/T 4754—2017），金属制品业（33）细分为结构性金属制品制造（331）、金属工具制造（332）、集装箱及金属包装容器制造（333）等9个中类，金属结构制造（3311）、金属门窗制造（3312）、切削工具制造（3321）、手工具制造（3322）等29个小类。综合考虑各细分小类行业的污染程度和现有调查成果丰富程度等，本章选取山东省数量多、前期调查成果相对丰富的金属结构制造行业（3311）作为代表，开展隐患排查和初步采样调查技术要点的梳理。根据山东省生态环境厅网站公布的《山东省2022年土壤污染重点监管单位名录》，全省1 924家土壤污染重点监管单位中有12家属于金属结构制造行业。

金属结构制造行业工艺流程主要包括金属板材机加工、焊接和清理工件等。本章选择山东省金属结构制造行业典型工艺进行介绍，并梳理了该行业的“三个清单”与“两项要点”。

11.1 典型工艺

11.1.1 主要工艺流程

金属结构制造行业典型工艺流程主要包括机加工工段、焊接工段、清理工段。

机加工工段是通过车/切/钻/铣/削/机床或加工中心进行金属板材的切削工作；焊接工段主要为切割后的金属材料通过焊接单元的电焊机进行组装焊接；清理工段是焊接的构件最后通过清理单元抛丸机的抛丸工序进行清理。

金属结构制造行业典型生产工艺流程见图 11-1。

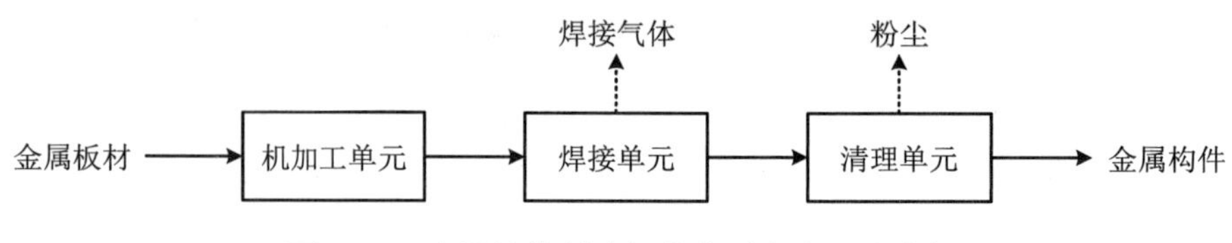

图 11-1 金属结构制造行业典型生产工艺流程

11.1.2 主要原辅材料和产品

金属结构制造行业的主要原料为金属板材，其他原辅材料为润滑油、切削液、焊条等。金属结构制造行业的产品主要是金属构件。

主要原辅材料及产品清单见表 11-1。具体根据企业实际情况进行识别。

表 11-1 金属结构制造行业主要原辅材料及产品清单

序号	物料类别	物料名称	主要组成
1	原辅材料	金属板材	铅、砷、镉、汞、钒、铜、锰、镍、锡、六价铬
2		润滑油	石油烃（C_{10}～C_{40}）
3		切削液	石油烃（C_{10}～C_{40}）
4		焊条	铜、锰、镍、锡、六价铬
5	产品	金属构件	铅、砷、镉、汞、钒、铜、锰、镍、锡、六价铬

11.2 污染识别

11.2.1 有毒有害物质及关注污染物

根据国家有关规定，对金属结构制造行业典型工艺原辅材料、产品及“三废”进行排查，结合历史调查数据及污染物的毒性大小、超标率，梳理出有毒有害物质及关注污染物清单，详见表 11-2。其中重点关注的有毒有害物质及关注污染物使用*进行标注。操作中应结合企业实际情况具体分析。

表 11-2 金属结构制造行业主要有毒有害物质及关注污染物清单

序号	物料类别	物料名称	有毒有害物质	关注污染物
1	原辅材料	金属板材	重金属（铅*、砷、镉、汞、钒、铜、锰、镍、锡、六价铬*）	铅*、砷、镉、汞、钒、铜、锰、镍、锡、六价铬*
2		润滑油	石油烃（C_{10}～C_{40}）	石油烃（C_{10}～C_{40}）
3		切削液	石油烃（C_{10}～C_{40}）	石油烃（C_{10}～C_{40}）
4		焊条	重金属（铜、锰、镍、锡、六价铬）	铜、锰、镍、锡、六价铬
5	产品	金属构件	—	—
6	废水	机加工废水	重金属（铅*、砷、镉、汞、钒、铜、锰、镍*、锡、六价铬*）、石油烃（C_{10}～C_{40}）	铅*、砷、镉、汞、钒、铜、锰、镍*、锡、六价铬*、石油烃（C_{10}～C_{40}）*
7		焊接废水	重金属（铅*、砷、镉、汞、钒、铜、锰、镍*、锡、六价铬*）、石油烃（C_{10}～C_{40}）	铅*、砷、镉、汞、钒、铜、锰、镍*、锡、六价铬*、石油烃（C_{10}～C_{40}）*
8		清理废水	重金属（铅*、砷、镉、汞、钒、铜、锰、镍*、锡、六价铬*）、石油烃（C_{10}～C_{40}）	铅*、砷、镉、汞、钒、铜、锰、镍*、锡、六价铬*、石油烃（C_{10}～C_{40}）*
9	固废	废边角料、焊渣	重金属（铅*、砷、镉、汞、钒、铜、锰、镍*、锡、六价铬*）、石油烃（C_{10}～C_{40}）	铅*、砷、镉、汞、钒、铜、锰、镍*、锡、六价铬*、石油烃（C_{10}～C_{40}）*
10		废润滑油、废切削液	石油烃（C_{10}～C_{40}）	石油烃（C_{10}～C_{40}）

注：*为重点关注的有毒有害物质及关注污染物。

11.2.1.1 有毒有害物质

根据《重点监管单位土壤污染隐患排查指南（试行）》（生态环境部公告 2021 年第 1 号）排查要求，金属结构制造行业涉及的有毒有害物质主要有：重金属（铅、砷、镉、汞、钒、铜、锰、镍、锡、六价铬等）和石油烃（C_{10}～C_{40}）等，结合历史调查数据结果分析，其中重点关注有毒有害物质主要为重金属（铅、镍、六价铬）、石油烃（C_{10}～C_{40}）等。

11.2.1.2 关注污染物

经梳理分析原辅材料、产品、生产工艺等，金属结构制造行业涉及的关注污染物主要有：铅、砷、镉、汞、钒、铜、锰、镍、锡、六价铬、石油烃（C_{10}～C_{40}）等，结合历史调查数据结果分析，重点关注污染物主要为铅、镍、六价铬、石油烃（C_{10}～C_{40}）等。

11.2.2 重点场所或重点设施设备

根据国家隐患排查及调查相关技术规定，结合历史调查数据，对金属结构制造行业重点场所或者重点设施设备进行排查，梳理出重点场所或者重点设施设备清单，详见表 11-3。

表 11-3 金属结构制造行业主要重点场所或者重点设施设备清单

主要工序	重点场所或者重点设施设备名称	涉及有毒有害物质的物料	有毒有害物质	重点场所或者重点设施设备类型[a]	重点场所或者重点设施设备关注级别
机加工工段	车/切/钻/铣/削/机床或加工中心	金属板材、润滑油、切削液、循环水	铅、砷、镉、汞、钒、铜、锰、镍、石油烃（C_{10}～C_{40}）	生产区	重点关注
焊接工段	电焊机	焊条/焊丝、焊接废气、焊渣	铅、砷、镉、汞、钒、铜、锰、镍、锡、六价铬		
清理工段	抛丸机	清理打磨金属粉末、除尘灰、抛丸废气、金属构件	铅、砷、镉、汞、钒、铜、锰、镍、六价铬		
废气处理区	移动式焊接烟尘净化器、布袋除尘器	焊接废气	铅、砷、镉、汞、钒、铜、锰、镍、锡、六价铬	其他活动区	
	布袋除尘器	抛丸废气	铅、砷、镉、汞、钒、铜、锰、镍、六价铬		
其他单元	冷却水、切削液循环水池	冷却水、切削循环水	石油烃（C_{10}～C_{40}）		
	货物仓库	金属板材、润滑油、切削液	石油烃（C_{10}～C_{40}）	货物的储存和传输	一般关注
	一般工业固废仓库	废边角料、焊渣	铅、砷、镉、汞、钒、铜、锰、镍、六价铬	其他活动区	
	危废仓库	废润滑油、废切削液	石油烃（C_{10}～C_{40}）		重点关注
	消防池/应急池/雨水收集池	初期雨水	石油烃（C_{10}～C_{40}）		一般关注

注：[a] 重点场所或者重点设施设备类型参考《重点监管单位土壤污染隐患排查指南（试行）》附录 A 土壤污染隐患排查与整改技术要点确定。

金属结构制造行业重点场所或者重点设施设备包括机加工工段的车/切/钻/铣/削/机床或加工中心，焊接工段的电焊机，清理工段的抛丸机。此外，还需关注废气处理区的焊接、抛丸废气收集、净化设施，其他单位的冷却水、切削循环水池，涉及废润滑油、废切削液的危废仓库，货物仓库，一般工业固废仓库，消防池/应急池/雨水收集池等。其中，需要重点关注的有：机加工工段，焊接工段，清理工段，废气收集处理设施，冷却水、切削液循环水池，危废仓库等。

11.3 隐患排查技术要点

根据《重点监管单位土壤污染隐患排查指南（试行）》附录 A 提出的场所或设施设备类型，对金属结构制造行业涉及有毒有害物质的重点场所或者重点设施设备进行全面排查，提出本行业排查要点和整改要点。操作中需根据各企业实际情况进行分析。

金属结构制造行业主要单元包括机加工工段、焊接工段、清理工段、废气处理区和其他单元等。其中，机加工工段、焊接工段、清理工段 3 个工段的重点场所或重点设施设备类型属于生产区；废气处理区的移动式焊接烟尘净化器、布袋除尘器等，其他单元的冷却水/切削液循环水池、一般工业固废仓库、危废仓库、消防池/应急池/雨水收集池属于其他活动区；货物仓库属于货物的储存和传输类型。主要单元中需要重点关注的重点场所或者重点设施设备有：机加工工段，焊接工段，清理工段，冷却水、切削液循环水池，废气收集处理设施，危废仓库等。

针对上述不同类型的重点场所或者重点设施设备提出隐患排查与整改要点。金属结构制造行业隐患排查技术要点详见表 11-4。

表 11-4 金属结构制造行业隐患排查技术要点一览表

<table>
<tr><th rowspan="2">主要单元</th><th colspan="2">重点场所或者重点设施设备</th><th rowspan="2">排查要点</th><th rowspan="2">整改要点</th></tr>
<tr><th>名称</th><th>类型</th></tr>
<tr><td>机加工工段</td><td>车/切/钻/铣/削/机床或加工中心（重点关注）</td><td rowspan="3">生产区</td><td rowspan="3">①机械处理金属表面，易产生扬尘，易出现物料飞溅溢出，造成污染物富集；②设备及车间清洗废水易出现残留，造成土壤及地下水污染的风险较大</td><td rowspan="3">①定期开展日常巡检，对地面积累的粉尘进行及时处理；②对系统做全面检查（如定期检查系统的密闭性）；③制订检修计划</td></tr>
<tr><td>焊接工段</td><td>电焊机（重点关注）</td></tr>
<tr><td>清理工段</td><td>抛丸机（重点关注）</td></tr>
<tr><td rowspan="2">废气处理区</td><td>移动式焊接烟尘净化器、布袋除尘器（重点关注）</td><td rowspan="3">其他活动区</td><td rowspan="2">灰斗积灰过多以致堵塞滤袋、滤袋破损或松脱，导致灰尘泄漏，造成污染</td><td rowspan="2">定期目视巡检设施设备情况，若有破损、裂缝、老化等情况要及时补救或者更换新的设备</td></tr>
<tr><td>布袋除尘器（重点关注）</td></tr>
<tr><td>其他单元</td><td>冷却水、切削液循环水池（重点关注）</td><td>①非防渗池体；池体老化、破损、裂缝造成泄漏、渗漏；②池体满溢；③日常维护（如及时清理泄漏的污染物，定期检查防渗效果）、日常目视检查（如按操作规程或者交班时，对是否存在泄漏、渗漏等情况进行快速检查）不到位</td><td>①定期目视巡检设施设备情况，若有破损、裂缝、老化等情况要及时补救或者更换新的设备；②为避免设施设备因腐蚀而变形，应选择成分、浓度、温度等条件合适的材料参与反应；③针对地下或者半地下储存池，需定期检查泄漏检测设施，确保正常运行；④针对离地储存池，还需定期开展防渗效果检查</td></tr>
</table>

主要单元	重点场所或者重点设施设备		排查要点	整改要点
	名称	类型		
其他单元	货物仓库	货物的储存和传输	①原料堆放贮存过程中可能因雨水或防尘喷淋水冲刷污染土壤；②附近可能有较多粉尘	①注意避免雨水冲刷，定期检查如苫盖或者顶棚；②定期开展日常巡检，对地面积累的粉尘进行及时处理；③定期巡检区域内是否存在未硬化地面、裂隙，排查区域内防渗阻隔情况
	一般工业固废仓库	其他活动区	若区域内防渗、防风、防雨、防晒措施未到达贮存要求，易造成土壤污染	①注意避免雨水冲刷，定期检查如苫盖或者顶棚；②定期开展日常巡检，对地面积累的粉尘进行及时处理；③定期巡检区域内是否存在未硬化地面、裂隙，排查区域内防渗阻隔情况；④设置操作规程标识牌，对处置人员进行培训，防止危废暂存转运过程中的遗撒
	危废仓库（重点关注）			
	消防池/应急池/雨水收集池		①非防渗池体；池体老化、破损、裂缝造成泄漏、渗漏；②池体满溢；③日常维护（如及时清理泄漏的污染物，定期检查防渗效果）、日常目视检查（如按操作规程或者交班时，对是否存在泄漏、渗漏等情况进行快速检查）不到位	①定期目视巡检设施设备情况，若有破损、裂缝、老化等情况要及时补救或者更换新的设备；②为避免设施设备因腐蚀而变形，应选择成分、浓度、温度等条件合适的材料参与反应；③针对地下或者半地下储存池需定期检查泄漏检测设施，确保正常运行；④针对离地储存池需定期开展防渗效果检查

11.4 初步采样调查技术要点

结合金属结构制造行业识别的重点关注的重点场所或重点设施设备、重点关注的污染物以及所在主要单元，提出该行业初步采样调查的重点关注布点位置与涉及的关注污染物，详见表 11-5。识别出的重点场所或者重点设施设备应作为优先布点区域，其他区域应根据国家相关导则规定进行全面梳理，根据地块实际酌情考虑。

11.4.1 点位布设

本章 11.2 节识别的重点场所或者重点设施设备中需要重点关注的，包括机加工工段、焊接工段、清理工段、冷却水/切削液循环水池、废气收集处理设施、危废仓库等，应优先考虑布点，其他建议的重点关注布点位置及其对应的关注污染物见表 11-5。现场布点应结合实际情况，布设在重点场所或者重点设施设备最有可能污染的位置，同时结合现场颜色气味异常、污染痕迹、硬化地面裂缝、污染物的迁移途径等因素综合考虑布点，如当前或历史上有裸露地面的区域（如绿化带）、历史上为工业企业的生产区域、污染泄漏区、历史监测超标区、颜色气味异常区域、周边地块关注污染物可能影响的本地块内区域等也应纳入布点考虑。

表 11-5 金属结构制造行业重点关注布点位置及涉及关注污染物一览表

主要单元	重点关注布点位置	涉及物料	涉及关注污染物
机加工工段	车/切/钻/铣/削/机床或加工中心（重点关注）	金属板材、润滑油、切削液、循环水	铅、砷、镉、汞、钒、铜、锰、镍、石油烃（C_{10}～C_{40}）
焊接工段	电焊机（重点关注）	焊条/焊丝、焊接废气、焊渣	铅、砷、镉、汞、钒、铜、锰、镍、锡、六价铬
清理工段	抛丸机（重点关注）	清理打磨金属粉末、除尘灰、抛丸废气、金属构件	铅、砷、镉、汞、钒、铜、锰、镍、六价铬
废气处理区	移动式焊接烟尘净化器、布袋除尘器（重点关注）	焊接废气	铅、砷、镉、汞、钒、铜、锰、镍、锡、六价铬
	布袋除尘器（重点关注）	抛丸废气	铅、砷、镉、汞、钒、铜、锰、镍、六价铬
其他单元	冷却水、切削液循环水池（重点关注）	冷却水、切削循环水	石油烃（C_{10}～C_{40}）
	危废仓库（重点关注）	废润滑油、废切削液	石油烃（C_{10}～C_{40}）

11.4.2 检测指标

金属结构制造行业的检测指标建议包含《土壤环境质量 建设用地土壤污染风险管控标准（试行）》（GB 36600—2018）中表 1 基本 45 项及污染识别阶段识别出的关注污染物，以及地块可能存在的其他污染物。原则上应当本着保守原则，将地块内可能存在的污染物及其在环境中转化或降解产物均纳入检测指标。土壤和地下水的检测指标具体建议如下。

11.4.2.1 土壤

土壤样品检测分析项目应不限于：

（1）GB 36600 中表 1 基本 45 项。

（2）地块关注污染物：主要为铅、砷、镉、汞、钒、铜、锰、镍、锡、六价铬、石油烃（C_{10}～C_{40}），重点关注污染物主要为铅、镍、六价铬、石油烃（C_{10}～C_{40}）等。

（3）经资料分析确定的地块利用历史和周边企业可能影响本地块的其他污染物。

（4）现场快速检测结果异常的其他污染物。

11.4.2.2 地下水

地下水样品检测分析项目应不限于：

（1）地块关注污染物：主要为铅、砷、镉、汞、钒、铜、锰、镍、锡、六价铬、石油烃（C_{10}～C_{40}），重点关注污染物主要为铅、镍、六价铬、石油烃（C_{10}～C_{40}）等。

（2）《地下水质量标准》（GB 14848—2017）常规指标中的“感官性状及一般化学指标”和“毒理学指标”。

（3）考虑地块所在地区地下水功能用途及周边工业企业的影响，酌情增加选测项目。

（4）经资料收集与分析确定的地块使用历史上可能存在的其他相关污染物。

11.4.3 采样要求

除满足国家调查相关技术规定的各项要求外，考虑到金属结构制造行业的关注污染物主要为重金属和石油烃（C_{10}～C_{40}），建议如下：

（1）现场采样时，依托重金属快速检测仪（XRF）做好土壤样品中重金属的快速筛查，为不同位置土壤样品的采集提供指导。

（2）选择地块外未受人为扰动的洁净区域设置土壤和地下水对照点，合理分析地块内污染物的来源及分布。

参考文献

[1] 李珊．金属结构制造行业环境影响评价要点研究[J]．广州化工，2011，39（24）：113-115.

[2] 傅如心．机加工过程的环境污染防治措施探讨[J]．清洗世界，2022，38（9）：63-65.

[3] 吕泽瑜，蒋彬，吕竹明．机加工大气污染防治有效途径的探索和实践[J]．节能与环保，2022（9）：52-54.

[4] 沈连捷，刘佳莉，徐嘉乐．一种废切削液的资源化技术研究[J]．环境科学与管理，2022，47（9）：101-104.

[5] 胡新卓．机床切削液分配管泄漏原因分析与改进[J]．设备管理与维修，2022（13）：39-40.

[6] 黄慧倩．混凝-Fe/C 微电解-Fenton 组合工艺处理水基切削液废水的应用研究[D]．南昌：华东交通大学，2022.